高等职业教育"十四五"药品类专业系列教材

制药发酵技术

徐瑞东 主编

郭建东 李森浩 林奉儒 张在国 副主编

化学工业出版社

·北京·

---------- 内容简介 ----------

  本书分为两大模块，模块一基础认知由发酵技术概述、工业菌种的选育与保藏、工业培养基的制备与优化、无菌操作技术、工业种子的制备、发酵生产过程的控制、发酵产物的分离与精制、发酵罐的使用及放大和安全生产与环境保护九个项目组成，涵盖了基础知识和必备技能；模块二综合实训设定了十一个实训项目，旨在帮助学生运用知识、掌握技能，提升创新创业的能力。书中通过榜样力量、中国力量等内容，有机融入党的二十大精神，以求提高学生的职业素质和道德素养。

  本书可作为高职院校制药类和生物技术类及相关专业的教材，也可作为相关行业技术人员的培训教材。

图书在版编目（CIP）数据

制药发酵技术/徐瑞东主编．—北京：化学工业出版社，2023.10

高等职业教育"十四五"药品类专业系列教材
ISBN 978-7-122-43724-2

Ⅰ.①制… Ⅱ.①徐… Ⅲ.①制药工业-发酵工程-高等职业教育-教材 Ⅳ.①TQ92

中国国家版本馆 CIP 数据核字（2023）第 116806 号

责任编辑：王 芳 蔡洪伟   文字编辑：张瑞霞
责任校对：李 爽   装帧设计：关 飞

出版发行：化学工业出版社
     （北京市东城区青年湖南街 13 号 邮政编码 100011）
印 　 装：大厂聚鑫印刷有限责任公司
787mm×1092mm　1/16　印张 17¼　字数 424 千字
2024 年 6 月北京第 1 版第 1 次印刷

购书咨询：010-64518888
售后服务：010-64518899
网　　址：http://www.cip.com.cn

凡购买本书，如有缺损质量问题，本社销售中心负责调换。

定　　价：45.00元   版权所有　违者必究

编审人员名单

主　　编　徐瑞东

副 主 编　郭建东　李森浩　林奉儒　张在国

编写人员　（按姓名汉语拼音排序）
　　　　　陈琳琳（山东医药技师学院）
　　　　　郭鸿雁（宁夏职业技术学院）
　　　　　郭建东（山东科技职业学院）
　　　　　胡莹丹（烟台职业学院）
　　　　　李森浩（南阳医学高等专科学校）
　　　　　林奉儒（眉山药科职业学院）
　　　　　吕照梅（应急总医院）
　　　　　马静媛（北京农业职业学院）
　　　　　孙　佳（黑龙江农业职业技术学院）
　　　　　徐瑞东（黑龙江农垦职业学院）
　　　　　杨春燕（云南开放大学）
　　　　　游　文（湖北生物科技职业学院）
　　　　　于　丽（黑龙江职业学院）
　　　　　余永红（广东食品药品职业学院）
　　　　　张凤艳（哈药集团生物工程有限公司）
　　　　　张晓芬（黑龙江民族职业学院）
　　　　　张在国（黑龙江农业工程职业学院）

主　　审　鞠加学（华北制药华胜有限公司）

出版说明

为了更好地贯彻《国家职业教育改革实施方案》，落实教育部《"十四五"职业教育规划教材建设实施方案》（教职成厅〔2021〕3号），做好职业教育药品类、药学类专业教材建设，化学工业出版社组织召开了职业教育药品类、药学类专业"十四五"教材建设工作会议，共有来自全国各地120所高职院校的380余名一线专业教师参加，围绕职业教育的教学改革需求、加强药品和药学类专业"三教"改革、建设高质量精品教材开展深入研讨，形成系列教材建设工作方案。在此基础上，成立了由全国药品行业职业教育教学指导委员会副主任委员姚文兵教授担任专家顾问，全国石油和化工职业教育教学指导委员会副主任委员张炳烛教授担任主任的教材建设委员会。教材建设委员会的成员由来自河北化工医药职业技术学院、江苏食品药品职业技术学院、广东食品药品职业学院、山东药品食品职业学院、常州工程职业技术学院、湖南化工职业技术学院、江苏卫生健康职业学院、苏州卫生职业技术学院等全国30多所职业院校的专家教授组成。教材建设委员会对药品与药学类系列教材的组织建设、编者遴选、内容审核和质量评价等全过程进行指导和管理。

本系列教材立足全面贯彻党的教育方针，落实立德树人根本任务，主动适应职业教育药品类、药学类专业对技术技能型人才的培养需求，建立起学校骨干教师、行业专家、企业专家共同参与的教材开发模式，形成深度对接行业标准、企业标准、专业标准、课程标准的教材编写机制。为了培育精品，出版符合新时期职业教育改革发展要求、反映专业建设和教学创新成果的优质教材，教材建设委员会对本系列教材的编写提出了以下指导原则。

(1) 校企合作开发。本系列教材需以真实的生产项目和典型的工作任务为载体组织教学单元，吸收企业人员深度参与教材开发，保障教材内容与企业生产实际相结合，实现教学与工作岗位无缝衔接。

(2) 配套丰富的信息化资源。以化学工业出版社自有版权的数字资源为基础，结合编者团队开发的数字化资源，在书中以二维码链接的形式或与在线课程、在线题库等教学平台关联建设，配套微课、视频、动画、PPT、习题等信息化资源，形成可听、可视、可练、可互动、线上线下一体化的纸数融合新形态教材。

(3) 创新教材的呈现形式。内容组成丰富多彩，包括基本理论、实验实训、来自生产实践和服务一线的案例素材、延伸阅读材料等；表现形式活泼多样，图文并茂，适应学生的接受心理，可激发学习兴趣。实践性强的教材开发成活页式、工作手册式教材，把工作任务单、学习评价表、实践练习等以活页的形式加以呈现，方便师生互动。

(4) 发挥课程思政育人功能。教材结合专业领域、结合教材具体内容有机融入课程思政元素，深入推进习近平新时代中国特色社会主义思想进教材、进课堂、进学生头脑。在学生学习专业知识的同时，润物无声，涵养道德情操，培养爱国情怀。

(5) 落实教材"凡编必审"工作要求。每本教材均聘请高水平专家对图书内容的思想性、科学性、先进性进行审核把关,保证教材的内容导向和质量。

本系列教材在体系设计上,涉及职业教育药品与药学类的药品生产技术、生物制药技术、药物制剂技术、化学制药技术、药品质量与安全、制药设备应用技术、药品经营与管理、食品药品监督管理、药学、制药工程技术、药品质量管理、药事服务与管理等专业;在课程类型上,包括专业基础课程、专业核心课程和专业拓展课程;在教育层次上,覆盖高等职业教育专科和高等职业教育本科。

本系列教材由化学工业出版社组织出版。化学工业出版社从2003年起就开始进行职业教育药品类、药学类专业教材的体系化建设工作,出版的多部教材入选国家级规划教材,在药品类、药学类等专业教材出版领域积累了丰富的经验,具有良好的工作基础。本系列教材的建设和出版,既是对化学工业出版社已有的药品和药学类教材在体系结构上的完善和品种数量上的补充,更是在体现新时代职业教育发展理念、"三教"改革成效及教育数字化建设成果方面的一次全面升级,将更好地适应不同类型、不同层次的药品与药学类专业职业教育的多元化需求。

本系列教材在编写、审核和使用过程中,希望得到更多专业院校、一线教师、行业企业专家的关注和支持,在大家的共同努力下,反复锤炼,持续改进,培育出一批高质量的优秀教材,为职业教育的发展做出贡献。

本系列教材建设委员会

前言

为了进一步贯彻落实党的二十大报告和《现代职业教育体系建设规划（2014—2020年）》文件精神，在新时代背景下，坚持提倡健康中国建设，以推进人民健康的医药卫生发展和践行社会主义核心价值观为前提，结合我国高等职业教育发展需要和人才培养目标的要求，校企合作共同开发对接专业核心就业岗位的项目式教材《制药发酵技术》。本教材以"岗位为核心，就业为导向，能力为本位"为指导思想和原则，突出知识的实用性和职业性，将职业标准融入其中，及时引入制药行业的新知识、新工艺、新方法和新技术。本书分为两大模块，模块一基础认知，由九个项目组成，涵盖了基础知识和必备技能；模块二综合实训，包括十一个综合实训项目，旨在提升学生运用知识、掌握技能以及创新创业的能力。教材编写特色如下：

1. 校企合作，双元开发

教材由多年从事发酵类课程教学和科研的教师、制药企业中具有丰富实践经验的专家组成编写团队。企业专家具有参与制定行业、企业标准的丰富经历，教材中项目实施和岗位认知均借鉴、参考相关标准。

2. 教材思政，培育人格

教材注重健全职业人格的培育，各项目设定了素质目标和榜样力量、中国力量等栏目，目的在于增强学生处理问题的能力，培养学生安全生产和遵纪守法意识，进而提升学生爱岗敬业、创新进取、工匠精神等职业素养，充分体现高等职业教育"立德树人"的教育理念。

3. 融入教法，易于授课

教材打破传统学科体系，针对发酵生产工作岗位的核心技能，采用模块式的编写思路，以项目为载体，基于工作任务和认知规律遴选项目，组织和序化教材内容；同时为更好地突出产教融合，各项目设定了岗位认知栏目，以满足相关岗位的需求。

4. 形式新颖，内容精练

坚持理论"必需、够用"，强调实用性、适用性和开放性。书中涵盖基础知识、工具方法，为激发学习兴趣和明确项目重点，设置了"知识链接"；为培养学生实践和创新能力，设置了"项目实施"；为检测学习效果，夯实基础，设置了"项目检测"；此外还设置了"项目拓展"等特色栏目和综合实训项目。

5. 书证融合，对接标准

教材充分考虑推行"1+X"证书的需要，涵盖了职业资格证书涉及的相关内容，并与《中华人民共和国药典》（2020版）、新版《药品生产质量管理规范》（GMP）和国家职业标准等密切衔接，强化了教材的先进性和规范性。

6. 双色印刷，数纸融合

教材双色印刷，重点部分单独标注，师生更容易把握知识脉络；嵌入了大量数字化资源，将重点难点制作成微课，扫描二维码即可获得相关教学资源。

本书由黑龙江农垦职业学院徐瑞东担任主编，编写分工如下：项目一杨春燕、林奉儒、李森浩编写；项目二张晓芬、陈琳琳编写；项目三马静媛编写；项目四游文编写；项目五陈琳琳编写；项目六于丽编写；项目七徐瑞东编写；项目八孙佳编写；项目九林奉儒编写；实训一郭建东编写；实训二吕照梅编写；实训三张凤艳编写；实训四、九、十张在国编写；实训五余永红编写；实训六、七郭鸿雁编写；实训八、十一胡莹丹编写。全书由徐瑞东策划、统稿并审定。在编写过程中参考了相关书籍、视频资源和网站的文献资料，在此向文献作者表示感谢！可能有个别资料由于转载等原因无法列明出处，深表歉意！

本教材适用于高等职业教育制药技术类专业的学生，也可作为化工、食品、生物等相关行业的培训教材。由于生物技术飞速发展、编者水平有限和时间仓促，书中不足之处在所难免，恳请同行专家和读者批评指正，我们一定在今后的修订中加以改之。

编者

2023 年 4 月

目录

>>> 模块一 基础认知 / 001

项目一 发酵技术概述 / 001

【引例】/ 002
  苏氨酸的发酵生产 / 002
【知识链接】/ 003
  一、发酵与发酵技术发展历史 / 003
  二、发酵工业的特点及其范围 / 004
  三、工业发酵的类型与工艺流程 / 005
  四、发酵产物的类型 / 006
  五、发酵技术的现状及发展趋势 / 007
【岗位认知】/ 008
  发酵岗位基本职责及质量自查 / 008
【项目实施】/ 011
  任务 参观发酵工业的工厂（阿莫西林生产）/ 011
【项目拓展】/ 014
  基因工程药物简介 / 014
【项目总结】/ 016
【项目检测】/ 016

项目二 工业菌种的选育与保藏 / 018

【引例】/ 018
  核苷酸类药物的发酵生产 / 018
【知识链接】/ 019
  一、发酵工业常用菌种 / 019
  二、发酵工业菌种的分离筛选 / 021
  三、发酵工业菌种的鉴定 / 022
  四、发酵工业菌种的改良 / 023
  五、发酵工业菌种的退化与保藏 / 025
【岗位认知】/ 027
  菌种选育与保藏岗位职责 / 027
【项目实施】/ 029
  任务一 抗生素产生菌的分离筛选 / 029
  任务二 发酵工业菌种冷冻真空干燥保藏 / 030
【项目拓展】/ 032
  微生物筛选新技术 / 032
【项目总结】/ 033
【项目检测】/ 033

项目三 工业培养基的制备与优化 / 035

【引例】/ 035
  人生长激素的发酵生产 / 035
【知识链接】/ 036
  一、发酵工业培养基的基本要求和配制原则 / 036
  二、发酵工业培养基的成分及来源 / 038
  三、微生物培养基的种类 / 046
  四、发酵工业培养基的优化方法 / 047
【岗位认知】/ 048
  培养基配制岗位职责 / 048
【项目实施】/ 050
  任务一 培养基的配制及灭菌 / 050
  任务二 发酵工业培养基的优化（以芽孢杆菌产 β-甘露聚糖酶为例）/ 054
【项目拓展】/ 056
  考察不同发酵条件对发酵产量的影响 / 056
【项目总结】/ 057
【项目检测】/ 057

项目四　无菌操作技术　/　060

【引例】　/　060
　　红霉素的发酵生产工艺　/　060
【知识链接】　/　061
　　一、无菌操作的基本概念　/　061
　　二、空气除菌方法与流程　/　061
　　三、无菌操作技术　/　067
　　四、发酵培养基及设备管道灭菌　/　069
　　五、发酵工业污染的防治策略　/　073
【岗位认知】　/　078
　　无菌空气制备岗位职责　/　078
【项目实施】　/　081
　　任务一　发酵工业的空气灭菌　/　081
　　任务二　发酵工业的连续灭菌　/　082
【项目拓展】　/　084
　　CIP 清洗系统　/　084
【项目总结】　/　086
【项目检测】　/　086

项目五　工业种子的制备　/　088

【引例】　/　088
　　干扰素的发酵生产　/　088
【知识链接】　/　089
　　一、种子制备原理与技术　/　089
　　二、影响种子质量的因素　/　093
　　三、种子质量控制措施　/　094
【岗位认知】　/　095
　　种子制备岗位职责　/　095
【项目实施】　/　096
　　任务一　酵母的摇瓶培养　/　096
　　任务二　发酵工业的种子质量控制及
　　　　　　评价　/　098
【项目拓展】　/　099
　　微生物高密度培养技术　/　099
【项目总结】　/　100
【项目检测】　/　100

项目六　发酵生产过程的控制　/　102

【引例】　/　102
　　林可霉素的发酵生产　/　102
【知识链接】　/　103
　　一、发酵生产过程控制概述　/　103
　　二、温度对发酵的影响及其控制　/　106
　　三、pH 对发酵的影响及其控制　/　109
　　四、溶解氧对发酵的影响及其控制　/　112
　　五、CO_2 对发酵的影响及其控制　/　115
　　六、基质浓度对发酵的影响及其控制　/　117
　　七、通气搅拌对发酵的影响及其控制　/　120
　　八、泡沫对发酵的影响及其控制　/　121
　　九、高密度发酵及过程控制　/　124
　　十、发酵终点的检测与控制　/　125
　　十一、微生物初级代谢产物的生物合成与
　　　　　调控　/　126
　　十二、微生物次级代谢产物的生物合成与
　　　　　调控　/　128
【岗位认知】　/　129
　　发酵控制岗位职责　/　129
【项目实施】　/　131
　　任务一　蛋白酶发酵条件的优化　/　131
　　任务二　乳酸菌发酵过程的参数控制　/　133
【项目拓展】　/　135
　　发酵岗位主要操作　/　135
【项目总结】　/　137
【项目检测】　/　138

项目七　发酵产物的分离与精制　/　140

【引例】　/　140
　　紫杉醇的发酵生产　/　140
【知识链接】　/　141
　　一、发酵产物提取与精制的一般工艺
　　　　流程　/　141
　　二、发酵液的预处理及固液分离　/　142
　　三、发酵产物提取技术　/　145
　　四、发酵产物精制技术　/　151

五、发酵产品加工技术 / 154
【岗位认知】 / 159
　　发酵液提取岗位职责及质量自查 / 159
【项目实施】 / 161
　　任务一　1,6-二磷酸果糖（FDP）的生产 / 161

　　任务二　头孢霉素发酵液的分离与精制 / 162
【项目拓展】 / 164
　　药物分离与纯化过程的设计 / 164
【项目总结】 / 166
【项目检测】 / 166

项目八　发酵罐的使用及放大 / 168

【引例】 / 168
　　氨基酸的发酵生产 / 168
【知识链接】 / 169
　　一、发酵罐的结构与类型 / 169
　　二、机械搅拌通风发酵罐的设计与放大 / 174
　　三、新型生物反应器在发酵过程中的应用 / 176
【岗位认知】 / 177

　　发酵罐操作安全须知 / 177
【项目实施】 / 182
　　任务一　发酵罐的安装与使用 / 182
　　任务二　酵母菌的扩大培养 / 185
【项目拓展】 / 187
　　全自动发酵罐简介 / 187
【项目总结】 / 189
【项目检测】 / 189

项目九　安全生产与环境保护 / 191

【引例】 / 192
　　发酵企业中毒致人死亡安全事故及恶臭污染扰民环保事故 / 192
【知识链接】 / 192
　　一、安全生产知识 / 192
　　二、环境保护知识 / 197
【岗位认知】 / 202
　　岗位安全生产和环境保护职责 / 202

【项目实施】 / 205
　　任务一　发酵工业废水的生化处理技术 / 205
　　任务二　废菌渣的处理 / 209
【项目拓展】 / 210
　　发酵工业的职业健康管理 / 210
【项目总结】 / 213
【项目检测】 / 213

模块二　综合实训 / 216

实训一　青霉素的发酵生产 / 216
实训二　链霉素的发酵生产 / 222
实训三　赖氨酸的发酵生产 / 226
实训四　胰岛素的发酵生产 / 229
实训五　甘露醇的发酵生产 / 233
实训六　辅酶 Q_{10} 的发酵生产 / 237

实训七　肌苷的发酵生产 / 242
实训八　维生素 C 的发酵生产 / 247
实训九　氢化可的松的发酵生产 / 252
实训十　白细胞介素-2 的发酵生产 / 255
实训十一　卡介苗的发酵生产 / 258

附录 / 263

参考文献 / 264

项目检测答案

模块一

>>> 基础认知 <<<

项目一　发酵技术概述

【项目目标】

❖ 知识目标

1. 了解发酵技术的现状、发展历史及趋势。
2. 熟悉发酵工业的技术特点与工艺流程。
3. 熟悉工业微生物培养的类型及控制点。

❖ 能力目标

1. 能熟悉并掌握发酵及发酵技术的概念。
2. 能熟练根据发酵及其产物特性判断发酵类型。
3. 对发酵工业及生产流程有基本认知。

❖ 素质目标

培养学生善于思考、勇于创新的科学态度；培养学生团结合作、积极进取的协作精神；培养学生敬业爱岗、规范操作的职业道德，从而促使学生具有家国情怀、社会责任感。

【项目简介】

从古至今，人们日常看到和吃到的很多如酱油、泡菜、干酪等食品和现在普遍使用的如抗生素、氨基酸、维生素、酶等药物，都是通过发酵的方法生产获得。通过发酵，人们获得了过去需要消耗大量的物质才能够得到的食品和药品，发酵技术为人们的生活提供了便利，给生命健康提供了保障。

本项目的内容是发酵技术的概述，知识链接介绍了发酵与发酵技术发展历史、发酵工业特点及其范围、工业发酵类型与工艺流程、发酵产物的类型和发酵技术现状与发展趋势等内容。项目实施结合发酵工业实际设定了一个到企业的参观实习任务。通过参观学习，使学生了解药物发酵生产企业的基本生产流程及其运行，增加学生对发酵工业的基本认知，为后续项目的学习奠定基础。

> **引例**

苏氨酸的发酵生产

L-苏氨酸是一种必需氨基酸，苏氨酸主要用于医药、化学试剂、食品强化剂、饲料添加剂等方面。苏氨酸为白色斜方晶系或结晶性粉末。无臭，味微甜。253℃熔化并分解。高温下溶于水，25℃溶解度为20.5g/100mL，等电点5.6，不溶于乙醇、乙醚和氯仿。苏氨酸是主要的限制性氨基酸，缺乏苏氨酸会抑制免疫球蛋白及T淋巴细胞、B淋巴细胞的产生，从而影响免疫功能。近几年，全球苏氨酸市场以每年大于20%的增长率高速增长，而未来苏氨酸的市场仍将增加。因此对苏氨酸生产工艺的研究开发，有利于促进苏氨酸产量的增长，从而促进其他相关产品的生产开发。

生产苏氨酸的发酵菌种是经过定向诱变选育的大肠杆菌基因工程菌，通常需置于冰箱低温保存。因而在进行发酵接种前需进行菌种的扩大培养，以使其恢复活力并达到良好的生理状态。菌种的扩大培养依次分为斜面培养、种子培养及最后的发酵培养三大步骤。

1. 斜面培养

培养基的主要成分及其含量分别为葡萄糖0.5%，牛肉膏1.0%，蛋白胨1.0%，NaCl 0.5%，琼脂2.0%。调节pH值在7.0~7.2之间，在32℃培养18~24h。经质量检查合格后，即可放冰箱保存备用。

2. 种子培养

培养基中主要成分及其含量分别为葡萄糖3.5%，玉米浆1.5%，$(NH_4)_2SO_4$ 0.5%，$MgSO_4$ 0.05%，KH_2PO_4 0.1%，$CaCO_3$ 1.0%。溶解后以NaOH调至pH=7.0。首先吸取适量无菌生理盐水于1支活化斜面培养基中，将所有菌悬液全部接入5L种子罐中，搅拌转速300~700r/min，通过自动添加氨水控制pH在7.0。一般摇瓶培养18~20h（培养温度为32℃，振幅8cm，频率80次/min），取菌种，分析其pH、残糖、菌体密度及镜检正常后可供发酵罐接种用。

3. 发酵培养

培养基中主要成分及其含量分别为葡萄糖12%~14%，玉米浆3.0%，$(NH_4)_2SO_4$ 3.5%，KH_2PO_4 0.1%，$MgSO_4$ 0.1%，$CaCO_3$ 2.0%，以NaOH调pH至7.0。接种时以1.2%的接种量接种于500L标准发酵罐中，其装液量为300L。罐内培养条件为：温度32℃，气压100kPa，前期通风比1:0.2，中后期1:0.3，搅拌转速300r/min，加150mL菜籽油作消泡剂。发酵过程中每间隔4h采样分析罐内发酵情况。

发酵完成后的发酵液中除苏氨酸外，还存在菌体、残糖、色素、胶体物质以及其他发酵副产物。采用离子交换法，利用离子交换树脂对发酵液中苏氨酸与其他同性离子吸附能力的差别，将这些离子选择性地吸附到树脂上，然后用洗脱剂先后洗脱，从而得到苏氨酸。其基本方法是先将发酵液稀释至一定的浓度，然后用盐酸将发酵液调至一定的pH，采用离子交换树脂吸附苏氨酸，最后用洗脱剂将苏氨酸从树脂上洗脱下来，达到浓缩和提纯的目的。

经过分离的苏氨酸还需经过结晶、溶解脱色、重结晶并干燥后才可得到产品。

【知识链接】

一、发酵与发酵技术发展历史

（一）传统的发酵技术

1. 发酵的定义

现代发酵是指利用微生物（或动、植物细胞）在有氧或无氧条件下的生命活动（化学变化和生理变化）来制备微生物本身或者初级（或次级）代谢产物的过程。

2. 发酵技术

发酵技术是指利用微生物（或动、植物细胞）的发酵作用，优化发酵工艺参数和选用特定功能的微生物菌种，从而实现大规模生产发酵产品的技术，又可称为微生物工程或发酵工程。随着社会和工业化技术的不断发展以及生命科学与生物技术的进步，发酵技术及其应用越来越活跃，成为工业生物技术的重要部分，广泛应用于医药、食品、健康、环保及工农业等领域，为这些领域的可持续发展发挥了巨大的作用，实现了这些领域发酵产品的工业化规模生产。

一般情况下，发酵的典型过程如图 1-1-1 所示。

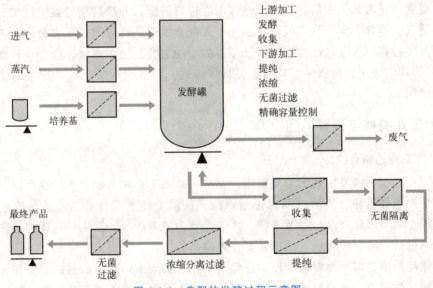

图 1-1-1　典型的发酵过程示意图

（二）纯培养技术的建立

人们最早是利用发酵技术来制作啤酒，19 世纪 60 年代，法国科学家巴斯德（L. Pasteur）借助显微镜，首先证实酒精是由酵母菌发酵产生的，其他发酵产物则是由不同的微生物发酵生成，由此建立了纯培养技术。

纯培养是指在单一种类的微生物存在下所进行的生物培养，所有微生物、动物、植物都可进行纯培养，高等动、植物的无菌培养（无菌饲养）也是一种纯培养。

微生物学上把一个或一群相同的微生物细胞经过培养繁殖而得到后代，叫纯培养，根据微生物细胞类型不同，可分为真菌纯培养、细菌纯培养和病毒纯培养等。菌种鉴定时，所用的微生物一般要求为纯培养物。

纯培养技术是指获得纯培养物的技术，主要有无菌技术、分离纯化技术和微生物的培养与保存技术等。通过纯培养技术的建立，发酵过程和工艺都得到了很大的简化，发酵的效率得到了大幅度的提高，为生产更多有用的发酵产品奠定了基础。

（三）深层培养技术的建立

工业微生物的培养法又可分为液体培养和固体培养两大类型，其中液体培养是最常见的培养（发酵）方式，又分为深层培养、表面培养和附着培养。

液体深层培养是指从发酵罐底部的液体深层处通气，送入空气，由搅拌桨叶分散成微小气泡以促进氧的溶解，使菌体迅速生长和发酵的培养方法。这种由罐底部通气搅拌的培养方法，相对于由气液界面靠自然扩散使氧溶解的表面培养法来讲，称为深层培养法。特点是容易按照生产菌种的代谢所需营养的要求以及不同生理时期的通气、搅拌、温度与培养基中氢离子浓度等条件，选择最佳培养条件，容易控制培养过程，更易实现纯种培养。

深层培养基本操作的3个控制点：

（1）灭菌 发酵工业要求纯培养，因此在发酵开始前必须对培养基进行加热灭菌，可通过发酵罐的蒸汽夹套对培养基和发酵罐进行加热灭菌，或将培养基连续加热灭菌，并连续输至发酵罐内。

（2）温度 培养基灭菌后，冷却至培养温度进行发酵，并维持培养温度恒定。

（3）通气、搅拌 空气进入发酵罐前先经无菌空气过滤器过滤，除去杂菌，再由罐底部进入，通过搅拌将空气分散成微小气泡。搅拌的目的主要是使溶解氧、微生物和加入的物质（如酸碱）等均匀分布、分散等，同时也促进热传递。可在罐内装挡板，产生涡流，以延长气泡滞留时间。

二、发酵工业的特点及其范围

1. 发酵工业的特点

发酵工业是指利用发酵技术来规模生产发酵产品的工业化活动，其特点有以下几方面。

（1）生产条件温和 发酵产品无论是酒酿、酱油等传统酿造产品，还是抗生素、氨基酸、酶、维生素等医药产品，以及乙醇、乙烯等新型能源产品，其生产过程都是在常温、常压等条件下进行，具有能耗低、选择性好、效率高等特点。

（2）原料价廉易得 原料以淀粉、糖等碳水化合物为主，辅以少量的有机和无机氮源。

（3）技术发展快 生产技术的迅猛发展，加快了发酵技术的更新与进步，酶、细胞器固定化技术的出现，实现了简化工艺、节约设备、降低生产成本、提高产品质量的目的。发酵已趋于管道化、连续化、自动化等，提高了发酵技术的应用水平，能生产以前不能生产的或用化学法生产较困难的优质产品。

（4）防止杂菌污染 发酵生产过程中最需要注意的是各种杂菌的污染，尤其是噬菌体，其侵入危害很大，有时甚至是致命的，因此，生产过程的灭菌工作十分重要，它决定着生产的成败。

2. 发酵工业的范围

"酵"的本意是酿酒用的酒曲或酒母。在我国古代，发酵是指在酒曲或酒母中微生物的无氧呼吸作用下，降解糖产生二氧化碳，气泡上涌的现象。最初，发酵主要用于家庭作坊进行手工制作食品如酒酿、奶酪等，虽积累了丰富的经验，但产品质量和数量都不尽如人意。

千百年来，发酵的应用不断延伸，产品日趋丰富。我国现代的发酵工业（也称工业生物技术产业）分属于轻工、医药、农业、化工、能源、环保等行业或部门。轻工主要有酿酒、糖、氨基酸、蛋白质、有机酸和生物材料等产品的生产；医药主要有抗生素、氨基酸、酶、维生素等药物的生产；农业及化工主要有各种农用生物制品及化工产品的生产等。

三、工业发酵的类型与工艺流程

（一）工业发酵的类型

1. 按是否需氧分类

（1）好氧发酵 发酵过程中，氧气以无菌空气进入，并不断搅拌。多数有机酸（如醋酸、柠檬酸等）和各种氨基酸、抗生素和维生素等医药产品的发酵生产均属于好氧发酵。

（2）厌氧发酵 发酵过程中，不需搅拌和通气。如酵母菌酿酒、乳酸菌生产乳酸、瘤胃细菌分解纤维素等属于厌氧发酵。

2. 按使用细胞的不同分类

（1）微生物发酵 微生物发酵是指微生物在一定的条件下，经特定的代谢途径，将物质转化为代谢产物及菌体的过程，其生产水平主要取决于菌种本身的遗传特性和培养条件，广泛应用于食品、医药、工农业及环保等领域。

（2）动物细胞培养 动物细胞培养是指动物细胞在体外条件下的存活或生长，通常在不同的反应器中完成，有贴壁培养和悬浮培养两种培养类型。由于动物细胞无细胞壁，且大多数哺乳动物细胞需附着在固体或半固体的表面才能生长，对营养要求严格，除氨基酸、维生素、盐类、葡萄糖或半乳糖等外，还需有血清；对环境敏感，对pH值、溶解氧、CO_2浓度、温度、剪切应力等都有严格的要求，故动物细胞培养一般须严格监测和控制。

（3）植物细胞培养 植物细胞培养是指在离体条件下培养有药用价值的植物细胞的方法。将愈伤组织或其他易分散的组织置于液体培养基中，进行振荡培养，使组织分散成游离的悬浮细胞，通过继代培养使细胞增殖，获得大量的植物细胞群体或组织。借助于微生物细胞培养的先进技术，大量培养植物细胞的技术日趋完善，现已接近或达到工业生产的规模，广泛应用于农业、医药、食品、化妆品、香料等领域。

植物细胞培养的营养要求相较动物细胞简单，但植物细胞培养一般要求在高密度下才能得到一定浓度的培养产物，而且生长较缓慢，培养周期长，因此对无菌控制及反应器有特殊要求。

（二）工业发酵的工艺流程

从自然界分离菌种，再通过诱导育种或基因工程或细胞工程等多种方法获得生产菌种，分离得到的生产菌种经扩大培养，接种到发酵罐，控制发酵条件，发酵产生目标物，提取、分离、纯化，获得发酵产品（微生物菌体或代谢产物），具体如图1-1-2所示。

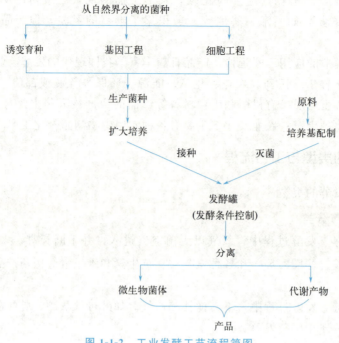

图 1-1-2 工业发酵工艺流程简图

四、发酵产物的类型

发酵产物的类型繁多，根据其性质可大致分为五类：微生物菌体、酶、微生物代谢产物、微生物转化产物及生物工程细胞等。

1. 微生物菌体

利用发酵法可生产获得具有多种用途的微生物菌体，如面包发酵产生的酵母菌、麦角科真菌冬虫夏草菌、与天麻共生的密环菌、多孔菌科真菌茯苓菌等药用菌等。

2. 酶

利用发酵法可生产制备并提取微生物产生的各种酶，大部分是利用微生物产生的菌体胞内酶和胞外酶，并用现代化生物技术的方法提取得到的酶纯品。

发酵法生产微生物酶具有生产容易、成本低、应用广泛等特点，如用于生产葡萄糖的淀粉酶和糖化酶，用于 D,L-氨基酸光学拆分的氨基酰化酶，用于检测血液中葡萄糖含量的葡萄糖氧化酶，用于药物生产的蛋白酶、脂酶、药用酶等。

3. 微生物代谢产物

利用发酵法可生产获得微生物代谢产物，这类产物是发酵产物中种类最多、最重要的产品。这类产物有两类：第一类是初级代谢产物，如氨基酸、核苷酸、核酸、蛋白质等，它们是菌体生长所必需的；第二类是次级代谢产物，如抗生素、生物碱、毒素、激素、维生素、植物生长因子等，这些产物与菌体的生长繁殖无明显关系，是菌体在生长的稳定期合成的具有特定功能的产物。

次级代谢产物在细胞中的产量很低，而且并不是所有的微生物都能进行次级代谢，但是次级代谢产物多数具有明显的生物活性，有的具有明显的抗菌活性，有的具有促进细胞生长作用，有的具有特殊的酶抑制作用等，对发酵工业具有很重要的现实意义。

4. 微生物转化产物

利用微生物细胞将一个化合物转化为另一结构相关、更具经济价值的化合物。微生物的转化作用比使用特定的化学试剂有更多的优点，如反应是在常温下进行的，不需要重金属催化剂等。

微生物转化过程的优势是先生产大量菌体，然后催化单一反应，产品收率高、质量好；生产操作简单、成本低；绿色、环保。固定化技术的出现，使得微生物转化作用的优势更加突出，将全细胞或其中有催化作用的酶固定在惰性载体上，这种具有催化作用的固定化细胞或酶可以反复多次使用，如使用固定化青霉素酰化酶生产阿莫西林等，其固定化青霉素酰化酶可重复使用数百次。

5. 生物工程细胞

利用生物工程技术所获得的生物工程细胞，如 DNA 重组的工程菌、细胞融合所得到的杂合细胞及动植物细胞、固定化细胞等，其主要的特点是发酵产物种类多，用于发酵的新型生物反应器类型多，发酵工艺也有别于传统工艺等。

五、发酵技术的现状及发展趋势

（一）发酵产业的历史与现状

现代发酵技术的应用已经冲击到传统的食品发酵、制药、有机酸制造、饲料、能源等各个行业。人们已经感受到了现代科学技术所带来的好处，如运用基因工程、细胞工程和酶工程改良菌种，采用高产工程菌并利用现代工业手段从多方面对发酵生产旧工艺实行改造，扩大规模、降低成本、开发新品种、提高质量等。随着生物技术的突破性进展，人类将通过设计和构建新一代的工业生物技术，使各类可再生物资源高效快速地转化为新的资源和能源。近年研究的热点主要集中在以下几个方面：

（1）工业微生物育种技术，是利用现代化的手段对微生物加以筛选和改造，以形成更符合工业生产需要的新菌种。经过改造，满足人们需要的微生物菌种通常被称为工程菌。

（2）微生物菌体的生产，是利用先进的生产工艺高速地对某种微生物进行大量的纯培养，即工程菌的克隆。

（3）从微生物中分离有用物质，如利用发酵工程以农作物秸秆、造纸废液等废弃物作底物培养藻类、放线菌、细菌、酵母等单细胞生物而获得单细胞蛋白的新型动物饲料等。

（4）利用基因克隆技术改变微生物代谢途径中的某些关键步骤，来改造微生物初级和次级代谢产物，从而大幅度提高产物收率；通过基因重组技术改变微生物的代谢途径，还可以开发出传统发酵工业无法生产的新产品。

（5）使用新型分离纯化技术优化发酵产物的分离纯化等后处理工艺，大幅降低生产成本，减少工艺步骤，缩短生产周期等。现已大规模应用的分离纯化新技术有双水相萃取、新型电泳分离、大规模制备色谱、膜分离等。

（6）利用微生物控制或参与工业生产，如采矿、冶金等；微生物生物反应器的研究开发；新型发酵装置、生物传感器和使用计算机控制的自动化连续发酵技术等研究开发。

（二）我国制药发酵工业的发展与展望

20 世纪 40 年代初，人类最早开启发酵工业化生产以来，经过数十年的发展，形成了十

发酵制药简史

分完善的发酵工业体系，可工业化生产数百种抗生素、氨基酸、酶、维生素等药物。20世纪70年代以后，随着基因工程、细胞工程等技术的出现与发展，以及各学科技术的相互融合，发酵工程进入了定向育种、新产品相继涌现的新阶段。

1. 中国制药发酵工业的发展

近年来，制药发酵工程的应用越来越广，相对于化学合成的方法其更加简单，且具有较高的经济效益。一方面，随着制药工艺的不断完善和成熟，制药发酵工程必然能够解决更多传统制药工艺所不能解决的问题，有利于加速医药卫生事业的发展。另一方面，现代社会以追求绿色高科技，可持续发展为目标，随着能源日益稀缺，环境保护监管压力大，传统制药发酵工业发展瓶颈日趋严重，已限制其发展；各种新型发酵技术的出现、发展及进步，以及与制药工程学的结合，使得新型发酵工程将在医药卫生领域发挥更重大的作用。如运用DNA重组技术育种氨基酸产生菌，提高了氨基酸基因育种的效率和新菌株的产酸水平；通过对工业微生物的DNA改造，使L-苏氨酸和L-精氨酸的产量大幅度提高，生产成本大幅下降，并为市场用量的扩大奠定了基础。

2. 中国制药发酵工业前景预测

制药发酵工程技术在我国医药领域具有较好的基础，我国不但有众多不同规模的产业化基地，而且在高校、研究院所等拥有一大批掌握先进制药发酵工程技术的基础研究力量，在制药发酵工程资源挖掘、生物合成、基因克隆与改造、生产工艺优化等国际前沿技术方向开展了研究，并取得了卓越的成绩。但许多研究仍明显缺乏与产业之间的互动和上、中、下游之间的有效联系。实质性地推动基础研究与产业基地的互动，使得产业化基地能有效得到高新技术的支撑，同时基础研究应更加专注于解决产业化中存在的实际问题，最终形成合力来支持产业发展和促进相关基础研究的深入，这将是我国今后制药发酵工业发展新机遇的强大推动力。

目前，世界各国竞相开展了生物化工技术的研究和开发工作，利用生物化工技术已成功开发了许多聚合氨基酸等产品。国内制药行业应该高度重视利用生物化工技术解决目前国内制药行业存在的发酵周期长、分离提纯技术落后、产品收率低和产品质量不高等问题，以促进我国制药行业的腾飞。

【岗位认知】

发酵岗位基本职责及质量自查

一、发酵岗位基本职责

文件编号				颁发部门	
SOP-PA-149-01		发酵岗位		人力资源部	
总页数				执行日期	
2					
编制者		审核者		批准者	
编制日期		审核日期		批准日期	

1. 目的

明确发酵岗位的基本职责或工作程序。

2. 范围

发酵工序。

3. 责任

发酵车间主任、技术员、班组长及发酵岗位操作人员等。

4. 内容

(1) 履行发酵生产操作职责

① 严格按发酵生产岗位劳动防护要求穿戴工作服及劳动防护用品等。

② 检查发酵操作间、设备、工具、容器及物料管道的清洁状况，检查并核对清场合格证有效期，取下标识牌，按生产部标识管理规定管理。

③ 检查核对发酵岗位作业文件，按生产指令填写工作状态牌，悬挂生产状态及运行状态牌于指定位置。

④ 严格按种子罐、发酵罐等发酵设备及其配属管道灭菌标准操作程序（SOP）进行消毒、灭菌等操作。

⑤ 根据生产指令，接收物料及生产菌种，由班长和外辅岗位操作人员核对物料及生产菌种信息。投料人员投料前，再次核对物料名称、重量、批次号、物料编码、质量信息、供应商或生产厂家等，称量按照称量 SOP 进行操作。

⑥ 严格按种子罐、发酵罐等设备使用 SOP 及发酵生产岗位 SOP 要求进行投料、接种、扩培及发酵生产等。

⑦ 发酵生产中随时注意检查设备运行情况以及空气流量、温度、pH、时间、溶氧、菌体浓度（菌浓）、菌体形态等，设备的操作严格按所使用设备的使用 SOP 进行操作。

⑧ 注意观察发酵液颜色、泡沫、黏度、异味等，以便染菌后能及时处理。

⑨ 按发酵工艺规程及中控 SOP 检测发酵单位或测定产品浓度等。

⑩ 出现异常情况，按照异常情况处置 SOP 进行处理，不得擅自处理。

⑪ 操作完毕，及时填写发酵生产批生产记录。

⑫ 生产结束，及时按设备清洁 SOP 进行清洁，填写设备清洁记录及其使用记录和台账等。

⑬ 每批生产完毕，取下生产状态及运行状态标示牌，依照清场管理规程进行清场。

⑭ 清场完毕，填写清场记录，QA（质量保证）检查合格后，挂清场合格证。

(2) 按作业场所清洁卫生管理规程，定期对作业场所及其设施设备等进行清洁、消毒工作，以维持作业场所的日常清洁卫生等。

(3) 履行作业场所设施设备的日常维护保养职责。

(4) 定期接受《中华人民共和国药品管理法》、《药品生产质量管理规范》（GMP）、《中华人民共和国安全生产法》、《中华人民共和国环境保护法》等法律法规，以及与岗位相关的岗位技能技术及专业知识等的培训。

(5) 自觉履行本岗位的安全生产及环境保护职责。

(6) 公司交办的其他工作。

备注：现代发酵工业企业大多采用生产自动化控制系统进行生产控制，以上岗位职责为典型的传统的人工生产控制系统的发酵岗位职责。各发酵工业企业因生产工艺、控制系统建设及管理理念差异，其发酵岗位职责亦有所不同，且差异较大。

5. 培训

(1) 培训对象　发酵车间主任、技术员、班组长、岗位操作人员等。

(2) 培训时间　2个学时。

二、发酵岗位质量自查

文件编号		颁发部门	
SOP-PA-150-01	发酵岗位质量自查	质量管理部	
总页数		执行日期	
2			
编制者		审核者	批准者
编制日期		审核日期	批准日期

1. 目的

明确发酵岗位质量自查的标准操作规程。

2. 范围

发酵工序质量自查。

3. 责任

发酵车间主任、技术员、班组长及发酵岗位操作人员等。

4. 内容

(1) 发酵岗位操作人员要加强质量意识，保证发酵投料和发酵液的质量。

(2) 凡是进入发酵工序的所有物料都必须进行自检，项目有：物料名称、质量信息、重量、批次号、物料编码、供应商或生产厂家等，并复核与生产指令单是否相符。

(3) 生产过程中，要随时检查发酵液pH、溶氧、菌浓、菌体形态、颜色、泡沫、黏度、异味等质量情况。

(4) 发酵液质量指标检查方法

① pH。用烧杯从发酵罐取样口取发酵液适量，按发酵液pH检测SOP进行检测，检测结果应符合发酵工艺规程的规定。

② 菌浓。用烧杯从发酵罐取样口取发酵液适量，按发酵液菌浓检测SOP进行检测，检测结果应符合发酵工艺规程的规定。

③ 溶氧。用烧杯从发酵罐取样口取发酵液适量，按发酵液溶氧检测SOP进行检测，检测结果应符合发酵工艺规程的规定。

④ 菌体形态。用烧杯从发酵罐取样口取发酵液适量，用玻棒蘸取少许发酵液，均匀涂布在载玻片上，用电子显微镜，按发酵液菌体形态检测SOP进行检视，菌体形态应符合发酵工艺规程的规定。

⑤ 颜色。用烧杯从发酵罐取样口取发酵液适量，在自然光下检视观察，颜色应符合发酵工艺规程的规定。

⑥ 黏度。用烧杯从发酵罐取样口取发酵液适量，用黏度仪按发酵液黏度检测SOP进行

检测，检测结果应符合发酵工艺规程的规定。

⑦ 泡沫。开启发酵罐的观察视灯，从发酵罐观察孔观察发酵液表面是否有泡沫及泡沫产生量，泡沫产生情况应符合发酵工艺规程的规定。

⑧ 异味。用烧杯从发酵罐取样口取发酵液适量，嗅闻发酵液是否有酸败等异味，检查结果应符合发酵工艺规程的规定。

(5) 按发酵工艺规程及中控 SOP 检测发酵单位或测定产品浓度等，检测结果应符合发酵工艺规程的规定。

备注：现代发酵工业企业大多采用生产自动化控制系统进行生产控制，以上岗位的质量自查为典型的传统的人工生产控制系统的发酵岗位的质量自查要点，各发酵工业企业因生产工艺、控制系统建设及管理理念差异，其发酵岗位质量自查要点亦有所不同，且差异较大。

5. 培训

(1) 培训对象 发酵车间主任、技术员、班组长、岗位操作人员、QA、QC（质量控制）等。

(2) 培训时间 2 个学时。

【项目实施】

任务　参观发酵工业的工厂（阿莫西林生产）

一、任务描述

阿莫西林，又名羟氨苄青霉素，白色粉末，广谱半合成青霉素类 β-内酰胺类抗生素，酸性条件下较稳定，杀菌作用及细胞膜穿透能力强，半衰期约 61min，胃肠道吸收率可达 90%，是目前应用较为广泛的口服半合成青霉素之一，全球市场需求量达数万吨。阿莫西林的传统生产工艺为化学半合成工艺，该工艺安全风险及环保压力大，产品质量相对较差，生产成本高，难以超大规模生产，满足不了市场及临床需要。新型酶法生产工艺是以 6-氨基青霉烷酸（6-APA）和对羟基苯甘氨酸甲酯（HPMG）为反应底物，水为溶剂，在固定化青霉素酰化酶的催化下，定向反应制得含高纯度阿莫西林固体的混悬液，经酸碱调节、结晶、分离、洗涤、干燥、粉碎、包装得阿莫西林成品。该方法操作简单、安全、环保、产品质量高、成本低廉，固定化青霉素酰化酶可重复使用达 500 次，可超大规模生产，目前，单个生产企业年生产能力即可达万吨以上。

本次实训重点是通过到企业的酶合成（发酵）生产岗位参观实习，使学生对发酵工业的生产运行有总体认知和了解，熟悉并掌握新型发酵工艺的操作要点及其注意事项等。

二、任务实施

（一）准备工作

(1) 建立工作小组，制订工作计划，确定具体任务，任务分工到个人，并记录到工作表。

(2)收集发酵工业发酵工艺的实际工况,拟定发酵生产工艺流程、生产操作要点及其注意事项。与指导教师共同制订任务实施方案等。

(3)完成任务实施前的各项准备工作

① **材料准备** 任务实施方案,发酵工业企业的发酵生产品种及其工艺资料,所采用的生产工艺及其流程,生产及主要生产设备的标准作业程序(SOP)或工作手册等资料。

② **试剂** 无。

③ **仪器** 无。

(二)操作过程

发酵生产工艺流程(以阿莫西林酶法生产工艺为例)如图 1-1-3 所示。

6-APA、HPMG混悬水液配制 → 投料 → 酶催化反应 → 阿莫西林固悬液 → 稀酸溶解,过滤 → 稀碱调pH → 结晶 → 过滤 → 洗涤 → 干燥 → 粉碎 → 包装 → 成品

图 1-1-3 酶法阿莫西林生产工艺流程简图

1. 生产前检查

生产前,应检查生产设备设施是否完好、可用,清洁状态及有效期等;检查管道、阀门等连接是否牢固,无脱落、滴、漏等风险;检查并核对温度计、压力表、秤、流量计等仪器仪表是否完好可用,是否在校验效期内;核对生产指令,检查现行生产操作指导性文件如岗位 SOP 或标准作业书、设备安全使用和清洁 SOP 和作业场所清洁、清场管理规程等是否在现场;检查并核对清洁状态牌和清场合格证及其有效期,取下清洁状态牌和清场状态牌并放到指定地方,填写岗位批生产状态牌并悬挂在岗位设备上。检查完毕,及时填写检查记录。

2. 稀盐酸配制

按稀盐酸(A%)配制 SOP 或标准作业书进行配制,一次配制 N 批生产用量(一天需求量)。开启稀盐酸泵,将已配制好的稀盐酸输送至稀盐酸储罐存储,待用。

3. 稀氨水配制

按稀氨水配制 SOP 或标准作业书进行配制,一次配制 N 批生产用量(一天需求量)。开启稀氨水泵,将已配制好的稀氨水输送至稀氨水储罐存储,待用。

4. 6-APA、HPMG 混悬水液配制及投料

按阿莫西林酶法混悬水液配制及投料岗位 SOP 的规定进行称量,配制 6-APA、HPMG 混悬水液(一次配制 1 罐次生产用量)。开启料液泵,将已配制好的 6-APA、HPMG 混悬水液输送至装有固定化青霉素酰化酶的酶反应器中。

5. 酶催化反应及固-固分离

开启酶反应器搅拌,调节搅拌速度至工艺规定转速;向酶反应器夹套通入冷冻液,控制反应温度至工艺规定温度;用已配制好的稀氨水自动调节反应液 pH 至工艺规定;用 HPLC 在线或人工监测 6-APA 的转化率;待 6-APA 转化率达到工艺规定值以上,关闭搅拌、在线 pH 调节等,停止反应。开启固悬反应液输送泵,打开酶反应器底部的放料阀,放料,由泵输送至酸化溶解罐,待用。

6. 酸化溶解及过滤

开启酸化溶解罐搅拌,调节搅拌速度至工艺规定转速;向酸化溶解罐夹套通入冷冻液,

控制反应温度至工艺规定温度；用已配制好的稀盐酸酸化固悬液至澄清；按酸化溶解、过滤岗位SOP或标准作业书操作要求进行过滤；滤液泵入碱化析晶罐，待用。

7. 碱化析晶（D级洁净区）

开启碱化析晶罐搅拌，调节搅拌速度至工艺规定转速；向碱化析晶罐夹套通入冷冻液，控制反应温度至工艺规定要求；用已配制好的稀氨水碱化料液至有晶体析出。停止搅拌与碱化，静置养晶至工艺规定要求；开启搅拌，继续用稀氨水碱化至等电点析晶；停止搅拌与碱化，静置养晶至工艺规定要求。

8. 过滤、洗涤（D级洁净区）

在过滤器里铺上干净的滤袋，按过滤、洗涤岗位SOP或标准作业书要求进行过滤，滤饼依次用纯化水、丙酮洗涤，滤干；将滤饼转移至阿莫西林湿品中转桶，加盖暂存。

9. 干燥（D级洁净区）

将湿品用适宜方式（如真空上料）转入干燥设备内，按阿莫西林干燥岗位SOP或标准作业书要求进行干燥；干燥结束，冷却至室温，出料，称重；转移至阿莫西林干品中转桶，加盖暂存，待粉碎。

10. 粉碎（D级洁净区）

按阿莫西林粉碎岗位SOP或标准作业书要求进行粉碎。粉碎完毕，分别对细粉、落地粉、污损粉等进行称重，计算粉碎工序收率及物料平衡；转移至阿莫西林细粉中转桶，加盖暂存，待包装。

11. 内包装（D级洁净区）

由QC人员按取样SOP规定称量取样，按成品检测及稳定性留样包装要求分装，送QC成品检测，填写取样记录；按阿莫西林内包装岗位SOP或标准作业书规定的内包装规格进行称重、内包装，扎紧，密封，贴上内包装标签；内包装完毕，分别对成品零头、落地粉、污损粉等进行称重，计算包装工序收率及物料平衡。

12. 外包装

将已内包装好的阿莫西林通过传递窗传递至外包间，按阿莫西林外包装岗位SOP的要求进行外包装，密封，贴上外包装标签；转移至阿莫西林成品库，寄库。

13. 清洁、清场

各岗位或工序生产操作结束后，应及时填写批生产记录及设备使用记录和台账；按生产管理规程要求进行清洁，清场；填写清洁、清场记录。经QA检查，填写QC日志，开具清场合格证。填写清洁状态牌及清场状态牌，并悬挂在相应位置。

14. 注意事项

（1）6-APA为高致敏性发酵中间体，应使用专门的容器密闭盛放、转移（运）、贮存；投料工序应设置独立的CNC受控区；操作人员应穿戴隔离服装，隔离操作；产生的粉尘应收集灭活后再交由危废处置单位或部门进行处理。

（2）阿莫西林为半合成青霉素类抗生素，有潜在的致敏风险，应建设独立生产车间或厂房，成品应独立仓库存储。

（3）作业人员与其他非致敏品种的作业人员的生产、生活及人、物流均应有效隔离、分开。

（4）外来人员应对其过敏或潜在过敏风险进行提示。

（5）生产作业场所及岗位应有 EHS（环境、健康、安全）防护告知牌，并配置足够数量的有效防护用具等。

（6）固定化青霉素酰化酶在使用前应使用去离子水（无盐水）洗涤，其重复使用次数不宜超过 450 次，以免因固定化青霉素酰化酶催化活性下降后导致产品转化率和质量降低。

（7）反应搅拌不宜剧烈，以免固定化青霉素酰化酶破碎，影响其重复使用次数及反应效率等。

（8）阿莫西林遇强碱不稳定，在碱化时应控制加碱速度，以免局部碱度过高，产生降解杂质。

（9）过滤洗涤工序，水洗涤后，应使用适宜溶剂洗涤，以提高干燥效率。

（10）青霉素类抗生素一般不耐高温，故干燥温度不宜超过 50℃，且不宜使用蒸汽等直接加热，以免局部高温，导致产品质量下降。

（11）阿莫西林干燥时，宜先室温减压干燥，再升温至工艺规定的干燥温度，以免结块、成团，影响干燥效率和产品质量。

（12）滤芯、滤袋及收料袋等难清洁的工器具或配件应按工序专用。

（13）碱化析晶操作时，达到等电点后，静置养晶一段时间后，应复测是否达到等电点，以免析晶不完全。

（三）结束工作

1. 填好所有操作记录单、任务单、各种评价表。
2. 检查设备仪表是否洁净完好。
3. 清理工作场地与环境卫生。
4. 进行任务总结（小组讨论与汇报、组间互评、教师点评与总结）。

三、任务探究

1. 如何改进和提高发酵工业产品质量，降低生产成本，实现绿色、规模生产？
2. 阿莫西林酶催化反应结束后，是如何实现固-固分离的？

【项目拓展】

基因工程药物简介

一、基因工程药物及其应用

所谓基因工程药物就是先确定对某种疾病有预防和治疗作用的蛋白质，然后将控制该蛋白质合成过程的基因分离，经过一系列基因操作，最后将该基因放入可以大量生产的受体细胞中（包括细菌、酵母菌、动物或动物细胞、植物或植物细胞），在受体细胞中不断繁殖，大规模生产具有预防和治疗这些疾病的作用的蛋白质，即基因疫苗或药物。

基因工程技术的应用在治疗癌症、病毒性疾病、心血管疾病和内分泌疾病等方面取得了明显的效果。这些药物和制剂都是很珍贵的，用传统方法难以大规模生产，主要包括激素类、细胞因子、酶类、基因工程可溶性受体、基因工程抗体等。

目前主要采用微生物发酵法、动物细胞培养法获得，现已有近40种基因工程药物投放市场。自从1982年世界上第一个基因工程药物重组人胰岛素经美国食品药品监督管理局（FDA）批准上市以来，基因工程药物不断问世。基因工程药物成为世界各国政府和企业投资开发的热点，近20年发展极为神速。我国于1989年研制出了第一个拥有自主知识产权的重组干扰素α-1b，至今已有20多个品种获批上市，其质量与进口同类品种相当，而价格却仅为进口药的三分之一左右。随着我国生物技术的迅速发展，国产基因工程药物价格不断降低，必将进一步促进基因工程药物的临床应用。

二、基因工程药物生产的基本过程

基因工程药物生产的主要程序如下：获取目的基因、构建DNA重组体、将DNA重组体转入宿主菌构建工程菌、工程菌的发酵、外源基因表达产物的分离纯化、产品的检验等。

通常将基因工程药物的生产分为上游阶段和下游阶段。上游阶段是研究开发必不可少的基础，主要是分离目的基因、构建工程菌（细胞）。获得目的基因后，最主要的就是目的基因的表达。选择基因表达系统时主要考虑的是保证表达的蛋白质的功能，其次是表达的量和分离纯化的难易。下游阶段是从工程菌的大量培养一直到产品的分离纯化和质量控制。此阶段主要包括工程菌大规模发酵最佳参数的确立、新型生物反应器的研制、高效分离介质及装置的开发、分离纯化的优化控制、高纯度产品的制备等。

榜样力量

中国干扰素之父——侯云德

20世纪70年代，传染病、肿瘤等疾病严重威胁人民生命健康，治疗主要是依赖价格高昂的进口的干扰素药物。经过研发试验，侯云德成功研发了我国第一个基因工程多肽药物，即国际上独创的国家Ⅰ类新药产品重组干扰素α-1b型，打破了国内依靠进口干扰素的局面。随后，他还相继研制出了包括重组干扰素α-2a、α-2b、γ等基因工程干扰素系列产品，获得了人白介素-2等9个基因工程产品新药证书。这些药物广泛用于慢性肝炎、急性呼吸道感染以及肿瘤的临床治疗，不仅疗效显著，还降低了患者的就医负担。

2002年由SARS冠状病毒引起的传染性非典型肺炎（简称"非典"）爆发，身为中国预防医学科学院病毒所所长的侯云德，当时每天的研究，就是SARS冠状病毒。2003年，侯云德的研究成果干扰素α-2b通过"绿色通道"进入临床试验，成为第一个预防"非典"的药物。2005年，中国陷入了"禽流感"的阴影之中。在侯云德的建议下，我国建立了传染病防控综合技术平台，在之后的传染病疫情防控中，取得了重大成效。2009年，全球突发甲型H1N1流感（甲流）疫情，我国成立专家小组，由侯云德担任组长，带领团队仅用87天成功研制新型甲流疫苗。我国在甲流疫情中取得了"8项世界第一"的研究成果，对全球甲流防控做出重大贡献。侯云德曾说："我学习病毒学，目的在于控制病毒病，保护人民健康。"他用66年的时间，打造属于中国人自己的干扰素系列药物，终成"中国干扰素之父"。

【项目总结】

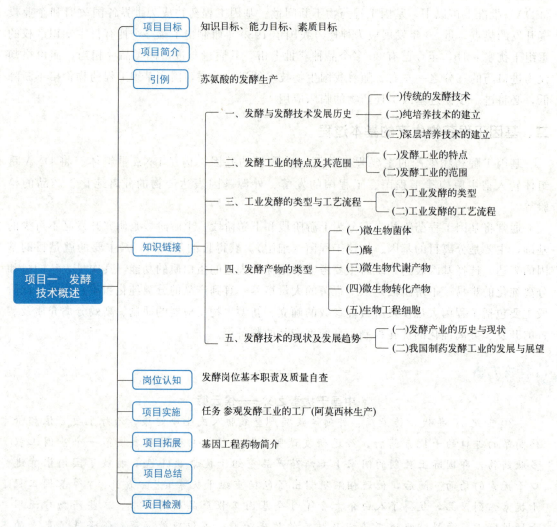

【项目检测】

一、名词解释

1. 发酵　2. 发酵技术

二、单项选择题

1. 首次证实酒精是由酵母菌发酵产生是（　　）。
   A. 孟德尔　　　　　　　　　　　　B. 柯赫
   C. 列文虎克　　　　　　　　　　　D. 巴斯德
2. 不属于液体深层培养控制点的是（　　）。
   A. 无菌　　　　　　　　　　　　　B. pH
   C. 温度　　　　　　　　　　　　　D. 搅拌和通气
3. 属于厌氧发酵的是（　　）。
   A. 青霉素　　　　　　　　　　　　B. 谷氨酸

C. 乳酸 D. 维生素 C

4. 属于初级发酵代谢产物的是（　　）。
A. 谷氨酸 B. 青霉素
C. 维生素 C D. 生物碱

三、填空题

1. 工业微生物的培养法又可分为_____和_____两大类型，其中液体培养是最常见的培养（发酵）方式，又分为_____、_____和_____。
2. 微生物纯培养根据微生物细胞类型不同，可分为_____、_____、_____等。
3. 工业发酵按使用细胞不同可分为_____、_____、_____等三类发酵。
4. 发酵产品具有_____、_____、_____、_____的特点。

四、简答题

简述发酵产物的主要类型。

项目二　工业菌种的选育与保藏

【项目目标】

❖ 知识目标

1. 了解常用药物产生菌种。
2. 熟悉药物产生菌的分离、筛选和鉴定的基本方法。
3. 理解并掌握菌种的改良途径、常用保藏方法的基本原理及操作流程。

❖ 能力目标

1. 能独立完成菌种的分离和筛选操作。
2. 可以采取合适的方法进行菌种的改良。
3. 能够判断菌种退化状况，并能够采取合适的方法进行菌种的复壮及保藏。

❖ 素质目标

培养学生吃苦耐劳、独立思考、严肃认真的科研态度；遵守职业守则，注重提高自我防护的意识和能力，熟知生物安全体系；学习并遵守《中华人民共和国生物安全法》。培养学生爱岗敬业、乐于奉献的优良品质和社会责任感。

【项目简介】

菌种是发酵制药工业中最为关键的部分，菌种是否优良直接影响发酵产品的产量和质量。随着生物化学和分子生物学的发展，新的育种技术进一步提高了发酵菌种的生产能力。为了使发酵产品更具有商业化价值，人们应用各种育种方法对已有菌种进行改良，通过进一步筛选，选出性状优良的微生物菌株，提高发酵性能，并采用适当的方法对菌种进行保存。

本项目主要内容为菌种的选育与保藏，知识链接介绍了发酵工业常用菌种，菌种的分离筛选、鉴定和改良，以及退化现象和保藏方法。项目实施结合生产和科研设定了两个实操任务。同时培养学生以岗位为荣，不惧危险，守护万家的工匠精神。

引例

核苷酸类药物的发酵生产

核苷酸是各种核酸的基本组成单位，是由含氮碱基、核糖或脱氧核糖以及磷酸三种物质组成的化合物，根据糖的不同，核苷酸有核糖核苷酸及脱氧核糖核苷酸两类。核苷酸是一类在代谢过程中极为重要的生化物质，在细胞的结构组成、生长代谢、能量的储存和转化、免疫反应等方面起着重要作用。

核苷酸类药物及其衍生物在抗癌、抗病毒，治疗心血管疾病、糖尿病等方面具有独特的疗效，它的需求正以惊人的速度增长，目前生产的核苷酸类物质已经达到60余种。

核苷酸的生产主要有两种方法，包括微生物发酵法和酶解法。受经济和环境因素的驱动，微生物发酵法已成为主流趋势。枯草芽孢杆菌、谷氨酸棒状杆菌是传统的被认为最有潜力高产核糖核苷酸的微生物。其他微生物也可被用来生产核苷酸，如链霉菌、柠檬节杆菌。大肠杆菌被认为是一种有潜力的嘌呤核苷生产菌株，作为模式生物，更易于进行分子生物学和遗传操作。优良的核苷酸产生菌是实现发酵法生产核苷酸的基础，通过采取诱变、基因工程等方式，对菌株进行合理改造，实现菌株的过量表达，进而大幅度提高产量，使微生物发酵法生产核苷酸有了更大的发展空间。

【知识链接】

一、发酵工业常用菌种

（一）发酵工业的菌种要求

微生物在自然界中分布广泛，种类很多，尽管如此，但不是所有的微生物都可作为菌种，也不是所有的菌株都能进行大规模的发酵生产。发酵工业菌种一般有以下要求：①微生物易于培养，发酵周期短，底物转化率高；②满足微生物生长的培养基原料取材广泛、价格低廉，且生成的目的产物有价值、产物生成率高，副产物少；③目的产物易于分离、纯化；④培养条件（如糖、温度、pH、溶解氧、渗透压等）易于控制；⑤抗噬菌体及杂菌污染的能力强；⑥菌种必须是纯培养物，菌种遗传性能稳定，不易变异退化；⑦对放大设备的适应性强，易于控制和放大；⑧对所需添加的前体有耐受能力且不能将前体作为一般碳源使用；⑨菌种不是病原菌，不产生任何有害物质和毒素。

（二）发酵工业的菌种类别

应用于发酵工业的微生物主要包括细菌、真菌、放线菌三大类别。就广义的发酵工业而言，微生物菌种还应包括工程菌、动植物细胞等。

发酵工业常用的菌种及其产物见表 1-2-1。

表 1-2-1 发酵工业常用的菌种及其产物

微生物类别	微生物名称或菌属	产物
细菌	枯草芽孢杆菌	蛋白酶、淀粉酶
	短杆菌属	氨基酸、核苷酸类
	棒状杆菌属	氨基酸、核苷酸类
	大肠杆菌	氨基酸、6-APA
	乳酸杆菌属	抗癌类药物
真菌	曲霉属	柠檬酸、抗生素、甾体激素
	青霉属	青霉素、灰黄霉素、葡萄糖酸、延胡索酸
	头孢霉属	头孢霉素、头孢菌素 C
	梨头霉属	甾体激素

续表

微生物类别	微生物名称或菌属	产物
真菌	酿酒酵母	酒精、辅酶A
	牛肝菌属	抗癌药物
	灵芝属	药材
放线菌	链霉菌属	链霉素、红霉素、土霉素等
	诺卡菌属	利福霉素、间型霉素等
	小单孢菌属	氯霉素、庆大霉素等

1. 细菌

细菌是一类个体微小、结构简单、种类繁多的单细胞原核微生物，在自然界分布广泛，与人类生产和生活关系密切。细菌大小通常以微米表示。杆状、球状和螺旋状是细菌最基本的3种形态。细菌的细胞结构分为基本结构（如细胞壁、细胞膜、核糖体、细胞质等）和特殊结构（如鞭毛、荚膜、芽孢等）两部分。工业生产常用的细菌有枯草芽孢杆菌、醋酸杆菌、棒状杆菌、短杆菌等。目前，细菌在制药工业上可用于生产氨基酸、核苷酸、维生素、各种酶制剂。此外，细菌也可作为基因工程的载体细胞，通过构建基因工程菌来生产外源物质。

2. 真菌

真菌是一类具有典型细胞核结构的真核微生物。最常见的真菌包括霉菌和酵母菌。构成真菌营养体的基本单位是菌丝。真菌既可通过无性孢子进行无性繁殖，也可借助有性孢子进行有性繁殖。

在发酵制药工业中涉及的真菌主要是霉菌和酵母菌。霉菌是一类在营养基质上形成的绒毛状、网状或絮状菌丝，菌落较为疏松。其中，工业上常用的霉菌包括根霉属、毛霉属和犁头霉、红曲霉属、青霉属和曲霉属等，它们可广泛用于生产酶制剂、抗生素和有机酸等。酵母菌为单细胞生物，呈圆形或卵圆形，菌落湿润、黏稠，易挑起。利用酵母菌体，可提取核苷酸、细胞色素、核黄素等，也可用于生产脂肪酶、药用酵母菌体蛋白等。此外各类蕈类，常见的包括香菇、草菇、平菇、木耳、银耳和羊肚菌等，它们既是一类重要的菌类蔬菜，也是食品和制药工业的重要资源。

3. 放线菌

放线菌是介于细菌和丝状真菌之间而又更近似于细菌的一类单细胞原核微生物，菌落呈放射状，它的细胞构造和细胞壁的化学成分与细菌相同。放线菌在自然界中的分布很广，其中以土壤和淡水中居多，适宜生长在排水较好、肥沃的中性或微碱性土壤中。放线菌的形态多样，由分枝状菌丝组成。细胞壁的主要成分为肽聚糖，革兰氏染色为阳性。

放线菌最突出的特征之一是能产生种类繁多的抗生素，如链霉素、红霉素等。绝大多数的抗生素是由放线菌产生的。制药工业常用的放线菌包括链霉菌属、诺卡菌属、小单孢菌属。

链霉菌属是放线菌中最大的一个属，也是抗生素的主要生产菌。各类链霉菌经发酵后可代谢生成链霉素、四环素、红霉素、氯霉素、土霉素、卡那霉素、丝裂霉素等多种抗生素。

大多数诺卡菌属为好氧型腐生菌，少数为厌氧型寄生菌，主要分布在土壤中。目前诺卡菌属能产生30余种抗生素，如抗结核菌能产生利福霉素，此外还有间型霉素、瑞斯托菌素等。

小单孢菌属菌丝较细，在基内菌丝上长出孢子梗，顶端着生一个球形或长圆形的孢子。在培养基上形成的菌落颜色多样，多分布于土壤和湖底泥土中，小单孢菌属也是产生抗生素较多的一个属，如棘孢小单孢菌能产生庆大霉素。

二、发酵工业菌种的分离筛选

（一）菌种的来源

工业微生物菌种指在工业上应用到的所有微生物，符合发酵工业要求的菌种常从如下途径获得：①从保藏微生物菌种的机构直接购买；②从自然界直接分离筛选；③对野生菌株进行诱变改良；④从生产过程中发酵水平高的批号中重新进行分离筛选。其中，从自然界分离微生物菌种是获得发酵工业菌种的主要方式，尤其是从土壤中分离微生物菌种更是较为典型的获得方式之一。

（二）工业用菌种的分离与筛选

1. 菌种的分离

菌种常用的分离纯化方法有：平皿划线分离法、稀释平皿分离法、涂布分离法。另外也有一些不常用的分离方法，如毛细管分离法、小滴分离法、组织分离法等，菌种的分离主要目的是获得单菌落。

平皿划线分离法

(1) 平皿划线分离法 用接种环取部分菌体或菌悬液，在准备好的培养基平板上划线，合适条件下进行培养，当单个菌落长出后，将菌落移入斜面培养基，培养后备用。该分离方法操作简便，分离效果较好。

(2) 稀释平皿分离法 把含目标微生物的样品用无菌水以10倍的级差进行稀释，然后选取合适的稀释度范围，分别取一定量的菌悬液，涂抹于分离培养基的平板上，经过培养，长出成熟的单个菌落后，再挑取需要的菌落移到斜面培养基上继续进行培养。

(3) 涂布分离法 在无菌培养皿中倒入冷却至45~50℃的培养基，待平板凝固后，用无菌移液管吸取后三个稀释度菌悬液0.1mL（样品稀释方法同稀释平皿分离法），依次滴加到标记好编号的培养基平板上。右手持无菌玻璃涂棒，左手拿培养皿，并用拇指将培养皿盖打开一条缝，在火焰旁右手持玻璃涂棒将平板表面的菌液自平板中央向四周均匀涂开，合适条件下进行培养，选取所需要的菌落。

2. 工业菌种的筛选

在对菌种分离的基础上，获得目的菌种还需要进一步进行筛选，选择生产目标产物较高的菌株。菌种常用的筛选方法有以下几种：

(1) 随机筛选

① 摇瓶筛选法。该法主要是将需要进行筛选的菌株接种在平板上进行培养，随机挑选菌落，每一个菌落移入一个斜面，待长好后再放入摇瓶中进行振荡培养，根据测定产物活性的高低进行选择。利用摇瓶筛选时需要注意，要求使用的每个摇床的控制条件要完全一致，只有这样，试验的结果才具有可比性。

② 琼脂块筛选法。此方法是将需要进行筛选的菌株接种到固体培养基上，培养至产生单个菌落时，将菌落连所在的培养基一同取下，将带有菌落的培养基块放入灭菌的空培养皿

中,将培养皿在合适的温湿度条件下恒温培养。当培养天数与液体发酵的天数相同时,转移到生物效价测定培养基上继续培养。培养后,根据抑菌圈的大小判定生物效价的高低,选出适宜的菌株。琼脂块筛选法实际上是初筛前的一种预筛,是初筛的一部分。

随机筛选工作量大、风险也很高。为了提高效率,通常使用一些快速、简便又较为准确的产物检测方法,同时严格进行产物合成条件的选择与控制。

(2) 选择性分离筛选 选择性分离筛选是通过采用选择性培养基或控制培养条件来实现,例如控制培养基营养成分、酸碱度、特定的培养温度、通气条件等。该法是有针对性地对菌株进行筛选,筛选效率显著高于随机筛选。

(3) 高通量筛选 高通量筛选技术是一整套高通量技术的有机整合和合理匹配,利用高通量筛选仪器,可在短时间内进行大量筛选,能够实现快速、准确地对菌株进行筛选,大幅度提高了筛选效率,但目前自动筛选仪器昂贵,维护保养费用也较高。

三、发酵工业菌种的鉴定

(一)纯培养物的获得

微生物菌种可用稀释倒平板法、涂布平板法、平板划线法等方法对微生物纯培养,其中涂布平板法操作相对简单,是较常使用的方法。但有时会因涂布不均匀使某些部位的菌落不能分开,所以需对稀释和涂布过程的操作特别注意,否则不易得到准确的结果。平板划线法操作简单,多用于对已有纯培养的确认和再次分离。稀释倒平板法菌落分离较为均匀,进行微生物计数结果相对准确,但操作相对麻烦,热敏感菌有时易被烫死。这三种方法适用于能在固体培养基表面形成菌落的微生物的纯培养分离。液体培养基纯培养可用稀释法分离得到纯培养物。

除此之外,还可以利用显微操作进行单细胞(孢子)挑取,但这种操作方法对仪器和操作技术要求较高,多限于高度专业化的科学研究,而挑取的微生物单细胞或孢子需经固体或液体培养基培养后才能获得其纯培养物。

(二)指标测定

对纯培养物进行指标测定,可以根据不同微生物的性状和形态等进行测定。在特定的培养基上,将待检测培养物稀释涂布或进行平板划线,适宜条件下培养后,观察单菌落的大小、形状、颜色、质地、光泽等菌落形态特征。并取对数生长期的纯培养物进行革兰氏染色,观察染色反应并进行判断。也可以进一步利用单细胞分离技术对比,进行指标测定。

(三)菌种鉴定手册

菌种的鉴定是获得目的菌株纯培养物后要进行的首要工作。微生物的鉴定一般有以下几个步骤:获得该微生物的纯培养物;对鉴定指标进行测定;查找权威性的鉴定手册,确定菌种类型。

微生物鉴定方式可分为经典的分类鉴定方法和现代分类鉴定方法两种。经典的分类鉴定方法包括形态学特征、生理生化特征、血清学试验等。现代分类鉴定方法包括分子生物学鉴定、核酸的碱基组成和分子杂交等。

1. 经典的分类鉴定方法

(1) 形态学特征 形态学特征主要包括细胞表面形态、细胞内部的显微及亚显微附属结构等，以及菌落形态、大小、染色反应等特征。

（2）生理生化特征 生理生化特征包括对碳源、氮源、生长因子等的利用能力，对温度、pH以及渗透压等条件的适应性，对抗生素及抑菌剂的敏感性、显色反应等。目前，普遍应用的鉴定方法包括：API数值鉴定系统、细菌磷酸类脂分析等。

（3）血清学试验 在生物体外根据抗原的特异性，进行不同微生物之间血清学试验，对微生物进行分类和鉴定。通常是对全细胞或者细胞的某一结构（细胞壁、荚膜等）的抗原性进行比较分析。主要方法包括：凝集反应、沉淀反应、补体结合，直接或间接的免疫荧光抗体技术等方法。

2. 现代分类鉴定方法

随着分子生物学技术的发展，微生物鉴定工作已从经典的鉴定方法深入到现代的遗传学特性的鉴定、细胞化学组分的精确分析以及利用电子计算机进行数值分类研究等新的层次上，利用分子生物学方法比较分析不同生物系统发育的关系。目前，主要鉴定方法包括核酸序列分析法、蛋白质氨基酸序列分析等。

常用的菌种鉴定方法主要包括以下这些过程：在获得该菌种纯培养菌落特征的基础上，通过显微镜、电镜等对该微生物的菌体形态、结构等进行观察，对微生物生理生化特征进行分析。再通过现代分类鉴定方法对微生物基因、氨基酸序列进行同源性分析，这种菌种的鉴定方法适用于大多数微生物菌种的鉴定。

此外，还可以直接将菌种送到相关鉴定机构进行鉴定，在国内外，许多菌种鉴定机构提供此项服务。这样可以节省大量的时间和精力，而且得到的结果也是较为准确的。

四、发酵工业菌种的改良

发酵工业菌种的主要来源有两种：一种是从自然界中分离获得，另一种是对自然界中已有的菌种进行改良。对菌种进行改良的途径主要包括：一是通过人工手段诱发微生物基因突变，再通过筛选，从诱变体中选出性状优良的突变株；二是通过细胞工程技术和基因工程技术，改变微生物的遗传性状，得到性状优良、高产的菌种。

（一）工业用菌种改良目标

从自然界分离得到的菌株往往不能满足工业的要求，因此，我们需要对自然界菌株加以改良，以满足工业化生产的需要。工业用菌种改良目标有以下几点：

1. 提高目标产物的产量，缩短发酵周期

提高目标产物的产量是菌种改良的重要标准。在工业化生产中，生产效率会直接影响生产效益，提高目标产物产量能够使发酵过程获得更大的收益。可以通过提高菌种生长速度或提高斜面孢子化程度等缩短发酵前期时间，进而缩短发酵周期。

2. 适应较广的原料

为微生物生长繁殖和代谢合成提供营养物质的原料适应性广泛，就会使原料的选择更具多样性，在能够满足菌种发酵的条件下，可以选择质优价廉的原料，进一步节省成本。

3. 提高目标产物的纯度，减少副产物

在提高目标产物产量的同时，往往伴随着其他非目标物质（如色素）的产生，给后面纯化带来难度。而减少这些杂质的种类及含量可以降低产物分离纯化过程的难度和成本。

4. 改变菌种性状，改善发酵过程

通过改变菌种性状，改善菌种对氧的摄取条件，降低需氧量及能耗，增强菌种对不良环境的抵抗能力，提高产物的得率等。

5. 改变生物合成途径，以获得新产品

在生物合成途径中，广泛存在着反馈作用、阻遏作用等，通过改变菌种的生物合成途径，改变作用机制或代谢流向，提高目标产物产量，获得新产品。

（二）工业用菌种改良方法

1. 诱变育种

诱变育种从广义上讲，可描述为采用各种科学技术手段（物理、化学、生物学以及不同组合）处理微生物菌种，并从中分离得到所需的变异菌种。诱变育种，其理论基础是基因突变，主要是采用物理、化学或生物诱变的方法来修改目的微生物基因组，产生突变型，是最常用的菌种改良手段。常用诱变剂和诱变因子分类见表1-2-2。

表1-2-2 常用诱变剂和诱变因子分类

类别	诱变剂名称	性质
物理诱变因子	紫外线（UV）	非电离辐射
	X射线、γ射线、快中子、微波、β射线	电离辐射
化学诱变因子	氮芥（NM）、乙烯亚胺（EI）、硫酸二乙酯（DES）、亚硝基胍（NTG）、甲基磺酸乙酯（EMS）、亚硝基甲基脲（NMU）	烷化剂（碱基烷化作用）
	亚硝酸（HNO_2）	脱氨基诱变剂
	5-氟尿嘧啶（5-FU）、5-溴尿嘧啶（5-BU）	碱基类似物
	吖啶黄、吖啶橙	移码诱变剂
生物诱变因子	噬菌体、转座因子	诱发抗性突变

（1）物理诱变 物理诱变是用物理诱变因子使微生物发生基因突变，物理诱变因子主要包括紫外线、X射线、γ射线、β射线、快中子等。近年来，又兴起了一批新型物理诱变方法，如常压室温等离子体诱变、空间技术诱变、强磁场诱变等。

（2）化学诱变 化学诱变是利用化学诱变因子使微生物发生基因突变。主要的化学诱变剂有碱基类似物、烷化剂、移码突变剂等。化学诱变剂通常具有毒性，在使用过程中要注意自身的安全，也要防止环境的污染。由于物理诱变和化学诱变机制不同，因此，也可采用两种方式进行复合诱变，如紫外线与化学诱变剂联合使用等，提高诱变效率。

（3）生物诱变 在工业微生物发酵过程中，一些品种会遭受噬菌体的污染，使生产不能正常进行。因此，选育出抗噬菌体的菌株将更利于工业发酵生产，噬菌体可做为诱变剂应用于抗噬菌体菌种的选育。在含有高浓度噬菌体的平板培养基上，如存在抗性突变菌株，就能继续在平板上生长，经过菌株的筛选，可分离出抗噬菌体的突变菌株。

2. 杂交育种

杂交育种是将两个基因型不同的亲株通过接合、F因子转导、转导和转化等过程使遗传物质重新组合，从中筛选出新的遗传型个体的过程。微生物杂交育种一般程序：选择原始亲本→诱变筛选标记亲本→亲本之间亲和力鉴定→双亲本杂交→基本培养基或选择性培养基筛选重组体→重组体分析鉴定。

3. 基因工程育种

基因工程是一种 DNA 体外重组技术，它是将人工方法获得的一段外源 DNA 分子用某一限制性内切酶切割后，与载体 DNA 连接，然后导入某一受体细胞中复制、转录和翻译，从而使受体细胞表达出外源基因所编码的遗传性状的育种技术。基因工程育种可以实现远缘杂交，又可实现动物、植物、微生物之间的杂交。

基因工程育种基本过程为：①获得待克隆的 DNA 片段或基因；②目的基因的切割及与载体在体外连接；③重组 DNA 分子导入宿主细胞；④外源基因的表达；⑤筛选重组菌株。

目前，基因工程产品还有一些局限性，基因工程育种还不能完全取代传统的育种方法。

五、发酵工业菌种的退化与保藏

（一）工业菌种退化现象及原因

所谓菌种退化，主要指生产菌种或选育过程中筛选出来的优良菌株，在进行接种传代或保藏之后，群体中某些生理特征或形态特征逐渐减退或完全丧失的现象。菌种退化不是突然变化的，开始时，在群体细胞中仅出现产量下降的个别突变细胞，不会使群体菌株性能明显改变。经连续传代后，负突变菌株达到一定数量，便会从整体上反映产量下降及其相关的特性发生改变。

1. 菌种退化的现象

当菌种培养一段时间后，会发现菌落和细胞形态发生改变，微生物原有典型形态特性逐渐减弱，菌体的生长速度缓慢，生产能力降低，抵抗外界不良环境条件的能力减弱，菌种出现的这些表现统称为退化。如苏云金芽孢杆菌的芽孢和伴孢晶体变得小而少，即为其退化特征。

2. 菌种退化的原因

菌种出现退化的原因有很多，主要有以下几方面：

（1）遗传特性发生改变

① 自发突变。是指 DNA 复制过程会出现偶然差错，菌种的培养环境中某些物质和某些微生物代谢产物会有微弱诱变作用，菌种以很低频率发生突变，经过传代累积突变，最终导致菌种遗传特性发生改变。

② 异核或多核现象。某些菌丝生长时会与邻近遗传特性相同或不同的菌丝细胞间发生融合，使一条菌丝里含有多个遗传特性相同或不同的细胞核，形成多核或异核菌丝体，所产生的单核或多核孢子具有不同的遗传特性，导致菌种遗传特性发生改变。

（2）连续传代 连续传代是加速菌种退化的一个重要原因，一方面，传代次数越多，发生自发突变的概率越高；另一方面，传代次数越多，群体中个别的退化型细胞数量增加并积累，致使群体表型出现退化现象。

（3）不适宜的培养条件 培养基对发酵产量有重大影响，不良的培养条件如营养组成、温度、湿度、pH、搅拌速率等，会诱发细胞退化。经过细胞的繁殖，数量上积累，超过正常的细胞，造成退化。

（二）工业菌种的复壮

广义的复壮是指在菌种生产性状尚未衰退之前，就有意识地进行纯种分离和性能测定，使菌种的生产能力保持稳定或有所提高。狭义的复壮是指在菌种已经发生衰退的情况下，通过纯种分离和生产性能测定，从衰退菌株中筛选出尚未退化的菌株，恢复菌株原有的典型性状。如果对退化的菌种进行复壮，可采取如下措施：①纯种分离法是将菌种通过纯种分离，将衰退菌种细胞群体中仍保持原有典型性状的菌株分离出来，经扩大培养，可恢复原菌株的典型性状。②选择合适的培养条件，将保藏后的菌种接种在保藏前所用的同一培养基上，控制好培养基各组分的比例和温度、pH等培养条件，使之有利于正常菌株的生长和原有典型性状的恢复，达到复壮的目的。

（三）发酵工业菌种的保藏

在工业发酵中，经过诱变、筛选、分离纯化等一系列的工作得到高产优质的菌种，为了使其能够长期存活，保持菌种优良的生产性状，不变异，不污染，就需要采取合适的菌种保藏方法对菌种进行保藏。

由于各种微生物遗传特性不同，故采用的保藏方法也不相同，但其基本原理大致相同。菌种的保藏主要是根据微生物的生理、生化特性，人工创造条件（如干燥、低温、缺氧等），使微生物代谢活动处于不活泼、生长繁殖受抑制的状态，使其得以延续。在进行保藏时最好是选用菌种的休眠体，如芽孢、孢子。

菌种保藏的方法很多，常用的有以下几种。

1. 斜面低温保藏法

斜面低温保藏法也称定期移植保藏法。具体操作如下：将菌种接种在适宜的斜面培养基上，待其充分生长后置于4℃冰箱中保存，每隔一段时间移植一次，继续保存。一般霉菌、放线菌半年转接一次，细菌、酵母菌每3个月转接一次，无芽孢的细菌可保存一个月左右。斜面低温保藏法是一种短期、过渡的保藏方法，该法操作简单，存活率高。但保藏时间短，由于传代次数多，经过多次转接后，菌种的遗传性状容易发生变化且易被污染。

2. 石蜡封存保藏法

在无菌的条件下，将已灭菌并除去水分的液体石蜡倾倒入或用移液管转入培养成熟的菌种斜面上，液体石蜡层要高出斜面1cm左右，加塞并用固体石蜡封口后低温保藏。液体石蜡不仅可以隔绝菌体与空气的接触，使菌体处于缺氧的状态，还能防止培养基上水分的散发，降低细胞的新陈代谢。利用此法进行菌种的保藏，保藏期为1~2年。这种方法操作简单，对霉菌和酵母菌的保藏效果较好。但石蜡保藏法不适于那些利用石蜡为碳源的微生物，如毛霉、根霉。而且，石蜡油管的转接和搬运都不方便，且部分工业生产菌株也不易用此法保藏。

3. 砂土管保藏法

砂土管保藏法是国内常采用的一种方法。该法是先将砂与土分别洗净、烘干、过筛（一般砂过60目筛，土过120目筛），砂土比例为（1~2）:1，混合均匀，121℃蒸汽灭菌1~1.5h，间隔灭菌3次。将孢子或芽孢掺入无菌的砂土管中，在经真空干燥后熔封管口，放入干燥器内干燥，然后置于4℃冰箱中保存，可保存1~10年。砂土管保藏法操作简便，适用于产孢子的放线菌、霉菌以及产芽孢的细菌，但此法菌种的存活率低，变异率高。

4. 固体曲保藏法

固体曲保藏法主要是采用麸皮、麦粒或大米制成固体培养基，灭菌后接入菌种，待菌种在固体培养基上产生大量孢子后进行干燥、低温保存。固体曲保藏方法适用于部分放线菌和霉菌的保藏，保藏期为1~3年。

5. 冷冻真空干燥保藏法

该法简称冻干法，是目前常用的较理想的一种方法。将菌种的孢子悬液或细胞菌悬液放入盛有保护剂的安瓿瓶中，在低温下迅速冻结，减压抽真空，在真空条件下使细胞内的水分在冻结状态直接升华成气体，使其成为完全干燥的固体菌块。安瓿瓶熔封，低温避光保存。

冷冻真空干燥保藏法能够保持细胞结构的完整，由于此法同时具备了干燥、低温、缺氧的菌种保藏条件，因此菌种的保藏期较长，一般可为5~10年，且存活率高，变异率低。为使菌体在冻结和脱水过程中得到保护，需用保护剂来制备菌悬液。常用的保护剂为脱脂牛奶、血清或淀粉，主要作用为保持细胞结构，推迟膜变性，避免细胞死亡。

6. 液氮低温保藏法

该法适用于几乎所有的微生物和动植物细胞，特别是那些不产孢子的、不适于用其他方法保藏的微生物。此法是以5%~10%的甘油或二甲亚砜为保护剂，在液氮低温（$-196℃$）环境下保藏菌种的一种方法。其主要原理是菌种细胞从常温过渡到低温，并在降到低温之前使细胞内的自由水通过细胞膜外渗出来，以免膜内因自由水凝结成冰晶而使细胞受损。液氮的温度为$-196℃$，远低于微生物新陈代谢作用停止的温度（$-130℃$），因而液氮能长期保藏菌种，保藏期一般可达15年以上。液氮低温保藏法操作简便、高效、适用范围广，是目前最有效的菌种长期保存技术之一。但需购置液氮设备，要经常补充液氮，保藏费用较高。

【岗位认知】

菌种选育与保藏岗位职责

文件编号		颁发部门	
SOP-PA-149-01	菌种选育与保藏岗位	人力资源部	
总页数		执行日期	
3			
编制者	审核者	批准者	
编制日期	审核日期	批准日期	

1. 目的

明确菌种选育与保藏岗位的基本职责和工作程序。

2. 范围

菌种选育与保藏岗位。

3. 责任

菌种选育与保藏岗位技术员、班组长及岗位操作人员等。

4. 内容

（1）履行菌种选育与保藏岗位职责

① 严格按菌种选育与保藏岗位劳动防护要求穿戴工作服及劳动防护用品等。

② 检查菌种选育和保藏操作间、设备、工具、容器或器皿、仪器、工作服及劳动防护用品等清洁状况，检查并核对清场合格证有效期，取下标识牌，按生产部标识管理规程进行管理。

③ 检查核对菌种选育与保藏岗位作业文件，按生产指令填写生产状态牌，悬挂生产状态及运行状态牌于指定位置。

④ 严格按菌种选育与保藏 SOP 要求，按无菌操作要求进行各项操作，严格进行操作间、使用工具、器皿等消毒、灭菌等操作。

⑤ 严格按照菌种的验收、保藏要求，仔细核对菌种、培养基品名、代次、批号、有效期等信息。严格按工艺规程配制或制备冻存管、原始斜面、生产斜面所需的培养基，并对配制的培养基进行灭菌，使培养基符合质量标准。严格按菌种选育与保藏岗位和设备安全使用 SOP 要求进行接种、斜面培养、筛选优良菌种、冷藏管制备等菌种选育与保藏操作。操作过程中随时注意培养基温度、pH、菌落形态、颜色等参数的变化，并适时调整，定期检查保藏设备运行情况。及时、准确做好数据记录及整理存档工作，并做好技术分析，严格进行选育的优良菌种的保藏、鉴定及菌种的传代工作，为生产提供优质菌种，提高生产单位。

⑥ 使用过的仪器、设备、容器或器皿、工具、工作服等严格按清洁操作程序进行清洁、消毒或灭菌，并按要求存放或保存，填写清洁、消毒或灭菌记录及设备、仪器使用记录和台账等。

⑦ 操作完毕，及时填写菌种选育与保藏记录等。

⑧ 严格进行废弃菌种灭活处理和保密工作。使用过的或被污染的培养基及物料必须进行灭菌之后方可交环保处处理，并填写生物危险废弃物处置记录及台账等。

⑨ 操作完毕，取下生产状态及运行状态标识牌，依照清场管理规程进行清场。

⑩ 清场完毕，填写清场记录，QA 检查合格后，挂清场合格证。

（2）履行作业场所设施设备的日常维护保养职责。

（3）按作业场所清洁卫生管理规程，定期对作业场所及其设施设备等进行清洁、消毒工作，以维持作业场所的日常清洁卫生等，严格遵守无菌室的无菌清洁要求，保证无菌间的洁净度级别符合无菌标准。

（4）定期接受《中华人民共和国药品管理法》、GMP、安全生产、环境保护等内容的专业培训，以及接受与岗位相关的岗位技能和专业知识等的培训。不断自我学习，使自己更加适应工作岗位要求。

（5）自觉履行本岗位的安全生产及环境保护职责。

（6）公司交办的其他工作。

5. 培训

(1) 培训对象 菌种选育与保藏岗位技术员、班组长及岗位操作人员等。

(2) 培训时间 2 个学时。

【项目实施】

任务一 抗生素产生菌的分离筛选

一、任务描述

土壤中富含多种放线菌，很多种类的放线菌能够产生抗生素。通过对土壤进行梯度稀释，在分离培养基上进行接种培养，根据放线菌的特性选取放线菌菌落，进一步对菌落进行筛选和鉴定，得到抗生素产生菌。本任务要掌握微生物的分离纯化方法和无菌操作技术，并能够理解产生抗生素放线菌的分离筛选原理。

二、任务实施

（一）准备工作

1. 建立工作小组，制订工作计划，确定具体任务，任务分工到个人，并记录到工作表。
2. 查找资料了解放线菌的特性，掌握相关操作技术要点，确定最佳工作方案。
3. 完成所有使用设备的灭菌工作，所需培养基的配制及各项准备工作。

(1) 材料准备 取有针对性地区的 10~15cm 深处的土壤（可选取田园土），风干、过筛，25℃保存备用。指示菌株（大肠杆菌、芽孢杆菌），无菌水。

(2) 试剂 培养基配方如下。

① 分离培养基。可溶性淀粉 20g/L，KNO_3 1g/L，NaCl 0.5g/L，K_2HPO_4 1g/L，$MgSO_4 \cdot 7H_2O$ 0.5g/L，$FeSO_4$ 0.01g/L，$K_2Cr_2O_7$ 0.1g/L，琼脂 20g/L，pH=7.2~7.4。

② 高氏 I 号固体培养基。可溶性淀粉 20g/L，KNO_3 1g/L，NaCl 0.5g/L，$K_2HPO_4 \cdot 3H_2O$ 0.5g/L，$MgSO_4 \cdot 7H_2O$ 0.5g/L，$FeSO_4 \cdot 7H_2O$ 0.01g/L，琼脂 20g/L，pH=7.4~7.6。

③ 高氏 I 号液体培养基。可溶性淀粉 20g/L，KNO_3 1g/L，NaCl 0.5g/L，$K_2HPO_4 \cdot 3H_2O$ 0.5g/L，$MgSO_4 \cdot 7H_2O$ 0.5g/L，$FeSO_4 \cdot 7H_2O$ 0.01g/L，pH=7.4~7.6。

(3) 仪器 平皿，三角瓶，试管，移液管，移液枪，枪头，接种环，高压灭菌锅，酒精灯，镊子，振荡器等。

（二）操作过程

1. 取土样 1g 放入盛有玻璃珠的三角瓶内，加入 10mL 无菌水振荡，制成悬浮液。吸取 1mL 悬浮液加入盛有 9mL 无菌水的试管中混匀，以此方法将悬浮液稀释到 10^{-3} g/mL。

2. 吸取上述 10^{-3} g/mL 土壤悬浮液 0.2mL，在分离培养基平板上均匀涂开，28℃下培养 5~7d，观察菌落特性，根据放线菌的性状，选取放线菌落。将成熟的放线菌单菌落转接至高氏 I 号斜面培养基继续培养，同时保存菌种备用。

3. 初筛

(1) 琼脂块法 将被测定菌株制备成菌悬液，稀释后在高氏 I 号固体培养基平板上进行涂布或划线，一般需要 28℃下培养 5~7d 后，待菌体培养成熟，用无菌打孔器将带有培养基的菌块垂直钻取，移至涂有指示菌的平板上，每个平板放四块，并做好标记。将带有菌块的平板放置在 28℃培养箱中继续培养 5~7d，观察菌块周围抑菌圈的大小，抑菌圈越大抑菌能力越强。

（2）滤纸片法 将被测定放线菌菌株分别接入盛有发酵培养基的三角摇瓶内，装量为 25mL/250mL，28℃下振荡培养 5~7d，过滤去除菌丝体，用 6~8mm 灭菌滤纸片均匀吸取发酵液后，放在含指示菌的平板上，经过培养后，测定抑菌圈的大小。

（3）打孔法 将被测定放线菌菌株分别接入盛有发酵培养基的三角摇瓶内，28℃下振荡培养 5~7d，过滤去除菌丝体，获得发酵液，将发酵液滴入涂有指示菌的已打好孔的平板孔洞内，进行培养后观察抑菌圈大小。

4. 复筛

将待测菌株接入高氏Ⅰ号液体培养基进行发酵培养。培养条件为 28~30℃、160r/min，振荡培养 6~8d，至发酵液颜色逐渐加深，菌丝体开始有碎片，并逐渐增多，发酵结束。取发酵滤液并于 4℃冰箱保存备用。采用管碟法进行抑菌试验，以蒸馏水为对照，培养后对抑菌圈进行测量。

5. 对能够产生抗生素的菌株进行种属鉴定。并根据复筛的抑菌效果，选取抑菌圈直径较大的菌种进行保存。

6. 指示菌严格按保存要求进行保存。

（三）结束工作

1. 填好所有操作记录单，留存。
2. 检查使用仪器是否洁净完好。
3. 清理工作场地与环境卫生。
4. 进行任务总结（小组讨论与汇报、组间互评、教师点评与总结）。

三、任务探究

1. 抑菌圈测量仪使用的注意事项有哪些？
2. 国内外主要菌种保藏机构有哪些？

任务二　发酵工业菌种冷冻真空干燥保藏

一、任务描述

冷冻真空干燥操作在高真空和低温条件下进行，目前生产的冷冻真空干燥机均已配备获得高真空和低温制冷的设备，可以直接按照使用说明进行操作。

二、任务实施

（一）准备工作

1. 建立工作小组，制订工作计划，确定具体任务，任务分工到个人，并记录到工作表。
2. 收集冷冻真空干燥保藏法的必要信息，掌握冷冻真空干燥机使用的相关知识及操作要点，与指导教师共同确定出一种最佳的工作方案。
3. 完成任务单中实际操作前的各项准备工作。

（1）材料准备 培养好的斜面菌种。

（2）试剂 鲜牛奶、蒸馏水、2%盐酸。

(3) 仪器 安瓿管、标签纸、无菌移液器、冷冻真空干燥器等。

(二) 操作过程

操作流程如图 1-2-1 所示。

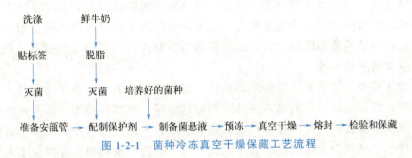

图 1-2-1 菌种冷冻真空干燥保藏工艺流程

(1) 准备安瓿管 选取直径约为 8mm、高 100mm、底部为圆形的中性玻璃安瓿管，先用 2% 盐酸浸泡 8～10h，用自来水冲洗多次，再用蒸馏水刷洗 2～3 次至中性，烘干；打上菌号及日期标签，塞上棉塞灭菌备用。

(2) 配制保护剂 一般选用脱脂牛奶或者马血清。脱脂牛奶的制备：选用新鲜牛奶加热到 80℃ 左右，冷却除去表层脂肪膜；以 3000r/min 的转速离心 15min，除去上层脂肪；分装到三角瓶中，116℃ 高压灭菌 20min，将灭菌后的牛奶立即放到凉水中冷却。

(3) 制备菌悬液 吸取 2～3mL 无菌保护剂，加入培养好的斜面试管中，用接种环轻刮菌苔，制成菌悬液。再用无菌移液器吸取 0.1～0.2mL 菌悬液分装到准备好的安瓿管中，塞好棉塞。

(4) 预冻 预冻要在分装后 1h 内进行，在 -40～-30℃ 下预冻 20～60min，或在 -30℃ 干冰酒精中冷冻 5～10min。

(5) 真空干燥 将预冻好的安瓿管与真空干燥瓶相连，进行真空干燥，温度控制在 -30℃ 以下，在真空度 66Pa 以下抽气 6～8h，具体干燥时间根据冻干样品呈酥块状或松散片状而定。

(6) 熔封 干燥完毕将安瓿管连接在真空多歧管上，开启真空泵，在真空下用火焰拉成细颈。

(7) 检验和保藏 用高频火花真空测定器检查其是否达到真空，管内灰蓝色至紫色放电，说明保持真空。检查时电火花应射向安瓿的上部，切勿直射样品。密封好的安瓿管保藏在 4℃ 或 -18℃ 冰箱中。

(三) 结束工作

1. 填好所有操作记录单、任务单、各种评价表。
2. 检查设备仪表是否洁净完好。
3. 清理工作场地与环境卫生。
4. 进行任务总结（小组讨论与汇报、组间互评、教师点评与总结）。

三、任务探究

1. 通过搜集资料简述马血清保护剂的制备方法。
2. 简述冷冻真空干燥保藏法的适用范围。

【项目拓展】

微生物筛选新技术

地球上栖息着丰富的微生物资源，而人类对这些资源的认知及开发仅是冰山一角，尤其在分离获得纯培养微生物时，受培养环境、培养成分的影响使很多微生物处于不能生长或休眠状态，无法获得其纯培养菌株。目前未培养的微生物占自然界微生物群落比例约为99%，其中蕴涵着巨大的生物资源。

获取纯菌株的微生物是微生物研究的前提，我们所提到的工业微生物自然选育的方法为先培养后筛选，即先选择合适的培养条件（例如培养基、培养环境等）筛分环境样品中的目标微生物，再从中挑选，菌种多样性较低。随着生物技术研究的进步，不少学者致力于新的微生物筛选技术，思路为先筛选后培养，大大提高了筛选的成功率，并减少了人力成本。常见的技术有基于原位培养的细胞分离技术、荧光活化细胞分选法、基于激光诱导向前转移技术的细胞分选技术等。

基于原位培养的细胞分离技术是对传统菌种筛选方法的改进，就是通过模拟微生物生长繁殖的自然条件，将原位培养装置置于自然环境中对其进行培养，再依据分子生态学、系统发育等技术获得纯菌株。

荧光活化细胞分选法首先对细胞进行荧光标记，再采用激光束激发悬浮在液流中的单行细胞或生物颗粒，探测其荧光及散射光，根据荧光信号的有无或强弱来判断细胞的大小、形态，具有纯度识别高、检测速度快等优势。

基于激光诱导向前转移技术的细胞分选技术采用独特的激光与物质的能量传递，可在非标记状态下从复杂生物样本中将目标单细胞分离出来，分选精准、适用范围广泛。

从自然环境中分离培养目标微生物是一项复杂的工程，每种筛选技术都有优点与不足，应结合多种技术，取长补短。

中国力量

加快疫苗研发生产技术迭代升级，推动生物技术与增材制造等前沿技术融合创新，拓展智能手术机器人等先进治疗技术临床应用……《"十四五"生物经济发展规划》将"发展面向人民生命健康的生物医药"列为生物经济四大重点领域之一，并提出"十四五"期间大力提升生物药物和医疗服务社会普及程度的发展目标，为推动我国生物医药健康产业创新升级带来新机遇。

生物医药产业是关系国计民生和国家安全的战略性新兴产业，涵盖生物技术产业、制药产业、生物医学工程产业等多个方面。近年来，在利好政策引导下，我国生物医药产业驶入发展"快车道"，一系列新产品新服务为保障人民生命健康提供了新助力。看产业，全行业研发投入大幅增长，上千个新药进入临床，上百款新药开展国际多中心临床试验，获批新药日渐增多。看企业，传统医药企业加快转型步伐、不断布局创新药研发，一大批新兴生物技术公司陆续设立、较快成长，这些创新主体是助推生物医药创新发展的重要力量。

顺应医药产业高质量发展的新趋势，满足人民群众更多元化、多层次的健康需求，抓住机遇、补齐短板，在"十四五"乃至更长的发展时期，中国生物医药健康产业必将实现更大发展，造福更多群众，助力实现健康中国战略目标。

【项目总结】

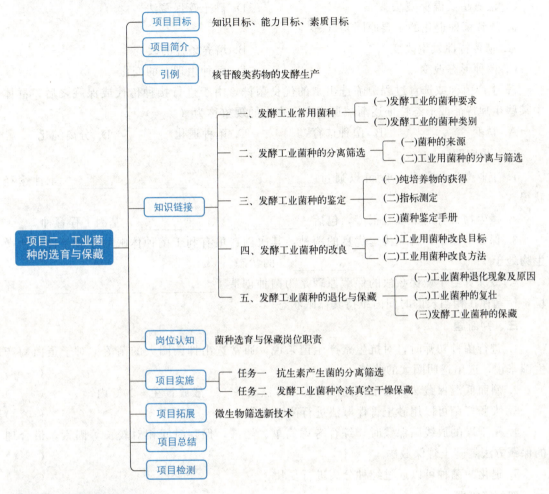

【项目检测】

一、单项选择题

1. 常用的纯种分离方法不包括（　　）。
   A. 稀释分离法　　　B. 划线分离法　　　C. 富集培养法　　　D. 涂布分离法
2. 下列不属于工业上常用的筛选方法是（　　）。
   A. 摇瓶筛选法　　　B. 选择性分离筛选　　C. 高通量筛选　　　D. 初筛
3. 对纯培养物进行指标测定，可以根据不同微生物的性状和形态等进行测定，并取（　　）的纯培养物进行革兰氏染色，观察染色反应并进行判断。
   A. 迟缓期　　　　　B. 对数生长期　　　　C. 稳定期　　　　　D. 衰亡期
4. 下列不属于血清学试验常用的方法是（　　）。
   A. 凝集反应　　　　　　　　　　　　　　B. 沉淀反应
   C. 补体结合　　　　　　　　　　　　　　D. API 数值鉴定系统
5. 耐干燥的放线菌保藏时，综合考虑简单、经济、保存时间相对较长等因素，最合理的保藏方法是（　　）。

　　A. 斜面低温保藏法　　　　　　　　B. 石蜡封存保藏法
　　C. 液氮超低温保藏法　　　　　　　D. 砂土管保藏法

6. 导致菌种退化的主要原因是（　　）。

　　A. 遗传特性发生改变　　　　　　　B. 培养条件的改变
　　C. 菌种形态改变　　　　　　　　　D. 菌种生理上的变化

7. 生产菌种或选育过程中筛选出来的优良菌株，由于进行接种传代或保藏之后，群体中某些生理特征或形态特征逐渐减退或完全丧失的现象称为（　　）。

　　A. 诱变　　　　B. 菌种选育　　　　C. 菌种退化　　　　D. 分离纯化

二、填空题

1. 工业微生物菌种一般可以通过_____、_____、_____、_____4种途径获得。

2. 微生物育种的手段有很多，包括_____、_____、基因工程育种。

3. 保藏工作中，首先挑选优良的菌种，其次创造最有利于菌种休眠的环境条件，使微生物处于_____、_____的状态。

4. 冷冻真空干燥保藏法的保藏原理是为菌种创造了_____、_____、_____环境，使菌种在相当长的时间内维持其休眠状态。

三、判断题

1. 进行菌种初筛时，对抗生素产生菌来说，通常选出抑菌圈大的菌落；对于蛋白酶产生菌来说，选出透明圈大的菌落。（　　）

2. 斜面低温保藏法是最常用的菌种保藏方法之一，一般放置在-20℃内。（　　）

3. 大肠杆菌可以用砂土管保藏法进行菌种保藏。（　　）

4. 耐干燥的放线菌保藏时，综合考虑简单、经济，保存时间相对较长等因素，最合理的保藏方法是砂土管保藏法。（　　）

5. 退化的菌种可以通过纯种分离进行复壮。（　　）

四、简答题

简述菌种改良的主要方法。

项目三　工业培养基的制备与优化

【项目目标】

❖ 知识目标

1. 熟悉培养基的基本要求及主要营养成分。
2. 熟悉培养基的种类及用途。
3. 掌握培养基配制的基本原则及流程。
4. 掌握常用的培养基优化方法。

❖ 能力目标

1. 能熟练地配制各种常用的培养基。
2. 能设计和优化培养基的营养成分和浓度配比。
3. 具备从事培养基配制岗位工作的操作能力。

❖ 素质目标

提高学生严谨认真、团结协作、细节制胜、始终如一的职业素养；培养学生独立思考、分析问题、解决问题的科学思维能力；帮助学生树立"安全第一、质量首位、效益最高、成本最低"的意识。

【项目简介】

微生物的生长、繁殖需要不断地从外界吸收营养物质，以获得能量并合成新的物质。研究微生物的生长和代谢产物的合成，首先要了解微生物的营养特性和培养条件，以便能有效地控制其生长及代谢产物的合成，通过提高微生物生长速率和代谢产物合成效率，达到利用该微生物进行工业化生产的目的。因此，研究微生物的营养特性，设计和配制合适的发酵工业培养基是实现微生物发酵产业化的关键要素之一。

本项目主要内容是工业培养基的制备与优化，知识链接介绍了培养基的要求、组成、类型、配制原则及常用的优化方法，项目实施中设定了培养基的配制和优化两个具体任务。通过本项目的学习，使学生掌握工业培养基的制备与优化方法，提升必备的专业素养，为今后工作奠定基础。

 引例

人生长激素的发酵生产

人生长激素（HGH）是由脑下垂体分泌的一种非糖基化蛋白质，由191个氨基酸组成，分子量为22kD。它具有广泛的生理调节作用，如能促进骨、软骨组织分裂、增殖和骨化，从而使身高增加；平衡新陈代谢；维持组织和器官功能等。临床上主要用于治疗侏儒症。近年来研究发现人生长激素还可治疗烧伤、创伤、骨折和骨质疏松症等。最初生长激素是从牛和猪脑垂体中提取出来的，治疗效果不佳，并且有发热、过敏等副作用。化学合成的方法效率较低，没有实用价值，因此，采用基因工程方法大规模生产人生长激素是满足临床大量需求的重要手段。

人生长激素的制备经历了天然提取和基因工程菌发酵生产两个阶段，前者因生长激素的资源限制和提取效率低被淘汰，而后者也经历了两代发展。第一代的 rHGH 直接在大肠杆菌中表达，得到重组蛋白 Met-HGH，即 N 末端比天然 HGH 多一个甲硫氨酸，产生了免疫原性；而且在氨基末端附带的若干氨基酸需要体外降解，切除后才能成为天然 HGH。

第二代 rHGH 为分泌表达型，分泌过程中利用大肠杆菌受体内膜上的特异性信号肽剪切酶自动切除 HGH 前体的信号肽，产生与天然蛋白质序列一致的重组 Phe-HGH，同时消除了 Met 带来的免疫原性。此外，利用大肠杆菌与利用真核微生物（包括动物细胞）生产 rHGH 相比，生产周期较短，产量明显较高。正因为这些优势，大肠杆菌生产重组 Phe-HGH 成为当前生产 HGH 的主流工艺。

具体方法如下：首先克隆 HGH 全长基因，然后分别酶切处理 HGH 和 PIN-Ⅲ-OmpA 质粒，在缓冲环境及 DNA 连接酶的作用下合成重组 Phe-HGH 表达载体，并 PCR 扩增重组分子。取对数期大肠杆菌，经冰浴的氯化钙低渗溶液处理成为感受态细胞，加入重组质粒，使之与氯化钙形成复合物并黏附在细菌细胞膜表面，再经 42℃ 热休克处理，重组质粒因细胞膜通透性增加而进入感受态大肠杆菌。然后通过单细胞克隆和检测重组子表达产物的方法筛选重组子，对重组子进行生产鉴定，并探索和优化发酵生产条件，最后用斜面培养法低温保存工程菌种。

最后是发酵生产 rHGH，首先活化菌种，通过种子罐扩大培养，然后进行发酵罐培养。培养过程中严密监控培养条件并适时调整。其中发酵培养主要参数控制如下：种子培养过夜，OD（光密度）值为 2~3 范围之内上罐发酵为佳。发酵培养时间一般为 16~18h，培养温度为 37℃。发酵过程中保持 pH 值为 7.0±0.5，溶解氧不低于 20%。培养过程中要根据生长状况调节葡萄糖、微量元素的流加速度以保持溶解氧不低于 20%。发酵培养的菌体 OD_{600} 值应在 70 左右，表达的 rHGH 应是菌体总蛋白的 15% 以上。

【知识链接】

一、发酵工业培养基的基本要求和配制原则

（一）发酵工业培养基的基本要求

培养基是提供微生物生长繁殖和生物合成各种代谢产物所需要的，由不同营养物质按一定比例配制而成的营养基质。培养基的配比和组成对菌体生长繁殖、产物的生物合成、产品的分离精制乃至产品的质量和产量都有重要影响。此外，工业培养基需要满足大规模的生产和获得良好的经济效益的需求，其基本要求主要包括以下几个方面：①必须提供合成微生物

细胞和发酵产物的基本成分。②有利于减少培养基原料的单耗，即提高单位营养物质的转化率。③有利于提高产物的浓度，以提高单位容积发酵罐的生产能力。④有利于提高产物的合成速度，缩短发酵周期。对于工业发酵来说，时间就是效益，缩短时间能够提高经济效益，从而满足大规模工业生产的需求。⑤尽量减少副产物的形成，便于产物的分离纯化，并尽可能减少"三废"物质。⑥原料价格低廉，质量稳定，取材容易，便于采购运输，适合大规模储藏，能保证生产上的供应。

（二）发酵工业培养基的配制原则

如何选择合适的培养基进行科学配制，大致需要遵循以下几个原则：

1. 培养基的营养物质要满足微生物的基本需要

（1）根据微生物的类型来选择合适的培养基 微生物的类型主要包括细菌、放线菌、酵母菌、霉菌、原生动物、藻类、病毒等。如培养细菌常用的培养基是牛肉膏蛋白胨培养基，培养放线菌常用的培养基是高氏Ⅰ号培养基，培养酵母菌常用的培养基是麦芽汁培养基，培养霉菌常用的培养基是察氏合成培养基。总的来说，微生物生长繁殖需要的营养成分大致包括碳源、氮源、无机盐、生长因子、水及能源，也是组成培养基的主要营养成分。

（2）根据微生物的不同用途来选择合适的培养基 用于获得菌种的斜面培养基应选择营养不太丰富，即碳源和氮源都不太高的孢子培养基。用于培养微生物菌体的种子培养基应选择氮源含量高的培养基，即碳氮比较低的培养基。用于积累代谢产物的发酵培养基，应选择碳源含量高，氮源含量较低的培养基，即碳氮比较高的培养基。

2. 培养基的营养物的浓度及配比适宜

（1）营养物的浓度适宜 培养基的营养物浓度适宜才能使微生物生长良好，营养物的浓度过低不能满足微生物的正常生长所需，营养物的浓度过高会抑制微生物的生长。如高浓度糖类物质、无机盐、重金属离子等不仅不能维持和促进微生物的生长，反而起到抑制或杀菌作用。

（2）营养物的配比恰当 培养基中各营养物之间的浓度配比会直接影响微生物生长繁殖和代谢产物的形成与积累。其中碳氮比（C/N）起着非常关键的作用。碳氮比指培养基中碳元素和氮元素的物质的量的比值，也可以指培养基中还原糖与粗蛋白之比。培养基中氮源过多，会使菌体生长过于旺盛，pH偏高，不利于代谢产物的积累；氮源不足，则菌体繁殖量少，从而影响产量。碳源过多，则容易形成较低的pH；若碳源不足，易引起菌体衰老和自溶。碳氮比不当还会影响菌体吸收营养物质，直接影响菌体的生长和产物的形成。菌体在不同的生长阶段，其对碳氮比的最适要求也不一样。例如在微生物发酵生产谷氨酸的时候，培养基碳氮比为4:1，菌体大量繁殖，谷氨酸积累较少。当培养基碳氮比为3:1时，菌体繁殖受到抑制，谷氨酸产量则大量增加。

3. 物理化学条件适宜

微生物的生长和代谢除了需要适宜的营养环境外，其他环境因子也应处于适宜的状态。其中pH是极为重要的环境因子。此外还有氧化还原电位、渗透压等，也会影响微生物的培养。

（1）pH条件适宜 对于不同类型的微生物，其生长繁殖或产生代谢产物的最适pH条件各不相同。细菌与放线菌适于在pH 7~7.5生长，酵母菌和霉菌通常在pH 4.5~6生长。需要注意的是，微生物在发酵过程中由于营养物质的利用和代谢产物的形成会造成培养基的pH发生变化，从而影响微生物的生长繁殖，造成代谢产物产量下降。因此，为了维持培养基 pH 的稳定,通常在培养基中加入 pH 缓冲剂,常用的缓冲剂是磷酸一氢盐(如 K_2HPO_4)和磷酸二氢盐(如 KH_2PO_4)组成的混合物。K_2HPO_4 溶液呈碱性,KH_2PO_4 溶液呈酸性,两种物质的等量混合溶液的 pH 为 6.8。当培养基中酸性物质积累导致 H^+ 浓度增加时,H^+ 与弱碱性盐结合形成弱酸性化合物,培养基 pH 不会过度降低;如果培养基中 OH^- 浓度增加,OH^- 则与弱酸性盐结合形成弱碱性化合物,培养基 pH 也不会过度升高。

但 KH_2PO_4 和 K_2HPO_4 缓冲系统只能在一定的 pH 范围(pH=6.4~7.2)内才能起调节作用。有些微生物,如乳酸菌能大量产酸,上述缓冲系统就难以起到缓冲作用,此时可在培养基中添加难溶的碳酸盐(如 $CaCO_3$)来进行调节,$CaCO_3$ 难溶于水,不会使培养基 pH 过度升高,但它可以不断中和微生物产生的酸,同时释放出 CO_2,将培养基 pH 控制在一定范围内。在培养基中还存在一些天然的缓冲系统,如氨基酸、肽、蛋白质都属于两性电解质,也可起到缓冲剂的作用。

(2)控制氧化还原电位 不同类型微生物生长对氧化还原电位(F)的要求不一样,一般好氧性微生物最适 F 值为 $+0.3$~$+0.4V$,在 F 值为 $+0.1V$ 以上时可正常生长。厌氧性微生物只能在 F 值低于 $+0.1V$ 条件下生长,兼性厌氧微生物在 F 值为 $+0.1V$ 以上时进行好氧呼吸,在 $+0.1V$ 以下时进行发酵。F 值与氧分压和 pH 有关,也受某些微生物代谢产物的影响。在 pH 相对稳定的条件下,可通过增加通气量(如振荡培养、搅拌)或加入氧化剂,来提高 F 值。而降低 F 值可在培养基中加入抗坏血酸、硫化氢、半胱氨酸、谷胱甘肽、二硫苏糖醇等还原性物质。此外,培养基的其他指标,如水活度、渗透压也会影响微生物的培养,在配制培养基时通过对成分和浓度的优化,已调整为合适的水活度和渗透压,不必再测定。

4. 经济节约

在配制培养基时应尽量利用廉价且易于获得的原料作为培养基成分,特别是在发酵工业中,培养基用量很大,利用低成本的原料更体现出其经济价值。例如,在微生物单细胞蛋白的工业生产过程中,常常利用糖蜜(制糖工业中含有蔗糖的废液)、乳清(乳制品工业中含有乳糖的废液)、豆制品工业废液及黑废液(造纸工业中含有戊糖和己糖的亚硫酸纸浆)等作为培养基的原料。再如,工业上的甲烷发酵主要利用废水、废渣作原料,而在我国农村,已推广利用人畜粪便及禾草为原料发酵生产甲烷作为燃料。另外,大量的农副产品或制品,如麸皮、米糠、玉米浆、酵母浸膏、酒糟、豆饼、花生饼、蛋白胨等都是常用的发酵工业原料。

二、发酵工业培养基的成分及来源

微生物需要不断从外界吸收营养物质,通过发生生物化学反应获得能量,形成代谢产物,同时排出废物。不同微生物对营养物质的需求、吸收和利用也不同。从各类微生物细胞物质成分(表 1-3-1)的分析可知,微生物细胞含有 80% 左右的水分和 20% 左右的干物质。在其干物质中,碳素占 50%,氮素占 5%~13%,矿物质元素占 3%~10%。所以,在配制培养基时必须有足够的碳源、氮源、水和无机盐。此外,有些合成能力差的微生物需要添加适当的生长辅助类物质,才能维持其正常的生长。

表 1-3-1 微生物细胞的组成成分

组成成分及含量	细菌	酵母菌	霉菌
水分/%	75~85	70~80	85~90

续表

组成成分及含量	细菌	酵母菌	霉菌
蛋白质/%	50~80	32~75	14~20
碳水化合物/%	12~28	27~63	7~40
核酸/%	10~20	6~8	1~5
脂类/%	5~20	2~15	4~40
无机物/%	2~30	4~7	6~12

（一）碳源

碳源是组成培养基的主要成分之一，其主要功能有两个：一是提供微生物菌体生长繁殖所需的能源以及合成菌体所需的碳骨架（如糖类、蛋白质和脂类）；二是提供菌体合成目的产物（如抗生素、氨基酸等）的原料。

常用的碳源有糖类、油脂、有机酸和醇等。在特殊情况下，如碳源缺乏时，蛋白质水解物或氨基酸等也可被微生物作为碳源使用。此外，本着经济节约的原则，防止出现与人争粮的现象，目前代粮发酵成为当下研究的热点，以自然界中广泛存在的纤维类等非粮物质作为发酵原料进行工业化生产变得越来越受重视。

1. 糖类

糖类是发酵培养基中应用最广泛的碳源，按化学结构可以分为单糖、双糖和多糖，主要有葡萄糖、糖蜜和淀粉等。

葡萄糖是最容易利用的碳源之一，几乎所有的微生物都能利用葡萄糖。所以，葡萄糖常作为培养基的一种主要成分，并且作为加速微生物生长的一种速效碳源。但是过多的葡萄糖会加速菌体的呼吸，使培养基中的溶解氧不能满足菌体生长需求，导致一些中间代谢物（如丙酮酸、乳酸、乙酸等）不能完全氧化而积累在菌体或培养基中，引起pH下降，影响某些酶的活性，从而抑制微生物的生长和产物的合成。木糖和其他单糖由于较难利用，在生产中应用很少。

糖蜜是制糖生产时的结晶母液，它是制糖工业的副产物。糖蜜中含有丰富的糖、含氮化合物、无机盐和维生素等，它是微生物发酵培养基价廉物美的碳源。一般糖蜜分甘蔗糖蜜和甜菜糖蜜，二者在糖的含量和无机盐的含量上有所不同，甘蔗糖蜜含蔗糖24%~36%，其他糖12%~24%；甜菜糖蜜所含糖类几乎全为蔗糖，约47%之多。糖蜜的矿物质含量较高，为8%~10%，但钙、磷含量不高。因此，使用时要注意区分。糖蜜常用在酵母发酵生产和抗生素生产过程中作为碳源。在酒精生产工业中若用糖蜜代替甘薯粉，则可省去蒸煮、糖化等过程，简化了酒精生产工艺。

工业中常用的多糖包括糊精、淀粉及水解液，它们一般都要经过菌体产生的胞外酶水解成单糖后再被吸收利用，或者经过液化和糖化后作为碳源使用。淀粉在发酵工业中使用广泛，一方面因为价格低廉，另一方面淀粉的不完全水解液可克服葡萄糖效应对次生代谢产物合成的影响。常用的淀粉为玉米淀粉、小麦淀粉和甘薯淀粉等。比如根霉经过选育和筛选后可直接利用玉米粉、甘薯粉和马铃薯粉作为碳源，降低了生产成本。

2. 油和脂肪

很多微生物也能够利用油和脂肪作为碳源。比如霉菌和放线菌，在脂肪酶的作用下，将油或脂肪水解为甘油和脂肪酸,在溶解氧的参与下,能进一步氧化成 CO_2 和 H_2O,并释放出比糖类碳源代谢更多的能量;同时代谢过程中需要供给更多的溶解氧,否则会因为缺氧导致代谢不彻底,造成脂肪酸和有机酸中间体的大量积累,使发酵液的 pH 降低,影响微生物的正常生长繁殖。常用的有豆油、菜籽油、葵花籽油、猪油、鱼油、棉籽油等。

3. 有机酸

某些微生物对许多有机酸,如乳酸、柠檬酸、乙酸等有很强的氧化能力,其氧化产生的能量能被菌体用于生长繁殖和合成代谢产物。因此,有机酸或有机酸盐可作为微生物的碳源,需要注意的是有机酸的利用常会使发酵体系 pH 上升,尤其有机酸盐氧化,常伴随着碱性物质的产生,使 pH 进一步上升。因此,不同的碳源也会对 pH 造成不同的影响。

4. 烃和醇类

近年来,随着石油工业的发展,微生物工业能够使用的碳源范围也在扩大。正烷烃已用于有机酸、氨基酸、维生素、抗生素和酶制剂的工业发酵中。此外,石油工业的发展促使乙醇产量的增加,国外乙醇代粮发酵的工艺发展也十分迅速。据研究发现,自然界中能同化乙醇的微生物和能同化糖质的微生物一样普遍,种类也相当多,有将近30%的细菌,60%的酵母都能够利用乙醇作为碳源。从表1-3-2可知,乙醇作碳源时其菌体获得率比葡萄糖作碳源还高。因而乙醇在发酵工业的许多领域都有所应用,如乙醇已作为某些生产单细胞蛋白工厂的主要碳源。

表 1-3-2 乙醇和其他碳源的比较

比较项目	乙醇	葡萄糖	醋酸	正烷烃(C_{18})	甲醇	甲烷
含碳量/%	52.2	40	40	85	37.5	75
菌体/(g 细胞/g 碳源)	0.83	0.50	0.43	1.4	0.67	0.88

(二)氮源

氮源是指构成微生物细胞和代谢产物中的氮素的营养物质,如构成蛋白质和氨基酸之类的含氮代谢物。常用的氮源可分为两大类:有机氮源和无机氮源。有机氮源又被称为缓效氮源,其不能直接被菌体利用,需要通过微生物分泌的胞外水解酶的消化才能被利用,由于其有利于代谢产物的形成,通常用于发酵后期。无机氮源又被称为速效氮源,可直接被菌体利用,如氨基酸或铵盐,由于其有利于机体的生长,通常用于发酵前期。

1. 有机氮源

常用的有机氮源有黄豆饼粉、花生饼粉、棉籽饼粉、玉米浆、玉米蛋白粉、蛋白胨、酵母粉、鱼粉、蚕蛹粉、废菌丝体和酒糟等。它们在微生物分泌的蛋白酶作用下,水解成氨基酸,被菌体吸收后再进一步分解代谢。

有机氮源除含有丰富的蛋白质、多肽和游离氨基酸外,往往还含有少量的糖类、脂肪、无机盐、维生素及某些生长因子。发酵中常用的有机氮源营养成分见表1-3-3。由于有机氮源营养丰富,因而微生物在含有机氮源的培养基中常表现出生长旺盛、菌丝浓度增长迅速等特点。有些微生物对氨基酸有特殊的需要,例如,在合成培养基中加入缬氨酸可以提高红霉素的发酵单位,因此发酵过程中缬氨酸既可供菌体作氮源,又可作为前体物质供红霉素合成用。在一般工业生产中,因氨基酸的价格昂贵,都不直接加入氨基酸。大多数发酵工业通过对有机氮源的利用,来获得所需的氨基酸。在赖氨酸生产中,加入甲硫氨酸和苏氨酸可提高赖氨酸的产量,但生产中常用黄豆水解液来代替。只有当生产某些特殊产品如疫苗、抗体的时候,才用无蛋白质的纯氨基酸作为培养基原料。

表 1-3-3　发酵中常用的有机氮源的成分分析

含量	黄豆饼粉	棉籽饼粉	花生饼粉	玉米浆	鱼粉	米糠	酵母膏
蛋白质/%	51.0	41	45	24	72	13	50
碳水化合物/%	—	28	23	5.8	5.0	45	—
脂肪/%	1	1.5	5	1	1.5	13	0
纤维/%	3	13	12	1	2	14	3
灰分/%	5.7	6.5	5.5	88	18.1	16.0	10
干物/%	92	90	90.5	50	93.6	91	95
核黄素/(mg/kg)	3.06	4.4	5.3	5.73	10.1	2.64	—
硫胺素/(mg/kg)	2.4	14.3	7.3	0.88	1.1	22	—
泛酸/(mg/kg)	14.5	44	48.4	74.6	9	23.2	—
烟酸/(mg/kg)	21	—	167	83.6	31.4	297	—
吡哆醇/(mg/kg)	—	—	—	19.4	14.7	—	—
生物素/(mg/kg)	—	—	—	0.88	—	—	—
胆碱/(mg/kg)	2750	2440	1670	629	3560	1250	—
精氨酸/%	3.2	3.3	4.6	0.4	4.9	0.5	3.3
胱氨酸/%	0.6	1.0	0.7	0.5	0.8	0.1	1.4
甘氨酸/%	2.4	2.4	3	1.1	3.5	0.9	—
组氨酸/%	1.1	0.9	1	0.3	2.0	0.2	1.6
异亮氨酸/%	2.5	1.5	2	0.9	4.5	0.4	5.5
亮氨酸/%	3.4	2.2	3.1	0.1	6.8	0.4	6.2
赖氨酸/%	2.9	1.6	1.3	0.2	6.8	0.4	6.5
甲硫氨酸/%	0.6	0.6	0.6	—	2.5	0.2	2.1
苯丙氨酸/%	2.2	1.9	2.3	0.3	3.1	0.4	3.7
苏氨酸/%	1.7	1.1	1.4	—	3.4	0.4	3.5
色氨酸/%	0.6	0.5	0.5	—	0.8	0.1	1.2
酪氨酸/%	1.4	1	—	0.1	2.3	—	4.6
缬氨酸/%	2.4	1.8	2.2	0.5	4.7	0.6	4.4

玉米浆是玉米淀粉生产中的副产物,是一种很容易被微生物利用的良好氮源。它含有丰富的氨基酸、还原糖、磷、微量元素和生长素等。其中玉米浆中含有的磷酸肌醇对红霉素、链霉素、青霉素和土霉素等的生产都有积极促进的作用。此外,玉米浆还含有较多的有机酸,如乳酸等,所以玉米浆的pH在4.0左右。

尿素也是常用的有机氮源,但它成分单一,不具有上述有机氮源的特点,但在青霉素和谷氨酸等生产中也常被采用。尤其是在谷氨酸生产中,尿素可使α-酮戊二酸还原并氨基化,从而提高谷氨酸的产量。有机氮源除了提供菌体生长繁殖的营养外,有的还是产物的前体。例如缬氨酸、半胱氨酸和α-氨基己二酸是合成青霉素和头孢菌素的主要前体,甘氨酸可作为 L-丝氨酸的前体等。

2. 无机氮源

常用的无机氮源有铵盐、硝酸盐和氨水等，对微生物来说比较容易吸收和利用，其比有机氮源的吸收要快得多，所以也称之为速效氮源。但无机氮源的迅速利用常会引起 pH 的明显变化，如：

$$(NH_4)_2SO_4 \Longrightarrow 2NH_3 + H_2SO_4$$
$$NaNO_3 + 4H_2 \Longrightarrow NH_3 + 2H_2O + NaOH$$

上述反应中所产生的 NH_3 被菌体作为氮源利用后，培养液中就留下了酸性物质。对于经菌体代谢后能形成酸性物质的无机氮源称为生理酸性物质，如硫酸铵等。对于菌体代谢后能产生碱性物质的无机氮源称为生理碱性物质，如硝酸钠等。正确使用生理酸碱性物质，对稳定和调节发酵过程的 pH 有积极作用。例如在制液体曲时，用 $NaNO_3$ 作氮源，菌丝长得粗壮，培养时间短，且糖化力较高。这是因为经过 $NaNO_3$ 的代谢而得到的 NaOH 可中和曲霉生长中所释放出的酸，从而使发酵液的 pH 稳定在工艺要求的范围内。又如在黑曲霉发酵过程中用硫酸铵作氮源，培养液中留下的 SO_4^{2-} 使 pH 下降，而这可以提高糖化型淀粉酶的活力，且较低的 pH 还能抑制杂菌的生长，防止污染。

氨水是一种容易被利用的氮源，其在发酵中还可以调节 pH，在许多抗生素的生产中得到普遍使用。如链霉素的生产，合成 1mol 链霉素需要消耗 7mol 的 NH_3 分子。所以，在红霉素的生产工艺中以氨水作为无机氮源可提高红霉素的产率和纯度。同时要注意氨水碱性较强，使用时要防止局部发酵液的 pH 过高，应加强搅拌，并少量多次地加入氨水。另外在氨水中还含有多种嗜碱性微生物，因此，在使用前应用石棉等过滤介质进行除菌过滤，这样可防止因通氨气而引起的细菌污染。

（三）无机盐及微量元素

微生物在生长繁殖和生产过程中，需要某些无机盐和微量元素如磷、镁、硫、钾、钠、铁、氯、锰、锌、钴等，以作为微生物的生理活性物质的组成或生理活性作用的调节物，其在低浓度时能促进微生物生长和产物合成，在高浓度时却有明显的抑制作用。表 1-3-4 为无机盐成分浓度的参考范围。不同的微生物及同种微生物在不同的生长阶段对无机盐和微量元素的最适浓度要求均不相同。因此，要提前通过实验优化得出微生物对无机盐和微量元素的最适浓度后，再进行大规模的生产。

表 1-3-4　无机盐和微量元素浓度的参考范围

成分	浓度/(g/L)	成分	浓度/(g/L)
KH_2PO_4	1.0~4.0	$ZnSO_4 \cdot 8H_2O$	0.1~1.0
$MgSO_4 \cdot 7H_2O$	0.25~3.0	$MnSO_4 \cdot H_2O$	0.01~0.1
KCl	0.5~12.0	$CuSO_4 \cdot 5H_2O$	0.003~0.01
$CaCO_3$	5~17	$Na_2MoO_4 \cdot 2H_2O$	0.01~0.1
$FeSO_4 \cdot H_2O$	0.01~0.5	—	—

在培养基中，镁、磷、钾、硫、钙和氯等常以盐的形式（如硫酸镁、磷酸二氢钾、磷酸氢二钾、碳酸钙、氯化钾等）加入，而钴、铜、铁、锰、锌、铂等由于微生物对其需求量较小，对微生物生长的影响也较小，除了合成培养基需要添加，一般在天然培养基和半合成培

养基中不再另外单独加入。因为天然培养基和半合成培养基中的许多动、植物原料如花生饼粉、黄豆饼粉、蛋白胨等都含有多种微量元素，不需要额外添加。但生产维生素 B_{12} 时，尽管采用天然有机物作培养基，但由于钴元素是维生素 B_{12} 的组成成分，随着产物量的增加对钴元素的需求也逐渐增加，所以在培养基中就需要加入氯化钴以补充钴元素的不足。

磷是核酸和蛋白质的必要成分，也是重要的"生命通货"——三磷酸腺苷（ATP）的组成成分。在代谢途径的调节方面，磷元素起着很重要的作用，磷元素有利于糖代谢的进行，可以促进微生物的生长。但磷浓度过高时，会抑制许多产物的合成。例如在谷氨酸的合成中，磷浓度过高就会抑制 6-磷酸葡萄糖脱氢酶的活性，使菌体生长旺盛，促进代谢向缬氨酸方向转化，导致谷氨酸的产量降低。不过磷浓度过高也可促进某些产物的合成。用地衣芽孢杆菌生产 α-淀粉酶时，添加超过菌体生长所需要的磷酸盐浓度，则能显著增加 α-淀粉酶的产量。需要注意的是，许多菌体在次级代谢过程对磷酸盐浓度的承受限度比菌体生长繁殖过程要低，需要严格控制磷酸盐的浓度。

镁处于离子状态时，是许多重要酶（如己糖磷酸化酶、柠檬酸脱氢酶、羧化酶等）的激活剂，镁离子不但影响基质的氧化，还影响蛋白质的合成。镁离子能提高一些氨基糖苷类抗生素产生菌对自身所产的抗生素的耐受能力，如卡那霉素、链霉素、新生霉素等产生菌。镁常以硫酸镁的形式加入培养基中，但在碱性溶液中会形成氢氧化镁沉淀，因此配料时要注意。

硫存在于细胞的蛋白质中，是含硫氨基酸的组成成分和某些辅酶的活性基，如辅酶 A、硫辛酸和谷胱甘肽等。在某些产物如青霉素、头孢菌素等分子中硫是其组成部分，所以在这些产物的生产培养基中，需要加入硫酸盐等作为硫源。

铁是细胞色素、细胞色素氧化酶和过氧化氢酶的成分，因此铁是菌体有氧氧化必不可少的元素。工业生产上一般用铁制发酵罐，一些天然培养基的原料中也含有铁，所以在一般的发酵培养基中不再加入含铁化合物。而有些产品对铁很敏感，如在柠檬酸的生产中，铁离子的存在促使柠檬酸转化为异柠檬酸，不仅降低了产率，还给提取造成了难度，在这种情况下应使用不锈钢发酵罐。

氯离子在一般微生物中不具有营养价值，但对一些嗜盐菌来讲是必需的。此外，在一些产生含氯代谢物如金霉素和灰黄霉素等的发酵中，除了从其他天然原料和水中带入氯离子外，还需加入约 0.1% 氯化钾以补充氯离子。啤酒在糖化时，添加氯离子含量在 20~60mg/L 范围内，能赋予啤酒柔和的口味，并能提高酶和酵母的活性，但氯离子含量过高会导致酵母早衰，使啤酒带有咸味。

钠、钾、钙离子虽不参与细胞的组成，但仍是微生物发酵培养基的必要成分。钠离子与维持细胞渗透压有关，因此在培养基中常加入少量钠盐，但加入量不能过多，否则会影响微生物生长。钾离子也与细胞渗透压和渗透性有关，而且是许多酶的激活剂，能够促进糖代谢。在谷氨酸发酵中，菌体生长阶段需要钾离子约 0.01%，谷氨酸合成阶段需要钾离子量 0.02%~0.1%（以 K_2SO_4 计）。钙离子能够控制细胞透性，常用的碳酸钙不溶于水，接近中性，但它能与代谢过程中产生的酸起反应，形成中性化合物和二氧化碳，后者从培养基中逸出，因此碳酸钙对培养液的 pH 有一定的调节作用。在配制培养基时要注意两点，一是培养基中钙盐过多时，会形成磷酸钙沉淀，降低培养基中可溶性磷的含量，因此，当培养基中磷和钙均要求较高浓度时，可将二者分别灭菌或逐步补加；二是可以将要配好的培养基，先用碱调节 pH 至中性，再将 $CaCO_3$ 加入培养基中，这样可避免 $CaCO_3$ 在酸性培养基中反应后分解而失去其在发酵过程中的缓冲能力，同时所采用的 $CaCO_3$ 要对其中 CaO 等杂质含量作严格控制。

锌、钴、锰、铜等微量元素大部分作为酶的辅基和激活剂，一般来讲只有在合成培养基中才需要加入这些元素，天然培养基和半合成培养基中一般都不需要加入。

（四）生长因子

生长因子是指微生物在生长过程中不可缺少的微量有机物质，如氨基酸、嘌呤、嘧啶、维生素等。如目前所使用的赖氨酸产生菌几乎都是谷氨酸产生菌的各种突变株，均为生物素缺陷型，需要生物素作为生长因子。根据生长因子的化学结构及它们在机体内生理功能不同，可将生长因子分为维生素、氨基酸及嘌呤、嘧啶和碱基三大类。维生素是最先发现的生长因子，它的主要作用是作为酶的辅基或辅酶参与新陈代谢，如维生素 B_1 就是脱氢酶的辅酶。氨基酸是许多微生物必需的生长因子，这是由于许多微生物缺乏合成氨基酸的能力。因此，在微生物的生长过程中必须补充这些氨基酸或含有这些氨基酸的小肽物质。嘌呤和嘧啶作为生长因子在微生物机体内的作用主要是作为酶的辅酶和辅基，以及用来合成核酸和辅酶。

有机氮源是这些生长因子的重要来源，大部分有机氮源含有较多的 B 族维生素和微量元素及一些微生物生长不可缺少的生长因子。最有代表性的是玉米浆，玉米浆中含有丰富的氨基酸、还原糖、磷、微量元素和生长素，所以，玉米浆是多数发酵产品良好的有机氮源。

（五）前体、促进剂和抑制剂

发酵培养基中某些成分的加入有助于调节产物的形成，这些添加的物质一般被称为生长辅助物质，包括：前体、产物合成促进剂和抑制剂。

1. 前体

前体指加入发酵培养基中，能直接被微生物在生物合成过程中结合到产物分子中去，其自身的结构没有明显变化，但是产物的产量却因其加入明显提高的一类化合物。前体最早是从青霉素的生产过程中发现的。在青霉素生产中，人们发现加入玉米浆后，青霉素单位可从 20U/mL 增加到 100U/mL，进一步研究后发现发酵单位增长的主要原因是玉米浆中含有苯乙胺，它能被优先合成到青霉素分子中去，从而提高青霉素 G 的产量。在实际生产中，前体的加入不但提高了产物的产量，还显著提高了产物中目的成分的比重，如在青霉素生产中加入前体物质苯乙胺增加青霉素 G 产量，而用苯氧乙酸作为前体则可增加青霉素 V 的产量。大多数前体如苯乙酸对微生物的生长有毒性，在生产中为了减少毒性和增加前体的利用率，通常采用少量多次的流加工艺。一些生产抗生素中重要的前体见表 1-3-5。

表 1-3-5 发酵过程中常用的一些前体物质

产品	前体	产品	前体
青霉素 G	苯乙酸及其衍生物	核黄素	丙酸盐
青霉素 V	苯氧乙酸	类胡萝卜素	6-紫罗酮
金霉素	氯化物	L-异亮氨酸	α-氨基丁酸
灰黄霉素	氯化物	L-色氨酸	邻氨基苯甲酸
红霉素	正丙醇	L-丝氨酸	甘氨酸

前体在一定条件下还能控制菌体合成代谢产物的方向。例如在丝氨酸、色氨酸、异亮氨

酸发酵时，通过向培养基中分别添加各种氨基酸的前体物质如甘氨酸、吲哚、高丝氨酸等，可避免氨基酸合成途径的反馈抑制作用，从而获得较高的产率。

2. 产物合成促进剂和抑制剂

所谓产物合成促进剂，是指那些细胞生长非必需的，但加入后却能显著提高发酵产量的一些物质，常以添加剂的形式加入发酵培养基中。促进剂提高产量的机制还不完全清楚，其原因可能是多方面的。如在酶制剂生产中，有些促进剂本身是酶的诱导物；有些促进剂是表面活性剂，可改善细胞的透性，改善细胞与氧的接触从而促进酶的分泌与生产，也有人认为表面活性剂对酶的表面失活有保护作用；此外，有些促进剂的作用是沉淀或螯合有害的重金属离子。各种促进剂的效果除受菌种、种龄的影响外，还与所用的培养基组成有关，即使是同一种产物促进剂，用同一菌株，生产同一产物，在使用不同培养基时效果也会不一样。

产物合成抑制剂指的是在发酵过程中能产生抑制作用的物质。在发酵过程中加入某些抑制剂会抑制某些代谢途径的进行，同时会使另一个代谢途径活跃，从而获得人们所需的某种产物或使正常代谢的某一中间物积累起来。例如微生物发酵法生产甘油，在发酵液中加入亚硫酸氢钠，它与代谢过程中产生的乙醛生成加成物，使乙醛不能成为受氢体而在 NADH 细胞中积累，从而激活磷酸甘油脱氢酶的活性，使磷酸二羟基丙酮取代乙醛作为 NADH 的受氢体，还原为磷酸甘油，其水解后即形成甘油。亚硫酸氢钠是乙醇代谢的抑制剂，能促使甘油的形成。

（六）水

水是所有培养基的主要组成成分，也是微生物机体的重要组成成分。水在微生物的代谢中起着极其重要的作用，不仅直接参与代谢，还可作为代谢反应的内部介质。水在细胞中的生理功能主要有：①起到溶剂与运输介质的作用。营养物质的吸收与代谢产物的分泌都离不开水的参与。②参与细胞内一系列的化学反应。③由于水的比热较高，能有效地吸收代谢过程中所放出的热，使细胞内温度不致骤然上升。同时水又是一种热的良导体，有利于散热，可调节细胞温度。④通过水合作用与脱水作用控制由许多亚基组成的结构，如微管、鞭毛的组装与解离。由此可见，水的功能是多方面的，它为微生物生长繁殖和合成目的产物提供了必需的生理环境。

对于发酵工厂来说，洁净、恒定的水源是至关重要的，因为在不同水源中存在的各种因素对微生物发酵代谢影响甚大。特别是水中的矿物质组成对酿酒工业和淀粉糖化影响更大。因此，在啤酒酿造业发展的早期，工厂的选址是由水源来决定的。当然，尽管目前已能通过物理或化学方法处理得到去离子或脱盐的工业用水，但在决定工厂的地理位置，建造发酵工厂时，还应考虑附近水源的质量。

水源质量主要考虑的参数包括 pH 值、溶解氧、可溶性固体、污染程度以及矿物质组成和含量。在抗生素发酵工业中，有时水质是决定一个优良的生产菌种在异地能否发挥其生产能力的重要因素。如在酿酒工业中，水质是获得优质酒的关键因素之一。

（七）消泡剂

在发酵过程中因通气搅拌与发酵产生的 CO_2 以及发酵液中糖、蛋白质和代谢物质等稳定的物质存在，使发酵液含有一定量的泡沫。发酵液中的泡沫会产生很多负面影响，比如降低发酵罐的装料系数，增加菌群的非均一性，容易污染杂菌，引起逃液。在工业发酵过程中，通常利用添加消泡剂的方式来消除泡沫。消泡剂指的是能降低水、溶液、悬浮液等的表面张力，防止泡沫形成，或使原有泡沫减少或消灭的物质。

发酵工业常用的消泡剂包括天然油脂、聚醚类、高级醇类和硅树脂类。常用的天然油脂有玉米油、豆油、米糠油、棉籽油和猪油等，除作为消泡剂外，这些物质还可作为碳源。但使用时需要注意油脂的新鲜程度，以免抑制菌体生长和产物合成。消泡剂（俗称泡敌）使用较多的是聚醚类，包括聚氧丙烯甘油和聚氧乙烯聚氧丙烯甘油，用量为0.03%左右，消泡能力比植物油大10倍以上。泡敌的亲水性好，在发泡介质中易铺展，消泡能力强，但其溶解度大，消泡活性维持时间较短。在黏稠发酵液中使用效果比在稀薄发酵液中更好。高级醇类中十八醇是常用的一种，可单独或与其他载体一起使用。它与冷榨猪油一起能有效控制青霉素发酵的泡沫。聚二醇具有消泡效果持久的特点，尤其适用于霉菌发酵。硅树脂类消泡剂的代表是聚二甲基硅氧烷及其衍生物，它不溶于水，单独使用效果很差。它常与分散剂（如微晶 SiO_2）一起使用，也可与水配成10%的纯聚硅氧烷乳液。这类消泡剂适用于微碱性的放线菌和细菌发酵。在pH为5.0左右的发酵液中使用效果较差。还有一种羟基聚二甲基硅氧烷，它是一种含烃基的亲水性聚硅氧烷消泡剂，曾用于青霉素和土霉素发酵中。消泡能力随羟基含量（0.22%~3.13%）的增加而提高。

综上所述，根据消泡原理和发酵液的性质和要求，消泡剂必须有以下特点：①消泡力强，用量少；②加到起泡体系中不影响体系的基本性质，即不与被消泡体系起反应；③表面张力小；④表面的平衡性好；⑤耐热性好；⑥扩散性、渗透性好，正铺展系数较高；⑦化学性质稳定，耐氧化性强；⑧气体溶解性、透过性好；⑨在起泡性溶液中的溶解性小；⑩无生理活性，安全性高。

三、微生物培养基的种类

在实验室中配制的适合微生物生长繁殖或累积代谢产物的任何营养基质，都叫作培养基。由于各类微生物对营养的要求不同，培养目的和检测需要不同，因而培养基的种类很多。我们可根据某种标准，将培养基划分为若干类型，比如可以根据培养基的来源分为天然培养基、合成培养基、半合成培养基。根据培养基的物理状态可分为固体培养基、液体培养基和半固体培养基。根据培养基的用途可分为选择培养基、增殖培养基和鉴别培养基。根据培养基的生产工艺和流程可分为斜面培养基、种子培养基和发酵培养基。接下来我们详细介绍一下斜面培养基、种子培养基和发酵培养基。

1. 斜面培养基

斜面培养用于微生物细胞生长繁殖或保藏菌种，包括细菌、酵母等的斜面培养基以及霉菌、放线菌产孢子培养基等。这类培养基的主要作用是供给细胞生长繁殖所需的各类营养物质。其特点是富含有机氮源。有机氮源有利于菌体的生长繁殖，能获得更多的细胞。但对于放线菌或霉菌的产孢子培养基，则氮源和碳源均不宜太丰富，否则容易长菌丝而较少产孢子。此外，斜面培养基中适合加少量无机盐类，并供给必要的生长因子和微量元素。

2. 种子培养基

种子扩大培养的目的是短时间内获得数量多、质量高的大量菌种，以满足发酵生产的需要。为了使微生物细胞快速分裂和生长，种子培养基必须有较完全和丰富的营养物质，特别需要充足的氮源和必需的生长因子。但是，由于种子培养时间较短，且不要求积累产物，故一般种子培养基中各种营养物质的浓度也不需要太高。对于供孢子生长用的种子培养基，可添加一些容易被吸收利用的碳源和氮源，如葡萄糖、硫酸铵、尿素、玉米浆、蛋白胨等。

此外，种子培养物将直接转入发酵罐进行发酵，为了缩短发酵阶段的适应期（延滞期），种子培养基成分还应考虑与发酵培养基的主要成分相近，使之在种子培养过程中已经合成有关的诱导酶系，这样进入发酵阶段后就能够较快地适应发酵培养基。

3. 发酵培养基

发酵培养基是发酵生产中最主要的培养基，它是决定发酵生产成功与否的重要因素，需要采用大量的原材料，要确保原材料廉价易得，前面介绍的培养基配制的基本原则主要是针对发酵培养基而言的。由于发酵培养基的主要作用是为了最大程度获得目的产物，因此，必须根据菌体自身生长规律、产物合成的特点来设计培养基。要求培养基的营养丰富全面，碳氮比适宜，除了要含有菌体生长所必需的元素和化合物，还要具有产物所需的特定元素、前体和促进剂以及稳定 pH 值的缓冲剂。

四、发酵工业培养基的优化方法

培养基优化，是指对于特定的微生物，通过实验手段配比和筛选找到一种最适合其生长及发酵的培养基，培养基成分非常复杂，面对特定的微生物，如何找到一种最适合生长及发酵的培养基，在原来的基础上提高发酵产物的产量和产率，在工业化发酵中是非常重要的环节。接下来我们来介绍一下常用的优化方法。

（一）常用优化方法

1. 单次单因子法

单次单因子法是实验室进行培养基优化最常用的优化方法，这种方法是在假设因素间不存在交互作用的前提下，通过一次改变一个因素的水平而其他因素保持不变，然后逐个因素进行考察的优化方法。通常采用单次单因子法，用于初步确定培养基的基本成分和浓度范围，由于单次单因子不能考察到因素之间的交互作用，当考察的因素较多时，需要太多的实验次数和较长的实验周期。所以，一般采用单次单因子法和多因子结合的方法进行培养基优化实验。

2. 正交设计方法

一个好的试验方法，只要用少量试验既能得到较好的效果和分析出较为正确的结论，如果试验方法不好，不但试验次数多，而且结果还不一定理想。正交试验法就是利用一套规格化的表（正交表）来安排试验方案，使得试验次数尽可能地少；并通过对试验数据的简单分析，有助于我们在复杂的影响因素中抓住主要因素，从而找出较好的实验方案。正交试验法应用的范围非常广泛，现已成为比较简便、易行的一种应用数学方法。

正交试验法是利用正交表来安排与分析多因素实验，并利用普通的统计分析方法来分析实验结果的设计方法。它在实验因素的全部水平组合中，挑选部分有代表性的水平组合进行实验，能大大减少实验次数，通过对这部分实验结果的分析了解全面实验的情况，从多个因素分析哪些是主要的，哪些是次要的，以及它们对实验的影响规律，从而找出较优的工艺条件。

3. 均匀实验设计方法

均匀设计是考虑试验点在试验范围内均匀散布的实验设计方法，挑选试验代表点的出发点是"均匀分散"，而不考虑"整齐可比"，它可保证试验点具有均匀分布的统计特性，可使每个因素的每个水平做一次且仅做一次试验，任两个因素的试验点点在平面的格子点上，每行每列有且仅有一个试验点。它着重在试验范围内考虑试验点均匀散布以求通过最少的试验来获得最多的信息，因而其试验次数比正交设计明显减少。均匀设计特别适合于多因素多水平的试验和系统模型完全未知的情况。例如，当试验中有 m 个因素，每个因素有 n 个水平时，如果进行全面试验，共有 n^m 种组合，正交设计是从这些组合中挑选出 n^2 个试验，而均匀设计是利用数论中的一致分布理论选取 n 个点试验，而且应用数论方法使试验点在积分范围内散布得十分均匀，并使分布点离被积函数的各种值充分接近，因此便于计算机统计建模。如某项试验影响因素有 5 个，水平数为 10 个，则全面试验次数为 10^5 次，即做十万次试验；正交设计是做 10^2 次，即做 100 次试验；而均匀设计只做 10 次，可见其优越性非常突出。

4. 响应面分析方法

响应面分析方法是数学与统计学相结合的产物，和其他统计方法一样，由于采用了合理的实验设计，能以最经济的方式，用很少的实验数量和时间对实验进行全面研究，科学地提供局部与整体的关系，从而取得明确的、有目的的结论。与正交设计法不同，响应面分析方法是利用合理的实验设计方法，并通过实验得到一定的数据，采用多元二次回归方程来拟合因素与响应值之间的关系。将多因子实验中因子与实验结果的相互关系用多项式近似，把因子与实验结果（响应值）的关系函数化，依次可对函数的面进行分析，研究因子与响应值之间、因子与因子之间的相互关系，并进行优化。

对于响应面优化来说，首先采用部分因子设计（fractional factorial design，FFD）对培养基不同组分影响效果进行评价。一般地，将所有因子组合拿来做实验，称为完全因子实验，将其中部分因子进行试验的设计称为部分因子设计。通过部分因子的设计对多种培养基组分响应值的影响进行评价，并找出主要影响因子，再用最陡爬坡路径逼近最大响应区域，最后用中心组合设计及响应面分析确定主要影响因子的最佳浓度。

（二）优化流程

由于发酵培养基成分众多，且各因素存在交互作用，培养基设计与优化过程一般要经过以下几个步骤：

(1) 根据以前的经验以及在培养基成分确定时必须考虑的一些问题，初步确定可能的培养基组分。

(2) 通过单因子优化实验确定最为适宜的各个培养基组分。

(3) 最后通过多因子实验，进一步优化培养基的各种成分及其最适浓度；为了精确确定主要影响因子的适宜浓度，也可以进行进一步的单因子实验。

(4) 对实验结果的数据进行统计分析，以确定最佳条件。

(5) 对最佳条件进行实验验证。

【岗位认知】

培养基配制岗位职责

文件编号				颁发部门	
SOP-028-00-01		培养基配制岗位		质量管理部	
总页数				执行日期	
5					
编制者		审核者		批准者	
编制日期		审核日期		批准日期	

1. 目的

为保证培养基能够满足生产要求，特制订培养基制备岗位操作规程。

2. 范围

适用于培养基制备岗位的操作。

3. 责任

分发部门负责人、质量监督员、工艺员、操作人员。

4. 内容

(1) 操作前准备

① 接收指令。根据指令情况填写生产状态标识牌，标明当日生产产品的品名、规格、批号、批量、岗位名称、生产日期。

② 检查上批次清场情况，有上一批次生产"清场合格证"，并确认无上次生产遗留物。

③ 检查生产现场卫生状况，有厂房"已清洁"状态标识，并在有效期内。

④ 检查设备、设施及状态情况，有设备"已清洁"状态标识，并在有效期内。

⑤ 检查容器具卫生状况，有容器具"已清洁"状态标识，并在有效期内。

⑥ 检查生产用衡器是否处于水平状态，是否归零，是否有检定合格证，并在有效期内。

⑦ 检查确认批生产记录及相应的配套记录已准备齐全。

(2) 生产操作

① 领料。

a. 根据生产指令开出限额领料单，领取所需用的原辅材料，并有质量管理部的检验合格报告单。检查报告单上的物料编码、品名、数量、规格及外观质量，合格后才能使用；如不符合要求应拒绝收料。

b. 按照《物料进入生产区标准操作规程》清除原辅料外包装物表面的异物灰尘，并清洁消毒，再复核物料编码、品名、规格、检查外观、数量，避免差错，放入物料暂存间中待用。

② 称量。

a. 称量前应核对原辅料物料编码、品名、批号、生产厂家、规格等，应与检验报告单相符。

b. 原辅料的使用量应根据原料的实际含量、含水量等因素进行换算，按各产品的工艺规程所规定的量进行100%的投料。

c. 称量时所用的取料工具必须专用，不能混用，称量应有双人复核，操作人和复核人均应在称量原始记录上签名。

d. 液体药品临用前单独称量，称量完毕要立即清理称量台和台秤。

e. 剩余的原辅料应密封贮存，并在容器外标明物料编码、品名、批号、日期、剩余量及使用人。

③ 配制。

a. 根据规程，核对所用原辅料的物料编码、品名、批号、生产厂、规格等；

b. 每一个配制器皿必须标明所配培养基的品名、规格、批号和配制量；

c. 配制时，每一种原辅料的加入和调制必须由双人复核确认并做好记录；

d. 配制过程中的温度调节和配制的定量均要双人复核确认，并由操作人和复核人签字。

(3) 结束工作

① 操作人员对培养基制备间进行清洁。将各种容器、滤罐、用具、管路按《洁净区容

器具、工器具清洁规程》等分别处理清洗。

② 清洁结束后班组长检查岗位清洁情况,检查合格后,更换标识,换上厂房、设备"已清洁"标识。

③ 填写"厂房清洁记录"。

④ 按《清场管理规程》进行清场后,班长复查岗位清场情况,并通知质量管理部的质量监督员进行清场检查。

⑤ 质量监督员清场检查后,签发"清场合格证"(正、副本),并在批生产记录上签字。

⑥ 填写清场记录,并与"清场合格证"(正本)一起纳入本批生产记录中。

⑦ 将填写完整的批生产记录,与清场记录、前次"清场合格证"(副本)、本次"清场合格证"(正本),整理后上交工艺员。

⑧ 清场检查不合格,未取得合格证,班组长在质量监督员监控下重新进行清场直到合格,取得质量监督员签发的"清场合格证"结束工作。

5. 培训

(1) 培训对象　部门负责人、质量监督员、工艺员、操作人员。

(2) 培训时间　2个学时。

【项目实施】

任务一　培养基的配制及灭菌

一、任务描述

培养基是人工配制的适合微生物生长繁殖或积累代谢产物的营养基质,用以培养、分离、鉴定、保存各种微生物或积累代谢产物。各类微生物对营养的要求不尽相同,因而培养基的种类繁多。培养细菌常用牛肉膏蛋白胨培养基,培养放线菌常用高氏Ⅰ号培养基,培养霉菌常用察氏培养基或马铃薯培养基,培养酵母菌常用麦芽汁培养基或马铃薯葡萄糖培养基。另外还有固体、液体、加富、选择、鉴别等培养基之分。在这些培养基中,就营养物质而言,一般不外乎碳源、氮源、无机盐、生长因子及水等几大类。琼脂只是固体培养基的支持物,一般不为微生物所利用。它在96℃以上熔化成液体,而在45℃左右开始凝固成固体。培养基除了满足微生物所必需营养物质外,还要求有一定的酸碱度和渗透压。霉菌和酵母菌的培养基偏酸;细菌、放线菌的培养基为微碱性。所以每次配制培养基时,都要将培养基的pH值调到一定的范围。

发酵工业培养基的配制

本次实训的重点是对细菌、放线菌、酵母菌及霉菌四大类微生物培养基进行配制,在明确培养基配制原理的基础上,掌握配制培养基的方法和步骤。

二、任务实施

(一)准备工作

1. 学习培养基的配制方法和步骤,总结配制过程中的注意事项和要点。区分四类培养基配制的异同点。

2. 建立工作小组，制订工作计划，确定具体任务，任务分工到个人，并记录到工作表。

3. 完成任务单中实际操作前的各项准备工作。

(1) 材料准备 四大类培养基的基本配方见表 1-3-6。

表 1-3-6 常用培养基的配方

牛肉膏蛋白胨培养基	高氏Ⅰ号培养基	马铃薯培养基	察氏培养基
牛肉膏 3.0g	可溶性淀粉 20g	马铃薯 20g	蔗糖 30g
蛋白胨 10.0g	NaCl 0.5g	葡萄糖 20g	$NaNO_3$ 2g
NaCl 5.0g	KNO_3 1g	琼脂 15～25g	K_2HPO_4 1g
水 1000mL	$K_2HPO_4 \cdot 3H_2O$ 0.5g	水 1000mL	KCl 0.5g
pH 7.4～7.6	$MgSO_4 \cdot 7H_2O$ 0.5g	pH 7.4～7.6	$MgSO_4 \cdot 7H_2O$ 0.5g
	$FeSO_4 \cdot 7H_2O$ 0.01g		$FeSO_4 \cdot 7H_2O$ 0.01g
	琼脂 15～25g		琼脂 15～25g
	蒸馏水 1000mL		蒸馏水 1000mL
	自然 pH		自然 pH

(2) 试剂 牛肉膏、蛋白胨、NaCl、琼脂、1mol/L NaOH、1mol/L HCl、KNO_3、$K_2HPO_4 \cdot 3H_2O$、$MgSO_4 \cdot 7H_2O$、$FeSO_4 \cdot 7H_2O$、马铃薯、蔗糖等。

(3) 仪器 试管、三角瓶、烧杯、量筒、玻棒、培养基分装器、天平、牛角匙、pH 试纸（pH 5.5～9.0）、棉花、牛皮纸、记号笔、麻绳、纱布等。

（二）操作过程

1. 牛肉膏蛋白胨培养基配制方法

(1) 称量 按培养基配方比例依次准确地称取牛肉膏、蛋白胨、NaCl 放入烧杯中。牛肉膏常用玻棒挑取，放在小烧杯或表面皿中称量，用热水溶化后倒入烧杯，也可放在称量纸上，称量后直接放入水中，这时如稍微加热，牛肉膏便会与称量纸分离，然后立即取出纸片。

蛋白胨很易吸湿，在称取时动作要迅速。另外，称药品时严防试剂混杂，一把牛角匙用于一种试剂，或称取一种试剂后，洗净、擦干，再称取另一试剂。瓶盖也不要盖错。

(2) 溶化 在上述烧杯中先加入少于所需要的水量，用玻棒搅匀，然后，在石棉网上加热使其溶解，将试剂完全溶解后，补充水到所需的总体积。配制固体培养基时，将称好的琼脂放入已溶的试剂中，再加热溶化，最后补足所损失的水分。

在琼脂溶化过程中，应控制火力，以免培养基因沸腾而溢出容器。同时，需不断搅拌，以防琼脂糊底烧焦。配制培养基时，不可用铜或铁锅加热溶化，以免离子进入培养基中，影响细菌生长。

(3) 调 pH 在未调 pH 前，先用精密 pH 试纸测量培养基的原始 pH，如果偏酸，用滴管向培养基中逐滴加入 1mol/L NaOH，边加边搅拌，并随时用 pH 试纸测其 pH，直至 pH 达 7.6。反之，用 1mol/L HCl 进行调节。

对于有些要求 pH 较精确的微生物，其 pH 的调节可用酸度计进行。

pH 不要调过头，以避免回调而影响培养基内各离子的浓度。配制 pH 低的琼脂培养基时，若预先调好 pH 并在高压蒸气下灭菌，则琼脂因水解不能凝固。因此，应将培养基的成分和琼脂分开灭菌后再混合，或在中性 pH 条件下灭菌，再调整 pH。

（4）过滤 趁热用滤纸或多层纱布过滤，以利于某些实验结果的观察。一般无特殊要求的情况下可以省去（本实验无须过滤）。

（5）分装 按实验要求，可将配制的培养基分装入试管内或三角烧瓶内。

① 液体分装。分装高度以试管高度的 1/4 左右为宜。分装三角瓶的量则根据需要而定，一般以不超过三角瓶容积的一半为宜，如果是用于振荡培养，则根据通气量的要求酌情减少；有的液体培养基在灭菌后需要补加一定量的其他无菌成分，如抗生素等，则装量一定要准确。

② 固体分装。分装试管，其装量不超过管高的 1/5，灭菌后制成斜面。分装三角烧瓶的量以不超过三角烧瓶容积的一半为宜。

③ 半固体分装。一般以试管高度的 1/3 为宜，灭菌后垂直待凝。

培养基的分装见图 1-3-1。

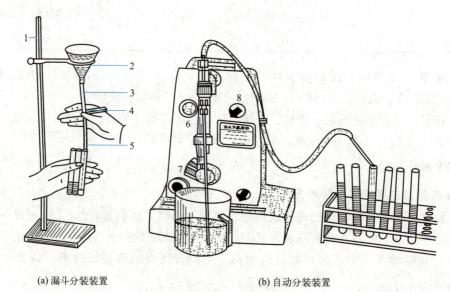

(a) 漏斗分装装置　　　　(b) 自动分装装置

图 1-3-1　培养基的分装

1—铁架；2—漏斗；3—孔胶管；4—弹簧夹；5—玻璃；6—流速调节；7—装量调节；8—开关

分装过程中，注意不要使培养基沾在管（瓶）口上，以免沾污棉塞而引起污染。

棉塞的制作过程见图 1-3-2。

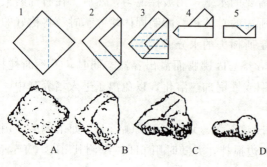

图 1-3-2　棉塞的制作

（6）加塞 培养基分装完毕后，在试管口或三角烧瓶口上塞上棉塞（或泡沫塑料塞及试管帽等），棉塞的作用有二：一方面阻止外界微生物进入培养基，防止由此而引起的污染；另一方面保证有良好的通气性能，使培养在里面的微生物能够从外界源源不断地获得新鲜无菌空气。因此棉塞质量的好坏对实验的结果有着很大的影响。一只好的棉塞，外形应像一只蘑菇，大小、松紧都应适当。加塞时的棉塞的总长度的 3/5 应在口内，2/5 在口外。

（7）**包扎**　加塞后，将全部试管用麻绳捆好，再在棉塞外包一层牛皮纸，以防止灭菌时冷凝水润湿棉塞，其外再用一道麻绳扎好。用记号笔注明培养基名称、组别、配制日期。三角烧瓶加塞后，外包牛皮纸，用麻绳以活结形式扎好，使用时容易解开，同样用记号笔注明培养基名称、组别、配制日期。

（8）**灭菌**　将上述培养基在 0.103MPa、121℃条件下高压蒸气灭菌 20min。

（9）**搁置斜面**　将灭菌的试管培养基冷至 50℃左右，以防斜面上冷凝水太多，将试管口端捆在玻棒或其他合适高度的器具上，搁置的斜面长度以不超过试管总长的一半为宜。

（10）**无菌检查**　将灭菌培养基放入 37℃的温室中培养 24～48h，以检查灭菌是否彻底。

2. 高氏Ⅰ号培养基配制方法

（1）**称量和溶化**　按配方先称取可溶性淀粉，放入小烧杯中，并用少量冷水将淀粉调成糊状，再加入少于所需水量的沸水中，继续加热，使可溶性淀粉完全溶化。然后再称取其他各成分依次逐一溶化。对微量成分 $FeSO_4 \cdot 7H_2O$ 可先配成高浓度的贮备液按比例换算后再加入，方法是先在 100mL 水中加入 1g 的 $FeSO_4 \cdot 7H_2O$ 配成 0.01g/mL，再在 1000mL 培养基中加 1mL 的 0.01g/mL 的贮备液即可。待所有试剂完全溶解后，补充水分到所需的总体积。如要配制固体培养基，其溶化过程同牛肉膏蛋白胨培养基配制方法。

（2）**pH 调节、分装、包扎、灭菌及无菌检查**　同牛肉膏蛋白胨培养基配制方法。

3. 马铃薯培养基配制方法

取去皮马铃薯 200g，切成小块，放入 1500mL 的烧杯中煮沸 30min，注意用玻棒搅拌以防糊底。然后用双层纱布过滤，取滤液加糖（酵母菌用葡萄糖，霉菌用蔗糖），加热煮沸后加入琼脂，继续加热融化并补足失水。再按前所述，进行分装、加塞、包扎、0.1MPa 灭菌 20min。

4. 察氏培养基配制方法

方法同牛肉膏蛋白胨培养基配制。

（三）结束工作

1. 填好所有操作记录单、任务单、各种评价表。
2. 检查设备仪表是否洁净完好。
3. 清理工作场地与环境卫生。
4. 进行任务总结（小组讨论与汇报、组间互评、教师点评与总结）。

三、任务探究

1. 培养基配好后，为什么必须立即灭菌？如何检查灭菌后的培养基是无菌的？
2. 在配制培养基的操作过程中应注意些什么问题？为什么？
3. 配制合成培养基加入微量元素时最好用什么方法加入？天然培养基为什么不需要另加微量元素？

4. 有人认为自然环境中微生物是生长在不按比例的基质中，为什么在配制培养基时要注意各种营养成分的比例？

任务二　发酵工业培养基的优化（以芽孢杆菌产β-甘露聚糖酶为例）

一、任务描述

β-甘露聚糖酶是一类能水解含有 β-1,4-D-甘露糖苷键的甘露寡糖、甘露多糖的内切酶，可以将半纤维素转化为具有重要价值的低聚糖，具有极大的应用潜力。本任务要求对能够实验室保藏的菌种进行活化，通过生长曲线的制作来确定菌种的对数期，将菌种接种到培养基中，对培养基成分（碳源、氮源等）采用正交设计法进行优化，根据正交设计的计算方法，将 β-甘露聚糖酶活性大小作为指标来确定最佳的培养基成分组合。

本次实训的重点是菌种的活化、接种技术以及正交设计方法的运用和结果分析验证。

二、任务实施

（一）准备工作

1. 建立工作小组，制订工作计划，确定具体任务，任务分工到个人，并记录到工作表。
2. 确定菌种活化的方法，掌握生长曲线的制作方法，小组讨论确定正交实验表的因素和水平。
3. 完成任务单中实际操作前的各项准备工作。

(1) 准备材料　芽孢杆菌（实验室提供）。

(2) 试剂

① 无机盐基础培养基（用于碳源、氮源的优化）。$(NH_4)_2SO_4$ 4g/L，KH_2PO_4 2g/L，$MgSO_4 \cdot 7H_2O$ 1g/L，pH 7.2，高压灭菌后备用。

② 种子培养基（用于菌种活化）。NaCl 10g/L，酵母抽提物 5g/L，胰蛋白胨 10g/L，pH 7.0。

③ 固体培养基。NaCl 10g/L，酵母抽提物 5g/L，Trypetone 10g/L，琼脂 15g/L，pH 7.0。

④ 发酵培养基。酵母抽提物 20g/L，魔芋粉 20g/L，$(NH_4)_2SO_4$ 2g/L，KH_2PO_4 1g/L，$MgSO_4 \cdot 7H_2O$ 1g/L，pH 7.5。

(3) 仪器　摇床、净化工作台、微量移液器、恒温培养箱、分光光度计、离心机、恒温水浴锅、平皿、酒精灯、接种环（针）、试管、试管架、枪头、三角瓶、分析天平等。

（二）操作过程

1. 菌种的活化

将冷藏保存的菌种涂布在固体培养板上，37℃倒置培养过夜。挑取单个环状芽孢杆菌菌落于盛有 5mL 种子液的试管中，37℃振摇培养（200r/min）10～12h，作为种子液。

2. 菌种生长曲线的测定

挑取单个环状芽孢杆菌菌落于盛有 5mL 种子液的试管中，37℃振摇培养（200r/min），每隔 1h 用无菌移液器从试管中吸取培养液 100μL，作适当稀释（用无菌培养基），测量其

OD$_{600}$ 值（以不接种种子培养基为对照），然后以时间为横坐标，OD$_{600}$ 为纵坐标，作图。进而确定该菌种对数期。

3. 培养基组分的优化

(1) 碳源的优化　在基础培养基的基础上，改变碳源种类及其浓度（此时以酵母抽提物 20g/L 为氮源），进行摇瓶发酵实验，根据酶活性的高低确定最佳碳源。

碳源选取：2%木糖、2%葡萄糖、2%果糖、2%甘露糖、2%半乳糖、2%乳糖、2%甘油、2%魔芋粉、2%槐豆胶、2%瓜尔胶。

(2) 氮源的优化　在基础培养基的基础上，改变氮源种类及其浓度［此时以（1）中优化的结果为碳源］，进行摇瓶发酵实验，根据酶活性的高低，进而确定最佳氮源。

氮源选取：2%尿素、2%牛肉膏、2%酵母、2%胰蛋白胨、2%（NH$_4$）$_2$SO$_4$、2% NaNO$_3$、2%酵母+0.4%（NH$_4$）$_2$SO$_4$、2%胰蛋白胨+0.4%（NH$_4$）$_2$SO$_4$、2%牛肉膏+0.4%（NH$_4$）$_2$SO$_4$。

(3) 碳源、氮源以及无机离子的优化　在碳源、氮源筛选的基础上，固定氮源，以碳源和无机离子为变量，设计并进行 L9（3^4）的正交试验（如表 1-3-7 所示），进行摇瓶发酵实验，根据酶活性的高低，进而确定发酵培养基各组分的最佳含量。

表 1-3-7　发酵培养基组分对产酶的影响

试验号	因子/(g/L)				酶活/(U/mL)
	魔芋粉	(NH$_4$)$_2$SO$_4$	KH$_2$PO$_4$	MgSO$_4$·7H$_2$O	
1	5	2	1	0.5	
2	5	4	2	1	
3	5	6	4	2	
4	10	2	2	2	
5	10	4	4	0.5	
6	10	6	1	1	
7	20	2	4	1	
8	20	4	1	2	
9	20	6	2	0.5	
k_1					
k_2					
k_3					
R					

4. 摇瓶发酵

250mL 三角瓶装 25mL 发酵培养基，接入 6%的处在对数生长期末的种子，37℃摇床培养 25h（200r/min）。进行酶活性测定，从而确定各个优化结果。

5. 酶活性检测

发酵液于 8000r/min 条件下离心 20min，取上层清液（粗酶液），采用 DNS 法进行酶活性测定。

6. 结果

根据正交设计的原理得出培养基优化的结果。

（三）结束工作

1. 填好所有操作记录单、任务单、各种评价表。
2. 检查设备仪表是否洁净完好。
3. 清理工作场地与环境卫生。
4. 进行任务总结（小组讨论与汇报、组间互评、教师点评与总结）。

三、任务探究

1. 讨论描绘细菌生长曲线的其他方法，以及生长曲线的作用。
2. 正交实验设计的原理是什么？

【项目拓展】

考察不同发酵条件对发酵产量的影响

一、发酵原料对发酵产量的影响

为了加快采用生物发酵法生产富马酸的工业化发展，降低发酵原料的成本是很重要的一个方面。目前生产富马酸的发酵原料主要有葡萄糖、淀粉、木质纤维素等。利用葡萄糖发酵生产富马酸，富马酸的产量和转化率最高，但是葡萄糖的原料成本比较高。而木质纤维素由于成本低、含量丰富，对其研究变得越来越受重视。木质纤维素水解后木糖含量占到30%左右。汪海涛等对玉米芯先是采用稀酸预处理，然后进行纤维素酶水解，并将水解液进行活性炭吸附脱毒后，通过梯度选育筛选出耐受糠醛菌株进行发酵，富马酸的最终产量达到44.82g/L左右。

二、C/N 比对富马酸产量的影响

在富马酸的积累中，富马酸酶起着至关重要的影响，在氮源尿素浓度变低的时候，富马酸酶的活性增强，促进了富马酸的积累，而L-苹果酸的浓度降低明显，高的尿素浓度不利于酸的积累。研究表明，当尿素的浓度从 2.0g/L 降到 0.1g/L 时，富马酸酶的活性提高 300%，富马酸的浓度从 14.4g/L 增加到 40.3g/L，苹果酸的浓度从 2.0g/L 减少到 0.3g/L，氮源浓度过高会抑制富马酸的积累。刘欢利用不同比例的 C/N 比组分进行发酵，分为 400∶1、600∶1、800∶1、1000∶1，富马酸在 800∶1 的比例下最高产量达到 46.78g/L。但是当提高到 1000∶1 的比例时，富马酸的产量反而有所降低，而乙醇的产量增加，说明 C/N 比低于 800∶1 时，有利于生产富马酸而抑制乙醇的产生。

三、中和剂对发酵的影响

根霉在发酵生产富马酸的过程中，因产物富马酸呈酸性，随着富马酸的积累，培养基的 pH 迅速下降，将会抑制菌丝体的生长从而抑制富马酸的积累。因此需要添加中和剂来维持培养基的 pH。研究表明，$CaCO_3$ 是最适合的中和剂，其富马酸的产量和产率达到最高。但是碳酸钙与富马酸容易形成富马酸钙，其溶解度低，易造成发酵液黏稠，而且从富马酸钙中分离出富马酸需加入 H_2SO_4 和 HCl 并加热，分离过程能耗大且对环境造成污染。陈晨等比

较使用了不同的中和剂（$CaCO_3$、Na_2CO_3、$NH_3 \cdot H_2O$、NaOH），发现 Na_2CO_3 作为中和剂的时候，富马酸的产量和产率与 $CaCO_3$ 最为接近，生产强度比使用 $CaCO_3$ 时还高。而且 Na_2CO_3 作为中和剂，不会产生沉淀，不需加热分离产物，对环境较好，故 Na_2CO_3 可成功取代 $CaCO_3$。

【项目总结】

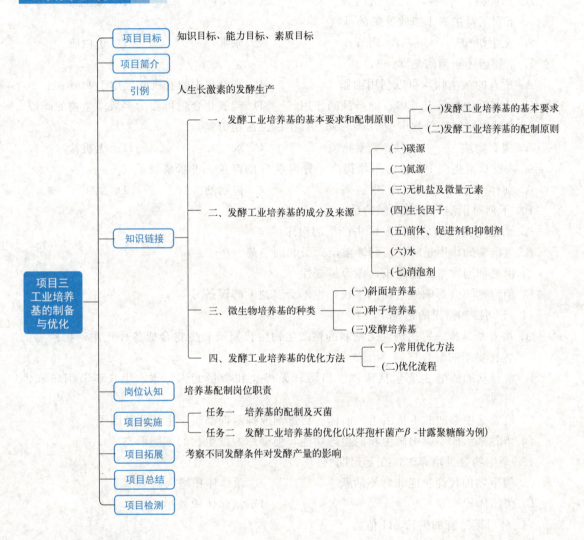

【项目检测】

一、单项选择题

1. 微生物细胞中含量最多的元素是（　　）。
   A. C　　　　　　B. H　　　　　　C. O　　　　　　D. N
2. 琼脂在培养基中的作用是（　　）。
   A. 碳源　　　　　B. 氮源　　　　　C. 凝固剂　　　　D. 生长调节剂
3. 实验室常用的培养细菌的培养基是（　　）。

A. 牛肉膏蛋白胨培养基　　　　　　　　B. 马铃薯培养基
C. 高氏Ⅰ号培养基　　　　　　　　　　D. 麦芽汁培养基

4. 在实验中我们所用到的淀粉水解培养基是一种（　　）培养基。
   A. 基础培养基　　　B. 加富培养基　　　C. 选择培养基　　　D. 鉴别培养基

5. 下列物质属于生长因子的是（　　）。
   A. 葡萄糖　　　　　B. 蛋白胨　　　　　C. NaCl　　　　　　D. 维生素

6. 下列氮源中属于速效氮源的是（　　）。
   A. 花生饼粉　　　　B. 硝酸盐　　　　　C. 尿素　　　　　　D. 蛋白胨

7. 下列描述正确的是（　　）。
   A. 所有的微生物均可以利用油脂　　　　B. 培养基中的有机酸仅用于调节 pH
   C. 某些微生物具有分解石油产品的作用　D. 碳氢化合物可作为多数微生物的碳源

8. 占微生物细胞总物质量 70%～90% 以上的细胞组分是（　　）。
   A. 碳素物质　　　　B. 氮素物质　　　　C. 水　　　　　　　D. 无机盐

9. 在青霉素生产中加入玉米浆提高了青霉素 G 的产量，玉米浆属于（　　）。
   A. 前体　　　　　　B. 促进剂　　　　　C. 抑制剂　　　　　D. 氮源

10. 下列对消泡剂描述错误的是（　　）。
    A. 消泡剂的作用是消除发酵中产生的泡沫
    B. 消泡剂的作用是防止发酵液溢出而引起的染菌
    C. 消泡剂通常耐高温高压，但容易变性
    D. 消泡剂不会影响微生物的生长，也不会腐蚀发酵设备

11. 下列描述错误的是（　　）。
    A. 培养基是按一定比例人工配制的供微生物生长繁殖和生物合成各种代谢产物所需的各种物质的混合物
    B. 培养基的成分主要包括碳源、氮源、无机盐和微量元素、水、生长调节因子和消泡剂
    C. 培养基中添加的生长因子、前体、促进剂或抑制剂都属于生长调节因子
    D. 培养基组成不影响微生物的生理功能，但会影响微生物的细胞形态

12. 微生物分批培养时，在延迟期（　　）。
    A. 微生物的代谢机能非常不活跃　　　　B. 菌体体积增大
    C. 菌体体积不变　　　　　　　　　　　D. 菌体体积减小

13. 酵母菌适宜的生长 pH 值为（　　）。
    A. 5.0～6.0　　　　　　　　　　　　　B. 3.0～4.0
    C. 8.0～9.0　　　　　　　　　　　　　D. 7.0～7.5

14. 在微生物发酵生产甘油的过程中，加入亚硫酸氢钠与代谢过程中的乙醛生产加成物，亚硫酸氢钠属于（　　）。
    A. 促进剂　　　　　B. 抑制剂　　　　　C. 无机盐　　　　　D. 前体

15. 鉴别培养基是根据微生物的代谢特点，在培养基中加入一些物质配制而成的，这些物质是（　　）。
    A. 指示剂或化学药品　　　　　　　　　B. 青霉素或琼脂
    C. 高浓度食盐　　　　　　　　　　　　D. 维生素或指示剂

二、填空题

1. 培养基的种类繁多，一般可根据其营养物质的不同来源分为_____、_____和_____，根据培养基的不同用途分为_____、_____、_____和_____；根据培养基的物理状态的不同分为_____、_____和_____。在工业发酵中，依据生产工艺和流程的不同分为_____、_____和_____。

2. 微生物研究和生长实践中，选用和设计培养基的最基本要求是_____、_____、_____、_____。

3. 某细菌固体培养基的组成成分是 KH_2PO_4、Na_2HPO_4、$MgSO_4$、葡萄糖、尿素、琼脂和蒸馏水，其中凝固剂是_____，碳源是_____，氮源是_____。已知只有能合成脲酶的细菌才能在该培养基上生长，故该培养基属于_____。按照营养成分的来源分类，该培养基属于_____。

4. 微生物的营养物质按其在机体中的生理作用可区分为：_____、_____、_____、_____、_____、_____等六大类。

5. 培养基的配制流程步骤：_____、_____、_____、_____、_____等。

三、判断题

1. 生长因子是微生物生长不可缺少的物质，氨基酸、维生素、抗生素均属于生长因子。（　　）

2. 无机盐及微量元素既是构成菌体细胞的主要成分，又是一切营养物质传递的介质。（　　）

3. 精确定量某些成分而配制的培养基是所有成分的性质和数量已知的培养基，称为天然培养基。（　　）

4. 供微生物细胞生产繁殖或保藏菌种使用的培养基是斜面培养基。（　　）

5. 最后一级种子培养基的成分最好与发酵培养基的成分接近，使进入发酵培养基的种子能快速生长。（　　）

四、简述题

总结牛肉膏蛋白胨培养基、高氏Ⅰ号培养基、马铃薯培养基、察氏培养基在配制过程中的要点及异同点。

项目四　无菌操作技术

【项目目标】

◆ 知识目标

1. 熟悉常见的工业种子罐与发酵罐的灭菌方法。
2. 掌握空气除菌的方法与流程。
3. 掌握发酵培养基及设备管道的灭菌方法。

◆ 能力目标

1. 能完成生产环境的灭菌。
2. 能根据灭菌对象的特点，选择合适的灭菌方法。
3. 能及时检测发酵过程是否染菌。

◆ 素质目标

具备吃苦耐劳、积极向上、善于合作的优良品质；具备严格的无菌意识和严谨的工作作风。

【项目简介】

无菌操作是工业发酵生产中的关键环节。如果使用的培养基、发酵设备、配套管路系统或通入罐内的空气等灭菌不彻底而含有杂菌，将会消耗培养基中的营养成分，影响生产菌株的正常生长。同时，杂菌生长过程中产生的代谢废物还会给下游的发酵产物的分离与纯化带来不利影响，造成一系列生产问题和经济损失。因此，在工业发酵生产过程中，优化发酵工艺，保证发酵过程中必需的无菌操作，可提高产物收率，保障生产稳定，降低安全风险。

本项目的内容是无菌操作基础知识，知识链接介绍了无菌操作的基本概念与技术、空气除菌方法与流程、培养基和设备管道灭菌以及发酵工业污染的防治策略，项目实施中结合生产设定了两个具体任务。

引例

红霉素的发酵生产工艺

红霉素是由红霉素链霉菌所产生的大环内酯类抗生素，抗菌谱与青霉素近似。主要对革兰氏阳性菌具有抗菌性。红霉素为白色或类白色的结晶或粉末；分子式为 $C_{37}H_{67}NO_{13}$；无臭，味苦；微有引湿性。在甲醇、乙醇或丙酮中易溶，在水中极微溶解。

红霉素在菲律宾班尼岛土壤中分离的放线菌培养液中制成，1952年正式上市。红霉素的代表药品有：红霉素肠溶胶囊、红霉素眼膏、红霉素软膏、琥乙红霉素、罗红霉素等。

红霉素的生产工艺主要分为两方面：①空气净化；②发酵生产：原料配比→种子罐→发酵罐→发酵。

红霉素的发酵生产中，空气一般经过预处理后，先经过总过滤器，过滤掉5～10μm的颗粒，温度在40℃左右，湿度65%～70%；然后再经过分过滤器，过滤掉大于0.3μm的颗粒；最后经过精过滤器，得到无菌空气，随即通入发酵罐中进行发酵生产。其发酵周期一般为一级种子1～2d，二级种子2d，三级发酵2～3d，周期6～7d。发酵温度一般采用32～33℃。当料液pH升高、黏度增加、效价不再提高时，达到发酵终点。

红霉素发酵生产的培养基成分如玉米淀粉、食用葡萄糖、硫酸铵、氨水、豆饼粉等富含糖和氮源物质。其中含有植物性的原料成分，含菌量相对较高。在对培养基进行灭菌的过程中，一方面需注意适当延长灭菌时间或提高灭菌温度，以保证彻底灭菌；另一方面需注意防止糖和氮源物质在高温下发生变色反应。因此，在红霉素的发酵生产过程中，往往会选择将糖和氮源分开灭菌，将葡萄糖单独连消后送入发酵罐。其中在连消工艺中预热器的使用又可大大提高连消工艺的节能意义和推广价值。

【知识链接】

一、无菌操作的基本概念

灭菌是采用强烈的化学或者物理方法，使任何物体内外部的一切微生物（包括芽孢）永远丧失其生长繁殖能力的措施，例如，高温高压、化学试剂（甲醛等）、射线等措施。在发酵工业上，灭菌的目的主要是为了保证纯种发酵，防止杂菌和噬菌体污染。

消毒是采用较温和的物理或者化学方法，仅杀死物体表面或内部一部分对人体有害的病原菌，并不一定能够杀死芽孢，对被消毒的物体基本无害的措施。消毒的方法较多，例如，75%乙醇、含氯消毒液、巴氏消毒法等。

除菌是利用过滤等方法去除环境中的微生物和孢子，获得无菌物质。常用的方法有过滤除菌、离心除菌等。

在发酵生产过程中常协同使用以上方法来完成无菌操作，实现生产的无菌过程。例如：接种时，用酒精灯灼烧接种环和涂布棒，确保种子纯种生长；用75%乙醇擦拭双手，保证无菌操作；使用高压灭菌锅，对培养基及器具灭菌，避免杂菌污染；实验室的无菌室和超净工作台使用紫外线灭菌和过滤除菌，保持工作环境的洁净无菌等，科学规范的无菌操作，能确保发酵生产不受杂菌影响，提高发酵产物收率，保障发酵生产稳定，降低工厂安全风险。

二、空气除菌方法与流程

空气中微生物的种类和含量会随地区、季节以及人们的活动情况而变化。一般北方气候干燥寒冷，空气中的含菌量较少，而南方潮湿温暖，空气中的含菌量较多；城市人口稠密，空气含菌量比人口少的农村空气含菌量多；地面比高空的空气含菌量多；室外空气相对室内空气而言较干燥，且受紫外线照射，不适宜微生物生存，而一般室内空气较潮湿，微生物种类和数量多，含有细菌、真菌、尘螨等。

空气中的微生物种类以细菌和细菌芽孢较多,也有酵母、霉菌和病毒等。这些微生物常常附着在空气中的灰尘或雾滴上,形成"生物粒子",飘浮于空中,造成空气污染。一旦它们随空气进入发酵液,便会大量繁殖,与生产菌产生竞争,消耗培养基中的营养物质,产生各种代谢产物,从而干扰甚至破坏正常发酵过程的进行,严重的会使发酵彻底失败,造成巨大的经济损失。

(一)空气除菌方法

发酵工业生产对空气处理的要求视发酵的产品和菌种的不同而异。例如,酵母生产和半固体制曲等传统发酵生产中对无菌空气的要求并不严格,一般无须复杂精细的空气净化处理;而在抗生素发酵的全过程中,则需不断通入大量无菌空气,供抗生素产生菌的基质同化、菌体生长和产物代谢。

发酵生产过程大多数是需氧型,为避免污染杂菌,需要通入无菌空气。发酵工业生产中的"无菌空气"是通过除菌处理使空气中含菌量降低在一个极低值,从而控制发酵污染至极小机会。一般按染菌率为 10^{-3} 来计算,即 1000 次发酵周期所用的无菌空气只允许 1 次染菌。

1. 辐射灭菌

α射线、β射线、γ射线、X射线、紫外线、超声波等都能破坏蛋白质,破坏生物活性物质,从而起到杀菌作用,但最常用的是紫外线,通常用于无菌室的灭菌。无菌室的紫外灯一般安装在操作台上方 1m 左右处,每次照射 15~30min 既可。

紫外线波长在 200~300nm 都有杀菌能力,其中以波长 260nm 的杀菌力最强,它的主要作用是使微生物的 DNA 分子产生胸腺嘧啶的二聚体,导致细胞死亡。紫外线虽有很强的杀菌力,但其穿透力较弱,因此待灭菌物品必须置于紫外线直接照射下,且在一定范围内作用强度与距离平方成反比。

需注意的是,紫外线对人体组织有一定刺激作用,眼睛、皮肤暴露在紫外线下会产生红肿、脱屑、眼痛、畏光、流泪等症状。所以在无菌室操作时应先关闭紫外灯。

2. 加热灭菌

加热可使微生物的蛋白质、核酸等重要的生物高分子发生变性、遭到破坏,从而达到灭菌的效果。为方便在设备及管道中输送空气,热空气在进入培养系统之前,一般需用压缩机压缩,以提高压力。而空气在压缩时可产生热量,压缩后温度可达 200℃ 以上,如此保持一定时间,即可实行干热灭菌。

相比于利用蒸汽或电热产生的热量进行空气除菌,利用空气压缩时所产生的热量进行空气除菌,对制备大量无菌空气和无菌要求不高的发酵来说较为经济合理,如图 1-4-1 所示。

在实际应用时,从压缩机出口到储气罐过程,为延长高温时间,可在储罐内加装导管筒。另外,培养装置与空气压缩机的相对位置,连接压缩机与培养装置的管道的灭菌以及管道长度等问题也须加以考虑。

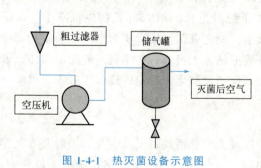

图 1-4-1 热灭菌设备示意图

3. 静电除菌

利用静电除尘器产生静电引力吸附带电粒子,去除空气中的水雾、油雾和尘埃,同时也可除去空气中的微生物。空气中悬浮的微生物大多带有不同的电荷,进入电场后即可被吸附沉降去除;不带电荷的空气微粒进入高压静电场后,被电离带电,随即可被吸附沉降去除,如图1-4-2所示。静电除菌对$1\mu m$的微粒去除率可达99%。但是对于一些粒径很小的微粒,由于其所带的电荷很小,微粒不能被吸附而沉降,所以静电除菌对粒径很小的微粒去除效率较低。

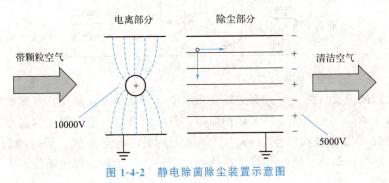

图1-4-2　静电除菌除尘装置示意图

静电除菌装置按其对菌体微粒的作用可分成电离区和捕集区。空气的压力损失小,能量消耗小,但该方法一次性投资费用较大,对设备维护和安全技术措施的要求较高。

4. 过滤除菌

过滤除菌是使空气通过经高温灭菌的干燥的介质过滤层,将空气中的微生物等颗粒阻留在介质层中,从而制得无菌空气。随着工业的发展,过滤介质种类越来越多,有天然植物纤维、活性炭、焦炭、无纺布、玻璃纤维、超细玻璃纤维、烧结金属、烧结陶瓷、微孔超滤膜等;过滤器的形式和结构也不断变化更新。针对不同的过滤效果和要求,可采用不同的过滤材料、不同产品规格、不同填充情况。

目前发酵工厂综合考虑可靠性、经济适用性、便于控制等方面,大多数仍广泛采用介质过滤除菌法。

(二)空气过滤除菌流程

空气过滤需要推动力,属于加压过滤;过滤介质需要保持干燥状态,保证除菌效率;过滤介质因材质特性,对温度也有一定要求等。根据生产实际要求,产生的无菌空气需具备一定参数,如洁净度、温度、湿度、空压等。因此,空气过滤除菌流程需根据空气的性质,结合吸气环境的空气条件和所用空气除菌设备的特性综合制订。

空气压缩冷却过滤过程

空气过滤除菌流程一般步骤如下:①吸气口吸入的空气在压缩前先进行过滤;②预过滤后的空气进入空气压缩机;③从空气压缩机出来的空气一般压力在0.2MPa以上,温度120~160℃;④冷却至适当温度(20~25℃),去除空气中的油、水,再加热至30~35℃;⑤最后通过总过滤器和分过滤器除菌(是否使用分过滤器视实际情况而定),获得洁净度、温度、湿度和流量等参数都符合要求的无菌空气。

空气压缩冷却过滤流程如图1-4-3所示。

(三)空气预处理设备

发酵工业的无菌空气一般通过两步得到:第一步,空气的预处理;第二步,空气除菌。

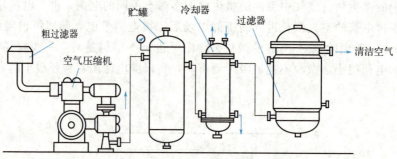

图 1-4-3　空气压缩冷却过滤流程图

空气预处理的主要目的，一方面是提高压缩空气的洁净度，降低空气过滤器的负荷；另一方面是去除压缩后空气中所带的水雾和油雾，然后以合适的空气湿度和温度进入空气过滤器。涉及的预处理措施包括以下三种。①空气除杂质：高空采气、粗过滤器、空气储罐；②温度调控：空气冷却器、空气储罐、换热器；③空气加压：空气压缩机。

1. 吸风塔

空气中微生物的种类和数量会随海拔高度的变化而变化，一般高空比地面的空气含菌量少，所以适当提高吸风塔空气吸气口的高度可以减少吸入空气的微生物含量。综合考虑地区、气候等因素，吸气口的高度须因地制宜，一般以离地面 5~10m 较为适宜，吸风塔内的空气流速不能太快，一般流速≤8m/s 效果较好。

在吸气口处需设置筛网，防止颗粒或杂物吸入，以免损坏空气压缩机，筛网也可以设置在粗过滤器上。另外，如果粗过滤器的装置高度与吸气口的高度相当，则可不另设吸气口。

2. 粗过滤器

吸入的空气在进入压缩机前需先通过粗过滤器过滤，用于捕集较大的灰尘颗粒，可以减轻空气压缩机的磨损，也可以减轻总过滤器的负荷。粗过滤器的过滤效率要高，阻力要小。常用的粗过滤器有布袋过滤器、填料式过滤装置、水雾除尘装置、油浴洗涤空气装置等。

3. 空气压缩机

空气压缩机将空气压缩，以增加空气压强，提供气源动力，便于空气在设备和管道中的输送。空气压缩机种类非常多，常用的类型有往复活塞式压缩机、离心式压缩机、旋转叶片或旋转螺杆压缩机。需综合考虑工厂发酵工艺所需的空气流量、克服压缩空气输送过程的阻力和克服发酵罐的液柱高度所需的压强来选用适合实际生产的空气压缩机型号。

4. 空气储罐

高温空气在空气储罐中停留的时间一定程度上延续了高温作用时间，可起到空气的部分杀菌作用。在罐内由于重力沉降作用，可分离部分油雾。同时，空气储罐还可消除压缩机排出空气量的脉冲，维持空气压力的稳定。

大多数空气储罐是紧接着空气压缩机后面安装，压缩空气要切向进入空气储罐。为增加温度调控功能，有的会在空气储罐内加装冷却蛇管或导筒。

5. 空气冷却器

空气冷却器的作用是使压缩空气除水除湿。常用的类型有：立式列管式热交换器、沉浸式热交换器、喷淋式热交换器等。使用过程中可通过增加空气的流速来提高其传热系数，增加传热效率。

一级空气冷却器是利用30℃左右的水，将从压缩机出来的120℃或150℃的空气冷却到40~50℃。二级空气冷却器是利用9℃冷冻水或15~18℃的水，进一步将40~50℃的空气冷却到20~25℃。冷却后的空气相对湿度可提高到100%，同时由于温度处于露点以下，所以其中的油、水即可凝结为油滴和水滴。

6. 换热器

通过气液分离器分离出油、水以后的空气，其相对湿度仍可达100%，当温度下降时就会有水分析出，使过滤介质受潮。因此，还必须加设换热器来提高空气温度，使空气的相对湿度降低到60%以下，以免析出水分。

（四）空气过滤介质及过滤器

过滤介质是过滤除菌的关键，不仅影响介质的消耗量、动力消耗、劳动强度、维护管理等，还决定设备的结构尺寸，以及关系到整个运转过程的可靠性。所以，过滤介质的基本要求是吸附性强、阻力小、耐干热、空气流量大。

1. 常用的过滤介质

(1) 棉花 棉花是传统的过滤介质，由于棉花的品种不同，其纤维直径、长度不同，所以不同品种的棉花其过滤性能差别较大。一般来说新鲜、纤维长而疏松的棉花过滤效果较好，棉花贮存时间过长，纤维容易断裂，而发生堵塞。直径在$16~21\mu m$，填充密度$150~200kg/m^3$，填充时要分层均匀铺放，然后压紧，装填平整。棉花作过滤介质一般用于总过滤器或分过滤器。

(2) 活性炭 活性炭具有非常大的比表面积，通过吸附作用捕集微生物、颗粒物等。活性炭的粒子间空隙较大，过滤阻力小，但过滤效率较低，一般须配合独立的初、中效过滤器的使用，比如与棉花联合使用，在装填棉花时，在两层棉花之间夹一层活性炭，可降低过滤阻力。

(3) 聚酯纤维 俗称无纺布，具有质量稳定、容尘较大、耐湿性强、使用寿命长、经济耐用等特点。一般用于初、中效板式、袋式过滤器。近年来由于技术发展，复合无纺布提升了传统无纺布的性能。

(4) 玻璃纤维和超细玻璃纤维纸 玻璃纤维直径$8~19\mu m$，填充系数$6\%~10\%$，具有性能稳定、耐高温、耐腐蚀、效率高、容量大、使用寿命长等特点。一般用于初效过滤器、耐高温过滤器及高效过滤器。

超细玻璃纤维纸直径$1~2\mu m$，网格孔隙$0.5~5\mu m$，由无碱玻璃喷吹成丝状纤维，再以造纸法做成。使用超细玻璃纤维纸过滤时，气流速度越高，效率越高，但超细玻璃纤维纸强度小，易断裂。为增加该过滤介质的强度可添加木浆纤维、环氧树脂或多层复合使用。一般用于对空气过滤要求高的场所和环境中。

(5) 烧结材料 烧结是将粉末或压坯在低于主要组分熔点的温度下进行热处理，通过颗粒间的冶金结合提高其强度。烧结材料包括烧结金属、烧结陶瓷、烧结玻璃、烧结石英等，具有过滤精度高、化学性能稳定、耐腐蚀、耐压、使用寿命长等特点。

(6) 新型过滤材料 微滤膜过滤孔径在$0.1~1\mu m$，膜材料分为无机膜和有机高分子膜，无机膜分为陶瓷膜和金属膜，有机高分子膜分为天然高分子膜和合成高分子膜。微滤膜材料一般由醋酸纤维素膜、硝酸纤维素膜、改性的聚偏氟乙烯膜、聚四氟乙烯膜、聚偏二氟乙烯膜等制成。超滤膜孔径一般在$0.001~0.02\mu m$之间（并不是完全统一的孔径。比如，科氏超滤膜和美能超滤膜孔径在 0.002~0.1μm 之间），一般由高分子材料，如醋酸纤维素类、醋酸纤维素酯类、聚乙烯类、聚酰胺类、聚砜类等制成，部分新型高分子过滤材料的性能比较见表 1-4-1。在实际操作中，需根据不同生产要求选择合适的过滤膜材质。超滤过程中需加压以驱动，适用于脱除胶体级微粒和大分子。

表 1-4-1 新型过滤材料性能比较

名称	安全温度/℃	吸水性/%	优点	缺点
玻璃纤维	240	小于 0.5	价格相对便宜、拉伸断裂强度高、耐腐蚀性强、表面光滑、憎水透气、易清灰、化学稳定性好	较脆、不耐折
涤纶（聚酯，PE）	130	0.4	耐酸、耐磨性好、耐热性较好、耐光性好、不霉、不蛀	不耐碱、高温下易水解
丙纶（聚丙烯，PP）	90	0	疏水、吸油、耐酸碱、强度高、不霉、不蛀、无毒	易产生静电、耐光性差、耐热性差
尼龙（聚酰胺，PA）	120	4.5	耐碱、耐磨性好、强度高、不霉、不蛀、不腐烂	不耐酸、吸湿后强度下降、刚性小、耐光性较差、对氧化剂敏感
腈纶（聚丙烯腈，PAN）	125	1.0~2.5	弹性好、耐光性好、耐酸、耐氧化剂、耐有机溶剂	耐碱性较差、易产生静电、耐磨性一般、吸水后强度下降
聚四氟乙烯（PTFE）	260	0.01	具有优异的化学稳定性和耐强氧化剂、耐气候性好、难燃、摩擦系数小、易清灰	价格高；当使用温度在 200℃ 以上时，可能释放少量氟化氢，需采取一定保护措施

2. 空气过滤器

空气过滤器是通过多孔过滤材料，从气固两相流中捕集粉尘从而净化气体的设备。压缩空气中可能会含有水雾、油雾以及固体颗粒物，如铁锈、沙粒、管道密封剂等，空气过滤器的作用就是将这些空气中的水雾、油雾分离出来，并过滤去除空气中的各种固体颗粒物。

(1) 初效过滤器　用于过滤空气中自然降尘，过滤风速 0.4~1.2m/s，初效过滤器空隙大，阻力小。多采用棉花、粗中孔泡沫塑料、涤纶无纺布等材料制作，结构形式以布袋式居多。常作为预过滤器保护中效和高效过滤器及空调箱内的其他配件以延长它们的使用寿命。

(2) 中效过滤器　用于去除粒径为 1~10μm 的颗粒，过滤风速 0.2~0.4m/s，中效过滤器捕尘能力高、吸尘载量高、使用寿命长。其结构形式主要有布袋式和楔形板式两种，一般采用中细孔泡沫塑料、超细合成纤维或玻璃纤维以及优质无纺布等材料制作。中效过滤器可除去空气中的飘尘和油滴，一般作为中间过滤器使用，通过管道与高效过滤器连接，以减小高效过滤器的负荷，延长高效过滤器和空调箱内配件的使用寿命。

(3) 亚高效过滤器　用于去除粒径为 0.5~5μm 的颗粒，在额定风量下，对 0.5μm 的颗粒去除率可达 95%~99.9%。亚高效过滤器出风阻力低、运行噪声小、运行能耗少，过滤介质多采用玻璃纤维滤纸、过氯乙烯纤维滤布、聚丙烯纤维滤布，结构形式以袋式和板式居多，部分为管式，可作中间过滤器，也可在低级净化系统中作末端过滤器。

(4) 高效过滤器　用于去除粒径为 0.3~1μm 的颗粒，高效过滤器效力高，阻力大，过滤介质多采用超细玻璃纤维滤纸或超细石棉纤维滤纸，有隔板高效空气过滤器和无隔板高效空气过滤器，可作中间过滤器，也可在低级净化系统中作末端过滤器。

高效过滤器对细菌的透过率为 0.0001%，对病毒的透过率为 0.0026%，所以空气经高效过滤器过滤后可视为无菌空气。一般作洁净厂房和局部净化设备的最后一级过滤器，通常安装在通风系统的末端,作洁净室的进风口使用。

(5) 超高效过滤器 用于去除粒径≥0.1μm的尘埃粒子,对粒径为0.1~0.2μm的微粒、烟雾和微生物等过滤效率达到99.999%以上。在空调净化系统中用作终端过滤器,尤其是在0.1μm的高级别洁净室,必须使用超高效过滤器。

三、无菌操作技术

(一) 加热灭菌法

当温度加热到一定程度,可使微生物的蛋白质、核酸等重要的生物高分子发生变性、遭到破坏,从而达到灭菌的效果。例如,高温可使微生物的核酸脱氨、脱嘌呤或降解,也能破坏细胞膜上的类脂质成分等。加热灭菌主要用于培养基和设备管道的消毒。

加热灭菌分为干热灭菌和湿热灭菌两种形式。

干热灭菌法是将金属制品或清洁玻璃器皿放入电热烘箱内,在150~170℃下维持1~2h后,即可达到彻底灭菌的目的。在这种条件下,干热可使微生物的细胞膜破坏、蛋白质变性、电解质浓缩、原生质干燥,以及各种细胞成分发生氧化,从而使菌体死亡。此方法适于灭菌后要求保持干燥状态的物料。

火焰灼烧灭菌法是一种最彻底的干热灭菌方法。此方法在接种时使用,但只能用于接种环、接种针等少数对象的灭菌。

湿热灭菌法是指在饱和蒸汽、沸水或流通蒸汽中进行灭菌的方法,分为高压蒸汽灭菌法、流通蒸汽灭菌法和间歇蒸汽灭菌法。在发酵生产工艺中湿热灭菌法应用较多。多数细菌和真菌的营养细胞在60℃左右处理5~10min后即可杀死;酵母菌和真菌的孢子稍耐热些,需要80℃以上的温度处理才能杀死;而细菌的芽孢最耐热,一般要在120℃下处理15min才能杀死。因此,常以是否杀灭细菌芽孢为标准来衡量灭菌是否彻底。

湿热灭菌要比干热灭菌更有效,湿热灭菌与干热灭菌的温度和时间对比见表1-4-2。产生这种差异的原因:一方面是由于湿热更易于传递热量,蒸汽有很强的穿透能力,且在冷凝时会放出大量的冷凝热;另一方面是由于湿热更易破坏保持蛋白质稳定性的氢键等结构,从而加速其变性。湿热灭菌易使蛋白质凝固,从而杀死各类微生物。

表1-4-2 湿热灭菌与干热灭菌的温度和时间比较

湿热		干热	
温度/℃	时间/min	温度/℃	时间/min
121	15	—	—
126	10	—	—
134	3	—	—
—	—	160	60
—	—	170	40
—	—	180	20

(二) 射线灭菌法

射线灭菌是利用射线的特性破坏微生物结构从而杀灭微生物。射线灭菌法主要包括辐射灭菌法、紫外线灭菌法和微波灭菌法。

辐射灭菌是经过高能量的核射线照射后,微生物细胞内水和有机物产生强烈的离子化反应，使DNA等物质发生变化，导致微生物细胞活性丧失迅速死亡，从而达到灭菌的目的。此方法在常温下进行，不会引起内部温度的升高，且射线穿透力强。但该方法需用专门设备来产生辐射线，并需提供安全防护措施，以保证辐射线不泄漏，灭菌成本较高。

紫外线灭菌是通过紫外线的照射，诱导微生物细胞内的胸腺嘧啶二聚体形成和DNA链的交联，抑制DNA的复制，破坏及改变微生物的DNA结构，使细菌当即死亡或不能繁殖后代，从而达到杀菌的目的。紫外线灭菌法具有简单便捷、广谱高效、无二次污染、便于管理和实现自动化等优点。但是紫外线穿透力低，仅适用于表面消毒和空气消毒。

微波灭菌是采用微波照射，产生能量，影响细胞膜周围电子和离子浓度，改变细胞膜的通透性，使微生物菌体不能正常新陈代谢，生长受阻从而达到杀菌的目的。微波灭菌是微波热效应和生物效应共同作用的结果。该方法与加热灭菌法相比，升温杀菌速度快，处理时间大大缩短。微波杀菌是通过特殊热和非热效应杀菌，与常规热力杀菌比较，能在比较低的温度和较短的时间内获得所需的消毒杀菌效果。

（三）化学药品灭菌

化学药品灭菌是利用化学药品直接作用于微生物，与微生物细胞中的一些成分产生化学反应，例如，使蛋白质变性、酶失活、破坏细胞膜通透性等，达到杀菌的目的。常用的试剂有甲醛、氯气、次氯酸钠、高锰酸钾、环氧乙烷、季铵盐、臭氧等。化学药品灭菌可分为气体灭菌法和液体灭菌法。

气体灭菌法是指采用气态杀菌剂，如臭氧、甲醛、环氧乙烷、丙二醇和过氧乙酸蒸气等，进行灭菌的方法。该方法适合环境消毒以及不耐加热灭菌的器具、设备和设施的消毒。

液体灭菌法是指采用液态杀菌剂进行消毒的方法。常用的试剂有75%乙醇、0.1%~0.2%苯扎溴铵、1%聚维酮碘溶液、0.02%~0.2%过氧乙酸溶液等。该方法常作为其他灭菌方法的辅助措施，适合于皮肤、无菌器具和设备的消毒。常用的化学药品灭菌剂的使用浓度及消毒时间见表1-4-3。

表1-4-3 常用化学药品灭菌剂的使用浓度及消毒时间

化学试剂	使用浓度	消毒时间
乙醇	75%	10min
变性乙醇	95%	30s
异丙醇	70%	30s
	95%	30s
含氯消毒剂	0.20%	30s
过氧化氢	0.50%	1min

由于化学试剂会与培养基中的一些成分作用，且加入培养基后不易去除，因此，该方法不能用于培养基的灭菌，但染菌后的培养基可用化学试剂处理。

（四）过滤除菌

过滤除菌是将液体或气体通过微孔薄膜过滤，利用微生物颗粒不能透过滤膜孔径的特点，将其阻留从而达到除菌目的。该方法适用于压缩空气、酶溶液及其他遇热容易变性而失效的试剂或培养液的除菌。但是受滤膜孔径大小限制，过滤除菌无法去除病毒和噬菌体。

不同灭菌方法的原理、特点及适用范围见表1-4-4。

表 1-4-4　不同灭菌方法的原理、特点及适用范围

灭菌方法	原理	优点	缺点	适用范围
湿热灭菌	高温蒸汽使微生物体内蛋白质变性,致菌体死亡	蒸汽穿透力强,灭菌效果好,操作成本低	对不耐高温、不耐高压试剂或器皿存在破坏的可能	广泛应用于发酵培养基及生产设备的灭菌
火焰灭菌	火焰灼烧直接将微生物杀死	最彻底的干热灭菌方法	使用范围有限	适用于接种环、接种针、三角瓶口、试管口等灭菌场景
干热灭菌	热空气可使微生物被氧化,体内蛋白质变性,致菌体死亡	操作简单、物料可保持干燥	使用范围相对有限,灭菌效果不如湿热灭菌	适用于灭菌后要求保持干燥状态的物料,如金属或玻璃器皿
射线灭菌	利用射线特性破坏微生物结构来杀灭微生物	操作简单、广谱高效、无二次污染、便于管理和实现自动化	需用专门设备来产生射线,并需提供安全防护措施,灭菌成本较高	适用于表面消毒和空气消毒
化学药品灭菌	化学药品与微生物细胞中的成分发生化学反应来杀灭微生物	应用场景较多,可用于无法用加热来灭菌的材料	可能与培养基中的成分发生反应,且不易去除	适用于环境消毒、皮肤消毒以及不耐热的器具、设备和设施的消毒
过滤除菌	微生物颗粒不能透过滤膜孔径,将其阻留达到除菌效果	不改变材料物性即可达到除菌效果	受滤膜孔径限制,无法去除病毒和噬菌体;设备要求高	适用于压缩空气、酶溶液及其他遇热容易变性而失效的试剂或培养液的除菌

四、发酵培养基及设备管道灭菌

（一）湿热灭菌

每种微生物都有一定的生长温度范围,当微生物处于生长温度范围下限以下时,代谢作用几乎停止而处于休眠状态。当温度超过生长温度范围上限时,微生物细胞中的蛋白质等大分子物质发生不可逆的凝固、变性,可使微生物在很短时间内死亡。能杀死微生物的极限温度称为致死温度。在致死温度下,能杀死一定比例的微生物所需要的时间称为致死时间。在致死温度以上,温度愈高,致死时间愈短。

致死温度和致死时间是衡量湿热灭菌的指标。因此,加热温度和受热时间是灭菌工作的关键。

不同的微生物对热的抵抗能力不同。比如,一般微生物的营养细胞在60℃左右加热5～10min即可杀死,酵母菌和真菌的孢子需要80℃以上的温度处理才能杀死,而细菌的芽孢则要在120℃加热15min才能被杀死。微生物对热的抵抗能力称为热阻,即微生物在某一特定条件（主要指的是温度、加热方式）下的致死时间。相对热阻是某一微生物在某条件下的致死时间与另一微生物在相同条件下的致死时间的比值。

一般情况下,灭菌的蒸汽温度每提高10℃,灭菌速率常数可提高8～10倍。饱和蒸汽的穿透力最强,灭菌效果最好。所以,在采用高压蒸汽灭菌时,需要使水蒸气维持足够高的温度和持续时间,这对最后的灭菌效果十分重要。所以高压蒸汽灭菌是发酵工业最常用的方法,该方法水蒸气潜热大,穿透力强,容易使蛋白质变性或凝固,最终导致微生物的死亡,能有效地杀灭杂菌。

1. 微生物热死亡定律——对数残留定律

实验证明,在一定温度下,微生物的受热死亡反应遵循一级化学反应动力学,即微生物

的热死亡速率与任一瞬时残存的活菌数成正比,称之为对数残留定律,表示为:

$$-\frac{dN}{dt}=kN \tag{1-4-1}$$

式中　N——培养基中残留的活菌个数,个;
　　　t——灭菌时间,s;
　　　k——灭菌反应常数,或称为比热死亡速率常数、菌死亡速率,s^{-1};
　　　dN——任一时刻的活细菌浓度,个/L;
　　　dN/dt——活菌数瞬时的变化速率,即死亡速率,个/s。

当开始灭菌时,$t=0$,此时培养基中活菌个数为N_0,由式(1-4-1)积分可得:

$$\ln\frac{N}{N_0}=-kt \tag{1-4-2}$$

$$t=\frac{2.303}{k}\lg\frac{N_0}{N} \tag{1-4-3}$$

由式(1-4-3)可知,灭菌时间长短与污染程度(N_0)、灭菌程度(培养基中残留的活菌个数N)和k值有关。k值是微生物耐热性的表征,与灭菌温度和菌种本身特性有关。温度越高,k值越大,微生物越容易死亡;k值越小,微生物的热阻越大。

2. 灭菌温度和时间的选择

虽然在升温和冷却两阶段也有一定的灭菌效果,但考虑到灭菌的效果主要在保温阶段完成,所以可以简单地利用式(1-4-3)来粗略估算灭菌所需时间。如果式中N趋于0,则t会趋于正无穷,这不符合实际情况。因此,实际发酵生产中会取一个合适的灭菌程度,比如常常取$N=0.001$来进行计算,即在发酵生产中,1000次灭菌过程允许存在一次失败的可能。

一般情况下,营养物质被破坏的活化能要低于微生物的致死活化能。随着温度上升,细菌死亡速率的增加倍数大于培养基成分分解速率的增加倍数。在培养基灭菌过程中,应该遵循高温短时的原则,以保证灭菌的可靠性,同时减少对培养基的破坏。因此在实际应用中一般选择高温瞬时灭菌。

(二) 分批灭菌

分批灭菌又称为间歇灭菌或实罐灭菌,是将配制好的培养基全部放入发酵罐或其他容器中,通入蒸汽将培养基和所用设备加热至灭菌温度,然后维持一段时间以达到灭菌效果的工艺过程。分批灭菌是中小型发酵罐常用的一种灭菌方法。

操作过程大致为:①空罐准备。对发酵罐进行清洗、检修和检测。②升温。将温度加热至培养基灭菌所需温度。③保温维持。在灭菌温度下维持一定时间以满足灭菌要求。④冷却保压。将培养基温度降低至接种的温度。整个流程可分为三个阶段:升温、保温、冷却。

进行分批灭菌时,首先将空气过滤器灭菌并用空气吹干,将夹套或蛇管内的冷水彻底排尽,开启各排气管阀,空气管或夹套内通入蒸汽进行预热。预热可使物料溶胀、受热均匀,以减少蒸汽直接通入后产生的冷凝水量。当罐温升至80℃以上时,逐渐关小排气阀,等待温度上升。当温度上升至121℃,罐压升至0.1MPa时,调节好各进气和排气的流量,保证温度和罐压维持在灭菌水平上进行保温。

生产上保温时间通常为30min,保温阶段凡液面以下各管道都应通入蒸汽,液面上其余各管道则应排蒸汽,不留死角,维持温度、罐压的恒定。即"三路进汽",蒸汽从通风口、取样口、出料口进入罐内直接加热;"四路出汽",蒸汽从排气口、接种口、进料口、消泡剂管排气，这个过程可保证灭菌不留死角、彻底。

保温结束后，应先关闭各排气阀门，再关闭进汽阀门，待罐压接近空气压力，立即向罐内通无菌空气，以维持罐压。在夹套或蛇管中通入冷水，快速进行冷却，使培养基降温至所需温度。

在操作过程中需注意发酵罐及附属阀门管道有无泄漏、死角、堵塞等情况；灭菌时夹套或蛇管内的冷水应彻底排尽；灭菌时需做到进汽量分主、次，以加速热传递的全过程，避免产生假压力等。

在工业上，培养基的分批灭菌不需要专门的灭菌设备，设备投资少，灭菌效果可靠，对灭菌用蒸气压（0.3~0.4MPa 表压）要求低。但因灭菌温度低、时间长而对培养基营养成分破坏程度较大，发酵罐占用时间长，且操作难以实现全自动控制。

（三）连续灭菌

连续灭菌，又称连消，是将配制好的培养基在发酵罐外通过专用灭菌装置，连续不断地进行加热、保温和冷却后，通入已灭菌的发酵罐内的灭菌过程。其优点是升温快、对营养成分破坏少、生产效率高、自动化程度高。但由于其加热、保温、冷却三阶段是在同一时间、不同设备内进行的，所以需设置加热设备、维持设备和冷却设备等，设备比较复杂，投资较大，中小型发酵生产企业应用较少。连续灭菌主要用于大规模发酵生产的液体培养基的灭菌。例如，在维生素 C 和谷氨酸等的生产中，连消应用广泛。

连续灭菌有很多种形式：根据工艺是否允许蒸汽直接进入培养基，分为直接加热连续灭菌流程和间接加热连续灭菌流程，直接加热用到连消塔、喷射器等设备，间接加热需用到加热器设备。根据培养基不同的冷却方式，分为喷淋冷却连续灭菌流程、真空冷却连续灭菌流程、薄板换热器连续灭菌流程。

由于培养基不同的成分，对温度的耐受度不同，因此可将不同成分在不同温度下分开灭菌，以减少培养基受热破坏的程度。例如，为防止糖和氮源物质在高温下发生变色反应，在 7-ACA、红霉素等实际发酵生产过程中，一般将糖和氮源分开灭菌，葡萄糖单独连消后送入发酵罐。

连续灭菌和分批灭菌的对比见表 1-4-5。

表 1-4-5 连续灭菌和分批灭菌的比较

评价指标		分批灭菌	连续灭菌
温度		121℃	130~140℃
保温时间		30min	1~2min
蒸汽压力		0.3~0.4MPa	0.45MPa 以上
培养基成分		破坏多	破坏少
含糖氮培养基		不可分开灭菌	可分开灭菌
负荷	蒸汽	高	低
	冷却水	高	低
投资	消毒设备	低	高
	动力设备	高	低
总投资		高	低

（四）设备和管道灭菌技术

在发酵工业和制药行业中都有相关的清洁生产和安全法规以保证一定的卫生要求。保证发酵生产中相关设备和管道的清洁与无菌，有助于防止设备或管道中生成污垢，维持生产的正常运行，降低生产的能耗和成本，提高设备材料性能，延长设备使用寿命。同时，还可以使生产过程中潜在的污染风险降至最低。

1. 发酵罐及补料罐的灭菌

从相关管道向发酵罐空罐内通入蒸汽，使罐内蒸汽压力达到 0.15MPa 左右，保温 40～50min。采用空罐灭菌时，灭菌过程从相关阀门、边阀门排出空气，并使蒸汽到达死角灭菌。灭菌完毕后关闭蒸汽后，待罐内压力低于蒸汽过滤器压力时，通入无菌空气，保持罐压 0.1MPa。

补料罐的实罐灭菌条件视物料性质而定，以防止糖和氮源等物质在高温下发生变色反应，出现焦化。

2. 空气过滤器的灭菌

对空气过滤器灭菌时，先排出过滤器中的空气，然后从过滤器上部通入蒸汽，并从上、下排气口进行排气。空气过滤器灭菌后通入无菌空气将过滤器中过滤介质吹干备用。

一般灭菌条件采用：总蒸汽压力为 0.3～0.35MPa，总过滤器的保温灭菌时间为 1.5～2h，吹干时间为 2～4h；中小型过滤器的保温灭菌时间一般为 45～60min，吹干时间为 1～2h。

3. 管道的灭菌

一般管道灭菌条件采用：蒸汽压力为 0.3～0.35MPa，灭菌保温时间为 1h。管道灭菌后，需立即通入无菌空气，以防止外界空气侵入，造成再次污染。通过补料管道、消泡剂管道可与补料罐一同完成灭菌，移种管道及补料管道用后需用蒸汽冲净，以保证无杂菌污染。

（五）培养基和物料灭菌条件

1. 培养基成分

培养基中的油脂、糖类、氮源物质等有机物是导热的不良介质，灭菌时会增加培养基中微生物的耐热性，因此需要提高灭菌温度或延长灭菌时间。例如，大肠杆菌在 60～65℃的水中加热 10min 便会死亡；而在 10% 的糖液中，需加热至 70℃，持续 4～6min，大肠杆菌才会死亡；更进一步，在 30% 糖液中，则需加热至 70℃，持续 30min，大肠杆菌才会死亡。如果培养基中存在高浓度的盐类、色素等物质时，则会减弱微生物的耐热性，此时较易实现灭菌。

2. pH

pH 对微生物的耐热性影响较大。pH 在 6.0～8.0 时，绝大多数微生物最不易死亡，pH 低于 6.0 时，由于氢离子增多，且易渗入微生物细胞内，改变细胞内生理反应而导致微生物容易死亡。所以，一般培养基 pH 越低，灭菌所需的时间越短。

3. 培养基的物理状态

一般固体培养基的灭菌要比液体培养基的灭菌时间长。液体培养基灭菌温度为 100℃ 时灭菌时间为 1h，而同样的灭菌温度，固体培养基灭菌时间则需 2～3h，才能达到同样的效果。此外，培养基中成分的颗粒越大，灭菌时蒸汽穿透时间越长，灭菌越困难；反之，颗粒越小，灭菌越容易。对于含有少量大颗粒及粗纤维培养基的灭菌，特别是存在凝结的胶体时，应适当提高灭菌温度或过滤除去。

4. 微生物性质与数量

细菌的营养体、酵母、霉菌的菌丝体对热较为敏感，灭菌较易；而放线菌及霉菌的孢子对热的抵抗力较强,繁殖期的微生物相对于衰老时期的微生物来说,对高温更为敏感,抵抗力小很多,这与衰老时期微生物细胞中蛋白质的含水量较低有关。

在同样的温度下,微生物数量越多,所需的灭菌时间越长。此外,还需注意的是天然原料尤其是麸皮等植物性原料配成的培养基,一般含菌量较高。

5. 蒸汽性质

高压蒸汽灭菌应采用饱和蒸汽,饱和蒸汽的穿透力最强,灭菌效果是最好的。但是饱和蒸汽如果继续加热,使蒸汽温度升高并超过沸点温度,此时灭菌器内的过热蒸汽遇到待灭菌物品时,不能充分凝结成水,不能释放出足够的热能,反而不利于灭菌。

五、发酵工业污染的防治策略

(一)染菌的检查及原因分析

杂菌污染是指在发酵培养中侵入了非接种的其他有碍生产的微生物。培养中侵入杂菌会大量消耗培养基中的营养物质,使生产菌的生产能力下降。同时,杂菌生长产生的代谢产物会增加发酵液中杂质类型,也可能会改变发酵液理化性质,从而导致下游产物分离纯化的难度增加,造成产物收率下降、产品质量下降。若培养过程中被噬菌体污染,则会造成生产菌细胞破裂,发酵失败。

因此,在发酵生产过程中,应尽早发现杂菌污染,尽快采取相应措施,尽量减少由杂菌污染带来的损失。这就要求对杂菌的检查方法要快速且准确,目前发酵生产上常用的检查方法有以下几种:

1. 显微镜检查

细菌用革兰氏法染色后用显微镜观察,必要时可进行芽孢染色和鞭毛染色等方法辅助观察;霉菌和酵母菌可直接用显微镜进行观察。若从视野中发现有形态与生产菌株不同的菌体即可认为是污染了杂菌。

本方法使用简单,但如果发酵液中固形物含量较多,使用本方法检查则较为困难。同时如果样品中杂菌含量较少,则应多检查几个视野以防结论错误。

2. 平板划线培养或斜面培养检查法

(1)平板划线培养 将固体培养基平板置于37℃培养箱中,保温24h,检查无菌即可使用。将待检样品在经检查无菌的平板上划线,分别置27℃、37℃下培养8h后,即可观察。若出现与生产菌株形态不一的菌落,则表明可能污染了杂菌。如需进一步验证,可配合显微镜形态观察,若个体形态和菌落形态都与生产菌不同,则可确认污染了杂菌。

本方法适于固形物多的发酵液,检查结果形象直观,但等待时间较长,且无法区分形态与生产菌相似的杂菌,如啤酒生产中,污染野生酵母时,由于啤酒酵母与野生酵母从形态上很难区分,只能借助其他生理生化试验进行进一步确认。

(2)双层平板培养法 上下两层培养基均为肉汁琼脂培养基,上层减少琼脂用量。底层培养基灭菌后倒在平板上,凝固以后,将上层培养基40℃保温,加入生长菌作为指示菌和待测样品混合后,迅速倒在底层平板上,置保温箱培养后观察有无噬菌斑。

本方法适用于噬菌体检查。

3. 肉汤培养检查法

(1)液体培养基的检查 将待检样品接入经检查无菌的肉汤培养基中,分别置27℃、

37℃下培养24h后，观察肉汤是否浑浊，并取样镜检。

(2) 无菌空气的检查 将葡萄糖酚红肉汤培养基装在吸气瓶中，经灭菌后，置37℃下培养24h。若培养液未变浑浊，则表明吸气瓶中的培养液是无菌的，可用于下一步空气过滤系统的杂菌检查。将过滤后的空气引入吸气瓶的培养液中，经培养后，若培养液变浑或变黄色，则表明过滤后的空气中仍有杂菌，说明空气过滤系统有问题；若培养液未变浑浊，则说明空气无菌。

本方法主要用于液体培养基和空气过滤系统的无菌检查。

4. 异常现象观察法

(1) 溶氧水平异常变化 每一种生产菌都有其特定的耗氧曲线。若污染了好氧性杂菌，会使发酵液的溶氧水平在较短的时间内迅速下降，甚至接近零，且长时间无法回升。反之，若污染了非好氧性杂菌，由于生产菌代谢受到抑制，耗氧量减少，发酵液中的溶氧水平则会升高。

(2) 排气中 CO_2 异常变化 在发酵生产过程中，排气的 CO_2 的含量变化也是有一定规律的。如果发生杂菌污染，则糖的消耗会发生变化，从而引起排气中 CO_2 含量的异常变化。一般说来污染杂菌后，糖耗加快，排气中 CO_2 含量增加；污染噬菌体后，糖耗减慢，排气中 CO_2 含量减少。

除了以上异常变化外，还可通过pH变化、菌体酶活变化等发酵过程中的异常现象来判断发酵液是否污染了杂菌。

在发酵染菌之后，必须分析染菌原因，总结发酵染菌的经验教训。总的来说，发酵生产过程中造成染菌的主要原因可能是空气净化系统，例如空气过滤器失效、空气管道渗漏等。其次可考虑是种子制备工序。如果发酵罐大面积染菌，除前面两点可疑原因外，还需重点检查接种管道、补料系统。如果发酵培养基采用连续灭菌工艺时，还需严格检查是否为连消系统带入杂菌。

需要注意的是，在实际生产过程中造成染菌的原因很多，查找起来也比较复杂，除明确找到原因的染菌情况外，仍存在不明原因导致的染菌发生。

（二）染菌对不同发酵过程的影响

谷氨酸发酵过程：谷氨酸发酵生产的周期短，生产菌繁殖快，培养基营养不太丰富，一般较少染杂菌，但噬菌体污染的对谷氨酸发酵的威胁大，易造成连续污染。

肌苷发酵过程：由于发酵生产所用的菌种是营养缺陷型生产菌，培养基营养较丰富，因此易染菌。染菌后，培养基中的营养成分迅速被消耗，严重抑制生产菌的生长和代谢产物的生成。

核苷或核苷酸发酵过程：由于发酵生产所用的菌种是多种营养缺陷型生产菌，生长能力较差，培养基营养丰富，因此容易受到杂菌的污染。染菌后，培养基中的营养成分迅速被消耗，严重抑制生产菌的生长和代谢产物的生成。

青霉素发酵过程：大多数杂菌代谢都能产生青霉素酶。一经染菌，发酵液中青霉素水解酶水平迅速上升，青霉素迅速被分解破坏，使目的产物得率明显降低。因此，无论染菌发生在发酵的哪一时期，结果往往一无所获，危害十分严重。

有机酸发酵过程：柠檬酸等有机酸的发酵生产中，一般在产酸后发酵液的pH值较低，杂菌生长困难，不易染菌。因此在发酵中后期不易发生染菌，主要是防止发酵前期染菌。

（三）染菌发生的不同时间对发酵的影响

1. 种子培养期

种子培养期主要是微生物细胞的生长与繁殖过程。在此阶段，菌体浓度低，培养基营养丰富，较易染菌，应严格控制。若将污染杂菌的种子带入发酵罐，则会带来更大的损失。

因此，一经发现染菌，应立即灭菌丢弃，并对种子罐、管道等进行仔细检查和彻底灭菌。继而，采用备用菌种或以无污染的适当菌龄的发酵罐内的发酵液作为种子，接入新鲜的培养基中发酵。

2. 发酵前期染菌

发酵前期菌体主要处于生长、繁殖阶段。在此阶段，菌体代谢的产物很少，也容易染菌。染菌后，杂菌将迅速繁殖，与生产菌争夺培养基中的营养物质，严重干扰生产菌的正常生长、繁殖及产物的生成，造成的危害大，因此，需特别注意防止发酵前期染菌。

一旦发现染菌，如罐中原料营养还比较丰富，则进行重新灭菌、接种发酵；如罐中已消耗较多营养物质，则需放掉部分料液，补充新鲜培养基，重新灭菌、接种发酵。

3. 发酵中期染菌

发酵中期染菌后，杂菌会大量消耗培养基中的营养物质，严重干扰生产菌的代谢，造成发酵异常，产物产量下降。有的杂菌代谢产生酸性物质，降低pH，加速糖、氮等的消耗；有的造成菌体自溶，使发酵液黏度增加，产生大量的泡沫，导致代谢产物积累减少甚至停止；有的会消耗或破坏已生成的产物，造成产量下降甚至无收获。

如果在此时期染菌，可通过加入部分发酵旺盛的培养料，调节通风、温度、pH等措施挽救，一定条件下可提前放罐。总的来说，发酵中期染菌一般较难挽救，危害性较大，应尽力做到早发现、快处理。

4. 发酵后期染菌

发酵后期培养基中的营养物质已接近耗尽，且发酵的产物已积累较多，如果染菌量不太多，对发酵影响较小，可继续发酵。如染菌严重，破坏性较大，可提前放罐。

发酵后期染菌对不同的产物的影响不同，如对抗生素、柠檬酸的发酵，染菌对产物的影响不大；但对氨基酸、肌苷酸、核苷酸的发酵，后期染菌也会影响产物的产量、提取和产品的质量，破坏较大。

总的来说，发酵罐中的杂菌数量越多，即染菌程度越大，对发酵的危害也越大。

（四）发酵异常现象及原因分析

发酵异常现象主要是指在种子培养和发酵过程中的某些物理参数、化学参数或生物参数发生与原有规律不同的改变。这些改变将影响发酵水平，应尽快查清原因，及时加以解决。

1. 种子培养的异常现象

种子培养异常可导致培养的种子质量不合格，给后续发酵带来较大影响。种子培养的周期相对较短，异常现象常表现为菌体生长缓慢、代谢异常、菌丝结团三方面。

（1）菌体生长缓慢 菌种质量差、接种量过低、接种物种龄短、培养基质量下降、培养温度不合适、pH调节不当、供氧不足、灭菌不彻底、菌体老化等因素都会引起菌体生长缓慢。此外，在菌种保藏过程中，接种物冷藏时间长也会导致菌体数量增长缓慢。

（2）代谢异常 一般表现为糖浓度、氨基氮浓度、菌体浓度、代谢产物浓度异常。代谢异常的原因较复杂，如接种物质量差、培养基质量差、培养环境条件差、接种量小、杂菌污染等均可造成代谢异常。

（3）菌丝结团 菌丝结团会影响内部菌丝的呼吸作用和对营养物质的吸收。菌丝结团的原因很多，如溶氧不足、培养基质量下降、菌落数少、培养液泡沫多等均可造成菌丝结团。

此外，接种物种龄短等也可导致菌体生长缓慢，造成菌丝结团。如果种子液中菌丝团较少，在进入条件适宜的发酵罐后，可以逐渐消失，不会对发酵产生显著影响。如果种子液中菌丝团较多，在移入发酵罐后，则往往会形成更多的菌丝团，影响后续发酵的正常进行。

2. 发酵过程的异常现象

发酵过程所发生的发酵异常现象主要表现为：菌体生长缓慢、溶氧异常、pH异常、泡沫过多、菌浓异常、发酵液颜色异常、发酵液的黏度异常等。

(1) 菌体生长缓慢 种子质量差、种子低温放置时间长等可导致菌体数量少、停滞期延长、菌体生长缓慢。其次，菌种发酵性能差、环境条件差、培养基质量不好等也会引起营养物质消耗变少或间歇性停滞，出现C、N代谢变慢，造成菌体生长缓慢。

(2) 溶氧异常 每一种生产菌的发酵过程有一定的耗氧曲线，如果发酵过程中的溶氧水平发生了异常的变化，一般就是污染了杂菌的表现。

(3) pH异常 pH变化是所有微生物代谢反应的综合反映，具有一定规律。培养基质量差、灭菌效果差、过多补糖或过于集中补糖，都将引起pH异常变化，而pH的异常变化就意味着发酵出现异常。

(4) 泡沫过多 一般发酵过程中泡沫的消长具有一定的规律。引起泡沫过多的原因较多，如蛋白质类胶体物质多、菌体的生长、代谢速度慢等都会使泡沫增加。另外，培养基灭菌温度过高或时间过长，导致葡萄糖转变产生氨基糖，抑制了菌体的生长，也会产生大量泡沫。此外，在过多通气搅拌、消泡剂选择不合适等情况下，发酵液也会产生大量的泡沫。

(5) 菌浓异常 在发酵生产过程中菌体或菌丝浓度的变化具有一定的规律。菌浓异常可由罐温长时间偏高，或停止搅拌时间较长造成的溶氧不足导致，也可由培养基灭菌不当导致。

发酵液颜色、黏度异常常由发酵液污染了杂菌引起。

（五）杂菌污染的预防

绝大多数发酵生产过程，不论是单菌发酵，还是混合菌种发酵，都是纯种培养过程。这都需要在无杂菌污染的条件下进行。根据前面的分析，在发酵生产过程中造成染菌的主要途径为：种子带菌、培养基带菌、空气带菌、设备渗漏或"死角"造成的染菌、操作失误或技术管理不善。

1. 种子带菌的预防措施

(1) 建立无菌室，并严格控制无菌室的洁净度。除常用的紫外线灭菌外，无菌室内可交替联合使用其他灭菌方法来保证室内洁净程度。如无菌室存在较多细菌污染，可用石炭酸或土霉素等进行灭菌；如无菌室存在较多的霉菌，则可采用制霉菌素等进行灭菌；如无菌室污染了噬菌体，可用甲醛、双氧水或高锰酸钾等灭菌剂进行处理。

(2) 在制备种子时对斜面、沙土管、锥形瓶及摇瓶等进行严格管理，防止侵入杂菌。

(3) 对菌种培养基及相应器具进行严格灭菌处理，保证灭菌彻底。

(4) 对每一级种子的培养物均应进行严格的无菌检查，确保每一级种子均未受杂菌污染方可使用。

2. 培养基带菌的预防措施

(1) 对淀粉质原料，需充分搅拌使淀粉与冷水充分混匀，避免加热后结块，导致灭菌不彻底。

(2) 对黏度高的培养基，在灭菌过程中需充分搅动均匀，避免受热不均，导致部分培养基灭菌不彻底。

3. 空气带菌的预防措施

空气系统带菌是发酵染菌的主要原因之一。杜绝无菌空气带菌，必须从空气净化工艺的设计、净化设备的选择、过滤介质的选用和装填、过滤介质的灭菌和管理等方面完善空气净化系统。

（1）加强生产环境的卫生管理，减少生产环境中空气的含菌量、含油量、含水量等。

（2）正确选择采气口，提高采气口的位置。

（3）加强空气压缩前的预处理，提高进入过滤器的空气温度，降低相对湿度。

（4）合理设计和安装空气过滤器，防止过滤器失效。

（5）选用除菌效率高的过滤介质，保持过滤介质干燥，防止冷却水进入空气系统。

（6）操作过程中防止空气压力剧变和流速急增，避免发酵液倒流入空气过滤器。

4. 设备渗漏或"死角"造成染菌的预防措施

盘管的渗漏，生产上可采取仔细清洗、检查渗漏、及时发现及时处理等措施，杜绝污染；空气分布管的"死角"，通常采取频繁更换空气分布管或认真洗涤等措施；发酵罐体的渗漏和"死角"，通常采取罐内壁涂刷防腐涂料、加强清洗并定期铲除污垢等措施；管件渗漏，可采用加工精度高、材料好的阀门，减少此类染菌的发生。

发酵罐封头上的入孔、排气管接口、照明灯口、视镜口、进料管口、压力表接口等也是潜在的"死角"，一般通过安装边阀，使灭菌彻底，同时注意加强清洗，可避免染菌。

针对发酵罐底常有培养基中的固形物堆积，可以通过加强罐体清洗、适当降低搅拌桨位置等措施，减少罐底积垢，减少染菌。

此外，发酵过程中与发酵罐连接的管路很多，采用单独的排气、排水和排污管可有效防止染菌的发生；管路大多数是以法兰连接，因此务必使各衔接处管道畅通、光滑、密封性好，垫片的内径与法兰内径匹配，甚至尽可能减少或取消连接法兰等，以避免和减少管道出现"死角"而染菌。

5. 操作失误或技术管理不善的预防措施

对培养基以及补加物料进行灭菌时，要保证灭菌温度、时间达到灭菌要求。对过滤器和过滤介质、连消塔、贮料罐、种子罐、发酵管等设备灭菌时，要保证灭菌温度、时间达到灭菌要求，灭菌后要及时保压。所有要求无菌的管道，如葡萄糖流加管道、消泡剂流加管道等，在输送料液前必须进行充分灭菌。

加强生产技术管理，严格按工艺规程操作，科学管理，分清岗位责任事故。重视厂房车间的清洁卫生，杜绝"跑、冒、滴、漏"的情况发生。

加强工作人员的无菌意识的培训，强化对无菌概念的理解，能够早发现问题、早解决问题，以减少染菌的概率。加强技能培训，能够保证按要求操作，包括灭菌消毒、投料、发酵罐清洗、接种、移种、转种。设备定期维护、保养和更换，以确保各过滤器、管道、阀门等正常。

（六）染菌的挽救和处理

如遇染菌，需首先检测杂菌的来源，对种子、培养基和补料液、发酵液及无菌空气进行取样，做无菌检查以及设备试压检漏。然后系统严格地分析污染的杂菌种类、污染的时间、污染的程度等信息，作出准确的判断。最后采取相应的有效措施，把发酵染菌造成的损失降到最小。

1. 种子培养期染菌的处理

（1）一旦发现种子受到杂菌污染，应灭菌后弃之，并对种子罐及管道等仔细检查，然后彻底灭菌。

（2）使用无染菌的备用种子接入发酵罐，继续发酵生产。

（3）如无备用种子，则可选用适当菌龄的发酵液作为种子，接入新鲜的培养基中发酵，保证发酵生产正常进行。

2. 种子罐染菌的处理

染菌后的种子罐，应及时利用高压蒸汽，直接灭菌后排放。

3. 发酵罐染菌的处理

(1) 前期染菌 污染的杂菌对生产菌的危害大，蒸汽灭菌后放掉；污染的杂菌对生产菌的危害不大，重新灭菌重新接种；污染的杂菌少，且生长慢，继续运行，并进行发酵参数的控制。

(2) 中后期染菌 加杀菌剂；控制培养温度或补料量来控制杂菌的生长速度。待产物含量达到一定值，可以放罐。

4. 染菌后设备的处理

染菌后的发酵罐在重新使用前，必须在放罐后使用化学试剂处理（如甲醛熏蒸）或彻底清洗，然后空罐加热灭菌至120℃以上、保持30min后才能使用。也可用甲醛熏蒸或甲醛溶液浸泡12h以上等方法进行处理。

（七）噬菌体污染及其防治

噬菌体是一类侵害细菌（包括放线菌）的病毒，又称细菌病毒。其危害主要存在于发酵工业，如氨基酸、乳制品、酶制剂、抗生素、菌肥等产品的发酵生产中常常会遇到噬菌体污染，引起溶菌，导致发酵异常、倒罐，使工业生产遭受严重损失。

发酵液中污染噬菌体，有两种原因：菌种本身带有噬菌体，特别是溶源性噬菌体；生产环境中带有噬菌体。针对噬菌体污染的防治措施有：①外来可疑菌种一律不使用；②选育抗噬菌体菌株；③轮换使用菌株，采用抗噬菌体的感受态；④严禁排放活菌，废菌高压灭菌后方可倾倒；⑤清除工作环境中存在的噬菌体，保证洁净、干燥的工作环境；⑥严格划分操作区域，如接种区、发酵区、收菌区、菌种保藏区；⑦注意空气净化系统，保证空气过滤器质量良好。

【岗位认知】

无菌空气制备岗位职责

一、空气压缩机的使用岗位职责

文件编号			颁发部门	
SOP-PA-050-00		空气压缩机的使用	总工办	
总页数			执行日期	
2				
编制者		审核者		批准者
编制日期		审核日期		批准日期

1. 目的

明确分装空气压缩机的标准使用程序。

2. 范围

生产部空气压缩机。

3. 责任

分装、制粒、薄膜包衣岗位操作人员。

4. 内容

(1) 空气压缩机是提供生产用压缩空气的机械。

(2) 使用前应检视油面位置,应处视镜 4/5 位置,不足时添加,检视压力表应在检定合格期内,保持整洁干净,装置齐全。

(3) 手盘皮带、扇叶运转正常,并观察有无妨碍回转现象,检查风扇轮安全防护罩是否牢固,有无异常声响及漏气、漏油现象,运转正常,接通电源。

(4) 点车视运转方向同箭头指示运转方向同向,风应吹向压缩机。

(5) 空运转 15s,如无异常现象,可微开出气阀门,达到出气所需压力、流速要求。

(6) 调整定位器停机压力,达到所需压力限度。

(7) 开机工作到停机压力时应停机。低于压力复又启动,为正常工作。

(8) 工作中应巡视检查气缸工作温度在正常工作程序范围之内,即应小于 70℃;机器运转频率稳定有节奏,机身振动平稳,有杂音时应停机检查处理。

(9) 工作完毕,应停机将罐内气体排出。待压力表指针压力指示达到"0"压力时:打开放水阀,放出油水后关闭水阀,待用。

(10) 注意事项

① 经常检查润滑油的质量,若油质变坏应及时更换。

② 及时清理空气过滤器,保证进气顺利。

5. 培训

(1) 培训对象　分装、制粒、包衣岗位操作人员。

(2) 培训时间　两小时。

二、空气压缩机的清洁岗位职责

文件编号		颁发部门	
SOP-PA-051-00	空气压缩机的清洁	总工办	
总页数		执行日期	
1			
编制者	审核者		批准者
编制日期	审核日期		批准日期

1. 目的

明确空气压缩机清洁的标准操作规程。

2. 范围

空气压缩机。

3. 责任

车间主任及制粒、薄膜包衣、分装岗位操作人员。

4. 内容

(1) 空气压缩机是产生压缩空气供生产用气的机械。

(2) 其生产压缩空气的气压、洁净程度直接影响生产及药品质量。

(3) 生产前后应进行全面清洁。

(4) 生产后由罐底放水阀放出压缩气缸内油水污物。

(5) 擦净机体表面灰尘。

(6) 检查润滑油液面高低适量。

(7) 卸下空气过滤器的滤网,刷洗灰尘,用中性洗涤剂清洗、擦净。

(8) 检查皮带磨损状况,适时更换。

(9) 清理工作由专人负责。

(10) 清理后报质监科质检员检查,合格后挂"已清洁"牌。

(11) 每月清洁一次并做详细记录。

5. 培训

(1) 培训对象 制粒、包衣、分装岗位操作人员。

(2) 培训时间 一小时。

三、空气过滤器的安全维护与清洁岗位职责

文件编号		颁发部门	
SOP-PA-052-01	空气过滤器的安全维护与清洁	总工办	
总页数		执行日期	
2			
编制者		审核者	批准者
编制日期		审核日期	批准日期

1. 目的

明确沸腾干燥机、喷雾制粒机空气过滤器的安全维护与清洁标准操作规程。

2. 范围

沸腾干燥机、喷雾制粒机空气过滤器。

3. 责任

设备维修及制粒岗位操作人员。

4. 内容

(1) 沸腾干燥机、喷雾制粒机空气过滤器是过滤制粒用空气的辅助设施,它的安全维护与清洁直接关系到安全生产和药品颗粒的质量。

(2) 安全维护

① 空气过滤器外表面及与设备连接处帆布密封套保持清洁。

② 空气进口处防尘不锈钢网、无纺布及内层高效过滤器每月由维修人员打开检查一次,检查使用质量,破损者更换,并修复不符合要求的地方。

(3) 清洁方法

① 空气过滤器外表面用清水擦拭干净,再用干净的毛巾擦干,每班一次。

② 空气进口处防尘不锈钢网、无纺布每班由操作人员用吸尘器吸尘一次。每季度由操作人员清洁一次,用自来水清洗干净,再用纯水清洗两遍,晾干后安装使用;破损者更换。

③ 空气过滤器与设备连接处帆布密封套每半月清洁一次,用自来水清洗干净,再用纯水清洗两遍,晾干或烘干备用。

④ 空气过滤器内层高效过滤器每半年有维修人员检查更换一次。

5. 培训

(1) 培训对象　维修人员、制粒工序操作人员。

(2) 培训时间　一小时。

【项目实施】

任务一　发酵工业的空气灭菌

一、任务描述

随着工业技术的发展,发酵生产企业对空气进行灭菌的方法选择较多,但综合考虑可靠性、经济适用性、便于控制等因素,目前大多数工厂仍广泛采取过滤除菌的方法来制备无菌空气。空气过滤除菌的工艺流程中必备供气设备——空气压缩机,能为空气提供足够的能量。同时还需要有高效的过滤除菌设备,以除去空气中的微生物颗粒。其他附属设备也是必不可少的,附属设备一般尽量采用新技术以提高工作效率,精简设备流程,简化操作,降低设备投资和运行费用以及动力消耗。

具体空气过滤除菌工艺流程的确定需要根据地理气候环境和设备条件等来考虑。例如,在温暖潮湿的地区则要加强除水设施,降低空气湿度,以确保过滤器的正常使用,发挥过滤器的最大除菌效率;在环境污染比较严重的地区可采用高空吸风等方式来改变吸风的条件,以降低后续过滤器的负荷与损耗。

空气过滤器的高效运行,需要对空气进行一定的预处理措施,不受油分、水分的干扰,并维持一定的气流速度,这需要一系列的加热、冷却及分离和除杂设备来保证。空气净化的一般流程如下:

空气吸气口→粗过滤器→空气压缩机→一级空气冷却器→二级空气冷却器→分水器→储气罐→旋风分离器→丝网除沫器→空气加热器→总空气过滤器→分空气过滤器→精过滤器→无菌空气。

二、任务实施

(一) 准备工作

1. 建立工作小组,制订工作计划,确定具体任务,任务分工到个人,并记录到工作表。

2. 了解发酵目的产物和生产菌种,明确实际生产对空气处理的要求,掌握相关知识及操作要点,与指导教师共同确定出一种最佳的工作方案。

3. 完成任务单中实际操作前的各项准备工作。

仪器　空气压缩机、粗过滤器、冷却器、储气罐、空气过滤器等。

（二）操作过程

1. 检查各仪器设备

（1）检查粗过滤器　主要检查压差计、过滤介质是否处于良好备用状态。

（2）检查无菌空气制备系统　冷却器、压缩机气缸、分离器内是否有积水。如有积水，需及时将积水排走。详细检查压缩机气缸是否有异声，主电机是否有异物。检查各电气及仪表装置是否处于良好备用状态。

（3）检查压缩机油路系统　检查循环油液位是否正常，检查油压和油的流通情况。

（4）启动风机，打开冷却器进水阀、出水阀，检查水压、水量是否正常畅通。

2. 打开空气预热器蒸汽阀，微开冷凝液排放阀，打开压缩机空气入口阀及压缩机出口放空阀，关闭压缩机出口至压力总管的阀门。

3. 检查及准备合格后，启动压缩机主机电源。检查电流电压是否正常，详细检查各运动部件有无异常声响、异常振动或发热现象。

4. 检查无异常后，逐渐关闭压缩机出口放空阀，当出口压力达到总管压力时，打开压缩机出口阀，向空气总管送气。

5. 压缩空气从空气总管进入储气罐，当储气罐内压力达到规定值（一般在 0.2MPa 以上）后，向后续设备送气。

6. 调大空气冷却器冷却水量，将空气温度（此时空气温度一般为 120～160℃）降至规定值（一般为 20～25℃）。

7. 调整空气加热器加热介质（蒸汽或热水）进入量，当出口气量温度达到规定值（一般为 30～35℃）时，向已经蒸汽灭菌后的主过滤器、分过滤器及除菌过滤器中引入空气，吹干过滤器。

8. 过滤器经空气吹干后，便可逐渐加大系统供气量至工艺指标，向种子罐或发酵罐送气。

9. 当需要停止压缩机工作时，打开压缩机出口放空阀，逐渐关闭压缩机出口至空气总管阀门，直到放空阀全开，去空气总管阀门全部关闭。

（三）结束工作

1. 填好所有操作记录单、任务单、各种评价表。
2. 检查设备仪表是否洁净完好。
3. 清理工作场地与环境卫生。
4. 进行任务总结（小组讨论与汇报、组间互评、教师点评与总结）。

三、任务探究

1. 两级冷却加热空气除菌流程与冷热空气直接混合空气除菌流程有何区别？
2. 如何避免无菌空气在制备过程中发生二次污染？

任务二　发酵工业的连续灭菌

一、任务描述

培养基灭菌的方法很多，但在发酵生产中湿热灭菌法的灭菌效果最好，应用最为广泛。

在进行连续灭菌时，培养基将迅速被加热到灭菌温度（一般为130～140℃），经过短时间（一般为5～8min）保温后，随即快速冷却，再进入早已灭菌完毕的发酵罐。这样短时高温灭菌对培养基营养成分破坏少，对发酵罐利用率高，有利于提高发酵产率。

连续灭菌对设备的要求：①加热设备。升温速度快，蒸汽负荷均衡，加热均匀。②维持设备。在灭菌时间内，维持灭菌温度。③冷却设备。传热速率高，迅速冷却到发酵所需温度，密封性好，可回收热能。连续灭菌所需设备还有：配料罐，也称为配料预热罐，主要作用是将料液汇合预热至60～75℃，避免连续灭菌时温度相差过大，产生水汽碰撞而影响灭菌质量。

随着发酵工业的技术发展，连续灭菌出现很多种形式。根据加热装置的不同，有由连消塔、维持罐和冷却器组成的连消塔加热灭菌系统，薄板换热器连续灭菌系统和喷射加热连续灭菌系统。

连消塔加热灭菌系统：该系统使用的加热器由一根多孔的蒸汽导管和一根套管组成，可使高温蒸汽与料液迅速接触混合。导管上的小孔与管壁呈45°夹角，导管上的小孔上稀下密，使蒸汽能够均匀地从小孔喷出，热量被充分利用。操作时，培养基由连消塔的下端进入，并使其在内外管间流动，蒸汽从塔顶通入导管经小孔喷出后与物料剧烈混合均匀，实现快速加热。连消塔加热灭菌的操作流程如图1-4-4所示，该方法是我国较早广泛使用的连续灭菌方式，所用设备简单，操作方便。

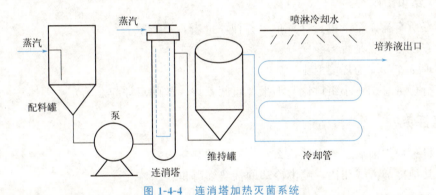

图1-4-4　连消塔加热灭菌系统

薄板换热器连续灭菌系统：该系统使用的加热器是薄板热交换器，薄板热交换器流道较狭窄，对黏稠的培养基流动阻力较大，适用于含少量固形悬浮物的培养基的灭菌。板式热交换器的传热系数较大，工艺流程利用合理，可以节约大量的蒸汽和冷却水。

喷射加热连续灭菌系统：该系统使用的加热器为喷射式加热器。培养基从加热器的下端中管进入，蒸汽从进料管周围的环隙进入，通过喷射加热器的喷嘴高速喷出。两者瞬间均匀混合并加热至灭菌温度，经拱形挡板，进入扩大管，受热后的培养基从扩大管顶部排出。喷射式加热器运行稳定、体积小、结构简单及操作时噪声小等优点，是我国目前大多数发酵工厂所采用的培养基加热装置。

二、任务实施

（一）准备工作

1. 建立工作小组，制订工作计划，确定具体任务，任务分工到个人，并记录到工作表。
2. 了解不同的连续灭菌系统流程，明确适用于实际生产的灭菌系统，掌握相关知识及操作要点，与指导教师共同确定出一种最佳的工作方案。

3. 完成任务单中实际操作前的各项准备工作。

仪器 配料罐、连消塔、喷淋冷却器、维持罐、发酵罐等。

（二）操作过程

1. 将配料罐中配好的培养基预热至60～75℃，核对罐中料液的温度、pH、体积，准确无误。
2. 打开配料罐底阀，启动打料泵。
3. 待泵压上升至0.4～0.6MPa，打开连消塔蒸汽阀。
4. 缓慢打开打料泵出口物料阀，将料液送入连消塔，使蒸汽压力维持在0.45MPa。
5. 确认冷却器中充满料液后，打开喷淋冷水阀，冷却料液。
6. 向已完成空消的发酵罐输送料液（已冷却至40～50℃），达到规定体积后，关闭连消塔阀门，同时关闭蒸汽阀。
7. 保持维持罐压力在0.2～0.3MPa，维持一定时间（一般为5～7min）。
8. 达到时间后，打开维持罐底阀，关闭维持罐旁阀，打开连消罐蒸汽阀使罐压升至0.4MPa，将罐内料液压入发酵罐中。
9. 当维持罐压力降至0.2MPa时，关闭喷淋冷水阀，将料液管道内的残液压入发酵罐中。

（三）结束工作

1. 填好所有操作记录单、任务单、各种评价表。
2. 检查设备仪表是否洁净完好。
3. 清理工作场地与环境卫生。
4. 进行任务总结（小组讨论与汇报、组间互评、教师点评与总结）。

三、任务探究

1. 配料罐使用前后需注意些什么？为何要预热料液？
2. 与其他冷却方式相比，喷淋冷却的优势在哪里？

【项目拓展】

CIP清洗系统

一、CIP清洗简介

20世纪80年代以来，开始利用机械来完成对设备的清洗工作，特别是管道化连续作业工厂。在许多发酵生产工厂的设备管道及生产线中，闭路循环进行自动就地清洗，无须将设备拆开，这种清洗技术就称为就地清洗（CIP），又称清洗定位或定位清洗。CIP清洗不用拆开或移动装置，利用酸、碱、热水、循环泵、管道系统等的配置，利用洗涤剂和洗涤水，以高速的液流冲洗设备的内部表面，形成机械作用力将污垢冲走，实现系统的清洗过程。CIP清洗包含管道的清洗、容器的清洗、生产线设备的循环清洗系统，广泛应用于机械化程度较高的发酵生产企业中。

CIP清洗系统设备一般包含清洗液贮罐、喷洗头子、送液泵、管路管件以及程序控制装置，连同待清洗的全套设备，组成一个清洗循环系统，根据所选定的最佳工艺条件，预先设定程序，输入电子计算机，进行全自动操纵。

二、CIP 清洗操作

（一）管道、混料罐、发酵罐、待装罐的清洗程序

1. 首次冲洗：打开预冲洗阀，水冲洗 5min。
2. 碱液清洗：同时打开碱罐阀、回流阀，用 75℃ 以上的碱溶液循环 15min。
3. 中间清洗：打开清水罐阀，清洗循环至中性。
4. 酸液清洗：同时打开酸罐阀、回流阀，用 65℃ 以上的酸溶液循环 10min。
5. 最后冲洗：重新打开清水罐阀，循环至中性（pH＝6.8～7.2），澄清为止。
6. 杀菌：打开循环阀，用 75～90℃ 热水循环 15min。

（二）清洗程序注意事项

1. 酸液浓度为 1.0％～1.5％，电导率为 40～60mS/cm，碱液浓度为 1.5％～2.0％，电导率为 50～80mS/cm。
2. 清洗过程中要观察温度、流量、浓度、阀座清洗情况，有一条不符合要求重新进行清洗。
3. 每次清洗前，需对管道过滤器进行拆洗后再清洗。
4. 各类管道、储罐使用 24h 后或停用 24h 或使用后必须进行单碱清洗。
5. 发酵罐、待装罐在使用前必须先杀菌消毒。
6. 发酵罐、待装罐在清洗后 12h 内使用前直接杀菌，超过 12h 进行单碱清洗后再杀菌。

（三）酸罐、碱罐的清洗频率及配制方法

酸罐、碱罐每半个月清洗一次；配制稀酸浓度 1.0％～1.5％，电导率为 40～60mS/cm；配制稀碱浓度 1.5％～2.0％，电导率为 50～80mS/cm。酸、碱的浓度判定是否合格依据电导率，要求每 12h 一次送化验室检测酸、碱浓度。

三、CIP 清洗标准

CIP 清洗效果评定标准参照 GMP 要求，CIP 清洗效果必须达到以下标准。

1. 气味

清新、无异杂味，对于特殊的处理过程或特殊阶段容许有轻微的气味但不能影响最终产品的安全和自身质量。

2. 视觉

清洗表面光亮，无积水，无残留，无污垢或其他。同时，经过 CIP 处理后，设备的生产处理能力明显改善。卫生指标、微生物指标达到相关要求，不能造成产品其他卫生指标的提高。在能同时满足清洗要求的条件下，成本是衡量清洗效果的重要因素。

四、CIP 清洗特点

随着食品生产机械化和自动化程度的不断提高，CIP 清洗系统得到广泛的研究与应用。CIP 清洗系统不断更新改进，能保证一定的清洗效果，提高产品的安全性，还能节约操作时间，提高生产效率，保障工人操作安全。同时 CIP 清洗系统相比传统清洗方式，更节约水、蒸汽等能源，能有效减少洗涤剂用量，对环境资源友好。而且其生产设备可实现大型化，自动化水平高，一定程度上可延长生产设备的使用寿命。

【项目总结】

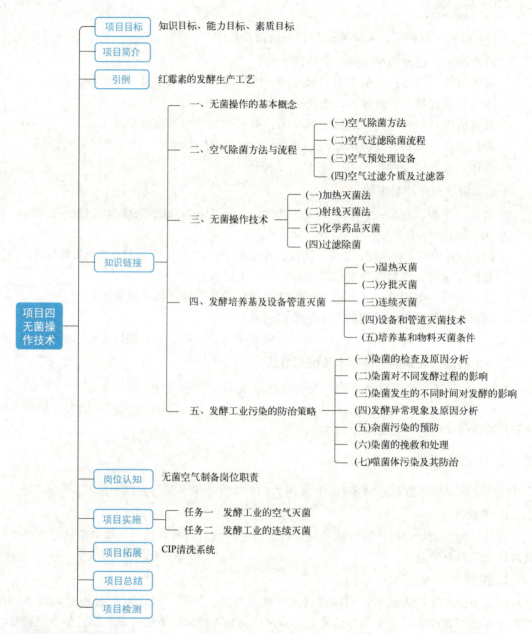

【项目检测】

一、单项选择题

1. 使用加热、化学药剂、紫外线、光脉冲等方法杀灭存在的所有微生物,称为(　　)。
   A. 杀菌　　　　　　B. 抑菌　　　　　　C. 除菌　　　　　　D. 阻断
2. 对于不耐热培养基,可用哪种方法进行灭菌(　　)。
   A. 间歇式灭菌　　　B. 连续灭菌　　　　C. 加压灭菌　　　　D. 煮沸灭菌
3. 以下哪一阶段染菌,可通过加入一部分发酵旺盛的培养料,调节通风、温度、pH 等措施挽救，如发酵单位到达一定水平则可提前放罐（   ）。

A. 种子培养期　　B. 发酵前期　　C. 发酵中期　　D. 发酵后期

4. 紫外线辐射主要作用于微生物的（   ）。

A. 糖类　　　　　B. 酶类　　　　C. 核酸　　　　D. 细胞壁

5. 出于控制微生物的目的，灭菌一词指的是（   ）。

A. 除去病原微生物　　　　　　B. 降低微生物的数量

C. 消灭所有的生物　　　　　　D. 只消灭体表的微生物

6. 加热灭菌时，细菌的芽孢最耐热，一般杀死条件为（   ）。

A. 132℃，7min　　B. 121℃，15min　　C. 160℃，120min　　D. 60℃，30min

二、判断题

1. 空罐灭菌冷却时，当自然冷却至90℃后，关闭罐体排气阀，开夹套进水阀、夹套出水阀，设置发酵温度30℃，开启自动控制模式。（   ）

2. 实罐灭菌的"三路进气"指的是蒸汽直接从通风、取样和出料口进入罐内加热到所规定的温度，并维持一定的时间。（   ）

3. 为了杀死所有微生物特别是耐热的芽孢，实罐灭菌要求温度较高，灭菌时间较长。（   ）

4. 介质过滤效率与介质纤维直径关系很大，在其他条件相同时，介质纤维直径越大，过滤效率越高。（   ）

5. 静电除尘可除去空气中的水雾、油雾、尘埃，同时也能除去微生物。（   ）

6. 对含糖培养基进行高温灭菌时，应先将糖液与其他成分分别灭菌后再合并。（   ）

三、填空题

1. 空罐灭菌冷却时，先_____所有蒸汽进汽阀门，然后微开过滤器_____，过滤器压力不能跌降为零。

2. 去除掉空气中的微粒即可达到_____的效果。

3. 淀粉原料采用实罐灭菌，_____应先筛去，再_____，加入一定量_____液化或糖化后灭菌。

4. _____是将金属制品或清洁玻璃器皿放入电热烘箱内，在150~170℃下维持1~2h，即可彻底灭菌。

5. 种子培养期一经发现染菌，应立即_____。

6. 柠檬酸的发酵pH为2.0，不易染菌，所以主要防止_____。

四、工艺路线题

请绘制空气过滤除菌的流程图。

项目五　工业种子的制备

【项目目标】

❖ 知识目标

1. 了解种子扩大培养的基本概念。
2. 掌握工业种子制备的工艺流程及注意事项。
3. 掌握影响种子质量的因素及控制措施。
4. 熟悉典型发酵菌种的种子制备过程及控制要点。

❖ 能力目标

1. 能够根据种子制备工艺流程完成种子的制备。
2. 熟练应用相关设备对种子进行分析与检测。
3. 能正确判断种子制备环节每一级种子的质量,针对发现的问题能够分析原因并提出改进措施。

❖ 素质目标

培养学生独立思考、分析问题、解决问题的能力;提高学生的岗位适应能力,增强学生的职业素养;帮助学生树立严谨认真的工作态度,强化责任心和风险意识。

【项目简介】

保藏在砂土管、冻干管中的菌种要实现大规模发酵生产,必须经过活化、逐级扩大培养,制备成足够数量的代谢旺盛的工业种子,所以种子制备是发酵生产的第一道工序。而对于不同类型的菌种,种子扩大培养方法有所不同,通过本项目的学习,可掌握发酵生产中种子制备的原理与技术、影响种子质量的因素以及种子质量的控制措施。

本项目的内容是工业种子的制备,知识链接介绍了种子制备技术及影响因素等基本知识,项目实施中结合生产设定了两个具体任务。通过项目的学习使学生掌握工业种子制备的相关知识与技能,为今后工作奠定基础。

引例

干扰素的发酵生产

干扰素(interferon,IFN)是机体免疫细胞产生的一类细胞因子,是机体感染病毒时,宿主细胞通过抗病毒应答反应而产生的一组结构相似、功能相近的低分子糖蛋白。根据干扰素分子结构、结合受体和生物活性,人干扰素分为Ⅰ、Ⅱ和Ⅲ型,Ⅰ型干扰素主要包括IFN-α、IFN-β、IFN-δ、IFN-ε、IFN-ζ、IFN-κ、IFN-τ及IFN-ω等20种亚型;Ⅱ型干扰素只有IFN-γ；Ⅲ型干扰素包括IFN-λ1、IFN-λ2、IFN-λ3、IFN-λ4等4种亚型。干扰素除抗病毒侵染方面功能强大外，被广泛用于治疗肿瘤、多发性硬化症、慢性乙型丙型肝炎等疾病。迄今为止，已有21种干扰素制剂获得欧盟和美国批准上市。根据我国国家药品监督管理局网站公示，我国目前批准干扰素相关产品有92个，型别包括α-1b、α-2a、α-2b和γ，以及长效干扰素PEG-IFN-α2b。

早期的干扰素生产方法是从人血液中的白细胞内提取，产量低、价格昂贵，不能满足需要。随着生物技术的发展，现在大规模生产干扰素主要采用基因工程法，在大肠杆菌、酵母菌或腐生型假单孢杆菌等宿主细胞内表达生产，所生产的干扰素具有无污染、安全性高、纯度高、比活性高、成本低、疗效确切等优点。基因工程重组菌大规模产业化生产成为重要课题。

那企业如何实现由接种针上的微少菌种培养到几万吨的发酵量呢？目前工业上发酵工艺流程是：工程菌构建→菌种活化→种子罐培养→发酵罐培养→发酵液降温→离心→菌体收集。由工艺流程可以看到，种子罐培养是干扰素规模生产的初始阶段，种子的质量好坏将影响干扰素的产量，以及后续加工过程。企业在生产过程中常对影响种子制备的因素，采用正交实验、响应面实验等进行研究，以确定最优的生产工艺。

【知识链接】

一、种子制备原理与技术

现代发酵工业规模化发酵罐容积已达数十至数百立方米，若按10%的接种量计算，则需投入几立方米或数十立方米的种子，单靠保藏在试管中的菌种远不能满足发酵生产所需的种子数量，必须将保藏的菌种进行逐级扩大培养，以达到发酵生产所需的种子数量。

种子扩大培养即为种子制备过程，是指将保存在砂土管、冷冻干燥管中处于休眠状态的生产菌种接入试管斜面活化后，再经过扁瓶或摇瓶及种子罐逐级放大培养而获得一定数量和质量的纯种过程。这些纯种培养物称为种子。

作为发酵工业的种子，其质量对发酵生产起着至关重要的作用，只有将数量多、代谢旺盛、活力强的种子接入发酵罐内，才有利于缩短发酵时间、提高发酵效率和降低染菌的概率。因此种子制备过程不仅要得到纯而优的种子，更重要的是要获得足够数量、代谢旺盛的种子。

（一）优良种子的必备条件

发酵工业生产中使用的种子必须满足以下条件：①菌体浓度及总量适宜，能够满足大容量发酵罐接种量的要求。②菌种生理状态稳定，包括菌体形态、生长速率以及种子培养液特性等均要符合要求。③无杂菌和噬菌体污染，确保纯种发酵。④菌种的生命力旺盛、生长活力强，移种至发酵罐后能迅速生长。通常采用对数生长期的细胞作为种子，缩短延迟期，提高发酵设备的利用率。⑤菌种适应性强，能保持稳定的生产性能。

（二）种子质量的判断方法

尽管各级种子扩大培养时间较短，可供检测的参数较少，但为保证种子的质量，种子培养过程中应定期对其进行取样分析,工业上判断种子质量的方法有以下几种:①检查培养液外观(色泽、气味、浑浊度、颗粒等),并借助显微镜观察菌丝形态,用细胞计数、光密度等方法测定菌丝浓度;②测定培养液中pH变化;③测定培养液中的残糖、氨基氮、磷酸盐的含量;④检测其他相关参数,酶活力、产物生成量、种子罐溶解氧和尾气等。

(三)种子的制备流程

对于不同的菌种,种子制备的要求和工艺有所不同,工艺流程大致可分为以下几个步骤:

①保藏在砂土管、冷冻干燥管中的菌种,经无菌操作接入斜面培养基中活化培养。②将生长良好的斜面菌种接种到扁瓶固体培养基或摇瓶液体培养基中进行扩大培养。③将获得的扁瓶孢子或摇瓶液体菌丝体接种到种子罐进行扩大培养,根据生产规模需要,可将种子罐种子再转入下一个种子罐进行扩大培养,直至获得发酵罐发酵生产所需的种子量。

在发酵生产过程中,①②两步所用设备为培养箱、摇床等实验室常用设备,一般都在菌种室完成,第③步一般在发酵车间完成,故种子的制备过程又可分为:实验室种子制备、生产车间种子制备两个阶段,工业种子制备工艺流程如图1-5-1所示。

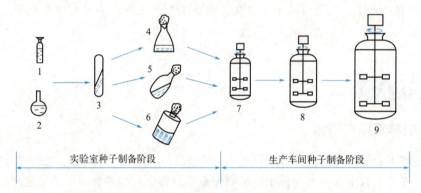

图 1-5-1 工业种子制备工艺流程
1—砂土管孢子;2—冷冻干燥孢子;3—斜面孢子;4—摇瓶液体种子;5—茄子瓶斜面种子;
6—固体培养基种子;7—一级种子罐种子;8—二级种子罐种子;9—发酵罐

1. 实验室种子制备阶段

实验室种子制备阶段包括琼脂斜面培养、固体培养基或者摇瓶液体培养基扩大培养。首先,将保藏在砂土管或冷冻干燥管中的休眠菌体接入琼脂斜面培养基中活化。然后根据菌种的生长特点,采用两种方式培养:①固体培养基培养,适用于产孢子能力强及孢子发芽、生长繁殖快的菌种,生产的孢子制成孢子悬浮液可直接作为种子罐的种子,如青霉素产生菌产黄青霉,这种方法操作简便,不易污染杂菌。②液体培养法,适用于产孢子能力不强、孢子发芽慢或不产孢子的菌种,对产孢子菌种将孢子接入液体种子培养基中,恒温振荡培养后,以获得的菌体作为种子,如产链霉素的灰色链霉菌;对不产孢子的菌种将活化后的细胞移入液体培养基中培养后作为种子罐种子,如生产谷氨酸的谷氨酸棒状杆菌。

(1)固体培养孢子制备 固体培养基培养常使用茄子瓶、克氏瓶、培养皿、蘑菇瓶、锥形瓶、磁盘等方式,为增加培养面积有时也采用摇床培养。

①放线菌孢子的制备。放线菌的孢子培养一般采用琼脂斜面培养基,培养基中含有一

些适合产孢子的营养成分，如麸皮、豌豆浸汁、蛋白胨和一些无机盐等。碳源和氮源不要太丰富，干燥和限制营养有利于直接或间接诱导孢子的形成。培养温度一般为28℃，少数为37℃，培养时间为5～14d。

② 霉菌孢子的制备。霉菌孢子的培养可以在适当的琼脂培养基上产生孢子，但必须具有较大的面积；工业上一般以大米、小米、玉米、麸皮、麦粒等天然农产品为培养基，其表面积较大，有利于霉菌孢子繁殖。培养的温度一般为25～28℃，培养时间一般为4～14d。

(2) 液体种子制备 液体培养按是否需要通氧分为好氧培养和厌氧培养（或静置培养）。

① 好氧培养。对于产孢子能力不强或孢子发芽慢的菌种，可采用摇瓶液体培养法。将孢子接入含液体培养基的摇瓶中，摇床恒温振荡培养后获得的菌丝体接入种子罐，获得摇瓶种子。如产链霉素的灰色链霉菌和产卡那霉素的卡那链霉菌，其制备过程为：试管→三角瓶→摇床→种子罐。

② 厌氧培养。将接有菌种的试管斜面转接到三角瓶或巴氏瓶液体培养基中静置培养。例如生产啤酒的酵母菌其实验室种子制备过程为：斜面试管→富氏瓶→巴氏瓶→卡氏罐→种子罐。酵母菌种一般保存在麦芽汁琼脂或MYPG培养基的斜面上，于4℃冰箱内保藏，每年移种3～4次。将斜面试管菌种接入含10mL麦芽汁的富氏瓶，25℃培养2～3d；再扩大至含有250～500mL麦芽汁的500～1000mL巴氏瓶，25℃培养2d，最后接种到含有5～10L麦芽汁的卡氏罐中15～20℃贮藏3～5d，可作为100L麦芽汁发酵用。从富氏瓶到卡氏培养罐培养期间，均需定时摇动或通气，使酵母菌液与空气接触，以有利于酵母菌的增殖。

2. 生产车间种子制备阶段

生产车间种子制备是将实验室制备的孢子或液体种子接种至种子罐扩大培养。孢子悬浮液一般采用微孔接种法接种；摇瓶液体种子则在火焰保护下接入种子罐，也可以用差压法；种子罐之间或种子罐与发酵罐之间有接种管道，主要用差压法移种。种子罐的培养基虽因不同菌种而异，但总体原则是采用易被菌利用的成分如葡萄糖、玉米浆、磷酸盐等，如果是需氧菌，还需供给足够的无菌空气，并不断搅拌，使菌（丝）体在培养液中均匀分布，获得相同的培养条件。

(1) 生产车间种子制备流程 生产车间种子制备工艺一般可分为一级种子、二级种子和三级种子制备。孢子（或摇瓶菌丝）被接入体积较小的种子罐中，培养后形成大量的菌丝，称为一级种子，把一级种子转入发酵罐内发酵，称为二级发酵。若根据种子扩大需要，将一级种子转入二级种子罐进一步扩大培养获得更多的菌丝，称为二级种子，将二级种子转入发酵罐内发酵，称为三级发酵，同理类推。

(2) 种子罐级数的确定 制备种子需逐级扩大培养的次数称为种子罐级数，主要取决于菌种生长特性、孢子发芽、菌体繁殖速率以及所采用发酵罐的容积。对不同产品的发酵过程，必须根据菌种特点确定种子罐级数。对生长较快的菌种，种子用量少，种子罐相应较少，生长较慢的菌种，种子罐级数相对较多。在抗生素生产中，放线菌细胞繁殖较慢，常采用三级种子扩大培养，有的甚至需要四级种子扩大培养，如链霉素的生产。而谷氨酸生产采用的是细菌，一级种子就能够满足发酵罐要求，所以采用一级种子发酵。

确定种子罐级数时，需要注意以下几个问题：①种子级数越少越好，可简化工艺和控制、减少染菌机会。②若种子级数太少，接种量小，发酵时间延长，则会降低发酵罐的生产率，增加染菌机会。③虽然种子罐级数随产物的品种及生产规模而定，但也与所选用工艺条件有关，如改变种子罐的培养条件，加速孢子发芽及菌体的繁殖，这样也可相应地减少种子罐的级数。

（四）种子制备技术

下面以谷氨酸生产菌、青霉素生产菌两种不同类型种子扩大培养为例进一步说明种子制备的一般流程。

1. 谷氨酸生产菌的扩大培养

国内谷氨酸生产菌的扩大培养普遍采用二级扩大培养流程，如下：

斜面菌种活化→摇瓶种子培养→一级种子培养（种子罐）→发酵罐

斜面菌种活化及摇瓶种子培养为实验室种子制备阶段，培养繁殖活力强的菌体；一级种子培养已经由实验室转移到生产车间进行，为生产车间种子制备阶段，进一步扩大菌体数量，以满足发酵的需要。

（1）斜面菌种活化培养

① 培养基。斜面培养基必须有利于菌种生长而不产酸，多含有机氮，不含或少含糖。参考培养基：葡萄糖 0.1%，蛋白胨 1.0%，牛肉膏 0.8%，氯化钠 0.5%，琼脂 1.5%～2.0%，pH 7.0～7.2。

② 培养条件。温度 33～34℃，培养 18～24h。

斜面培养完成后，观察菌种生长情况，颜色和边缘等特征有无异常，有无感染杂菌和噬菌体的征兆，确定没有问题后冰箱保存备用。

（2）摇瓶种子培养

① 培养基。一级种子培养应以少含糖分，多含有机氮为主，有利于菌体快速增殖。参考培养基：葡萄糖 2.0%，尿素 0.5%，硫酸镁 0.04%，磷酸氢二钾 0.1%，玉米浆 2.6%，硫酸亚铁 0.02%，硫酸锰 0.02%，pH 7.0。

② 培养条件。用 1000mL 三角瓶装入培养基 200mL，灭菌冷却后接种一环活化好的斜面菌种，将三角瓶置于摇床上振荡培养，170r/min、34℃，培养 12h。

③ 质量要求。种龄控制在 12h，pH 值 6.4±0.1，光密度（OD）值净增 0.5 以上，残糖 0.5% 以下，无杂菌污染，噬菌体检查阴性，镜检观察菌体生长均匀、粗壮、排列整齐，革兰氏阳性反应。

（3）一级种子培养

① 培养基。一级种子培养基所使用的原料更接近发酵培养基，菌种不同有较大差异。黄色短杆菌 T6-13 参考培养基：玉米淀粉水解糖 2.5%，玉米浆 2.5%，磷酸氢二钾 0.15%，硫酸 0.04%，尿素 0.4%，硫酸亚铁 0.02%，硫酸锰 0.02%，pH 6.8～7.0。

② 培养条件。接种量 0.8%～1.0%，培养温度 30～32℃，培养时间 7～8h，通风量 50L，种子罐 1∶0.5，搅拌转速 340r/min。

③ 质量要求。种龄 7～8h，pH 7.2 左右，OD 值净增 0.5 左右，无杂菌污染，噬菌体检查阴性，残糖消耗 1% 左右，生长旺盛、排列整齐，革兰氏染色阳性。

2. 青霉素生产菌的扩大培养

青霉素生产菌扩大培养一般采用三级扩大培养，流程如下：

斜面孢子→大米孢子→一级种子培养→二级种子培养→发酵罐

（1）斜面孢子

① 培养基。斜面孢子培养基要有利于长孢子，用量少而精细。参考培养基：甘油、葡萄糖、蛋白胨等，经传代活化。

② 培养条件。最适生长温度在 25～26℃，培养 6～8d，得斜面孢子。

（2）大米孢子

① 培养基。采用优质小米或大米固体培养基，成本低，米粒之间结构疏松，可以提高比表面积和氧的传递，营养适当，有利于孢子生长。

② 培养条件。孢子悬浮液接入装有大米的茄子瓶，25℃，生长 7d，控制相对湿度 40% 左右。1 粒米含 1.4×10^6 个孢子，每批孢子必须进行严格摇瓶试验，测定效价及杂菌情况。

（3）一级种子罐培养

① 培养基。葡萄糖、蔗糖、乳糖、玉米浆、碳酸钙、玉米油、消泡剂等。

② 培养条件。按一定量接入种子罐，通无菌空气，空气流量 1:2（体积比）；充分搅拌，300～350r/min；培养时间 40～50h；pH 自然，温度（27±1）℃。

（4）二级种子罐培养

① 培养基。葡萄糖、蔗糖、乳糖、玉米浆、碳酸钙、玉米油、消泡剂等。

② 培养条件。按 1%～5% 的接种量接入二级种子罐，通无菌空气，空气流量 1:1.5（体积比）；充分搅拌，300～350r/min；培养时间 13～15h；pH 自然，温度（26±1）℃，菌丝体积 40%，残糖在 0.1%。

二、影响种子质量的因素

种子的质量是发酵能否正常进行的重要因素，为了对种子扩大培养过程中的质量实施有效控制，就必须弄清楚影响种子质量的因素。种子质量主要受培养基、种龄和接种量、培养条件等因素的影响。

1. 培养基

培养基是微生物获得生存营养的来源，对微生物生长繁殖有重要作用。一般来说，种子培养基是含合适的 C/N 比的富营养培养基，且无机氮源相对比例较大。但为缩短种子接入发酵罐的适应期，最后一级种子罐和发酵罐的培养基成分应尽可能地接近或相同。

不同批次原材料组成成分差异大，尤其是发酵培养基通常采用价格低廉、来源广泛的农副产品，若种子培养基采用相同材料，对种子质量也有较大的影响，会出现种子质量不稳定现象。例如在四环素、土霉素生产中，配制产孢子斜面培养基所用的麸皮因小麦产地、品种、加工方法及用量不同，生产的孢子的质量也不同。造成原材料质量波动的原因有很多，起主要作用的是无机离子含量发生变化，如微量元素 Mg^{2+}、Cu^{2+}、Ba^{2+} 能刺激孢子的形成，而磷酸盐含量太多或太少也会影响孢子的质量。在实际生产中，培养基所用的原料要经过发酵实验合格才能使用，且供生产用的孢子培养基应用比较单一的氮源。

2. 种龄和接种量

在种子制备过程中，种龄和接种量是关键的控制因子。种龄是指子自接种培养后所经历的培养时间，而接种龄是指种子罐中培养的菌丝体自接入下一级种子罐或发酵罐时所培养的时间。种子罐内，随着培养时间的延长，菌体量不断增加，但同时由于营养物质消耗、毒性产物积累，pH 下降等因素，菌体量趋于稳定，并呈现衰亡趋势。工业发酵中，通常选择处于生命力旺盛且菌体总量未达到高峰时的对数生长期作为接种龄。过于年轻的种子接入发酵罐后，生长活力弱，延迟期增长，产物形成时间延迟，使整个发酵周期延长，甚至会因菌体量过少，引起异常发酵；而过老的种子，虽然菌体量多，但菌体老化，生产能力衰退，易出现过早自溶，不利于发酵产量的提高。

接种量是指移入的种子液体积和接种后培养液体积的比例。接种量的大小直接影响发酵的周期，大量地接入菌种可以缩短菌体生长过程中的延迟期，从而缩短整个发酵周期；同时种子量大，生产菌迅速占据了整个培养环境，成为优势菌，减少了杂菌污染的概率。但接种量也不能过大，过大既会移入过多代谢废物，也会因菌体生长过快，培养液黏度增加，溶解氧不足，导致菌体衰老；接种量过少则会延长培养时间，还可能产生菌丝团，且易造成染菌。

3. 温度

任何微生物菌种都有其最适的培养温度，温度偏低会导致菌种生长缓慢，而培养温度偏高则会导致菌丝过早自溶，只有在最适温度范围内种子生长繁殖最快。培养温度对斜面孢子的影响更为显著，如土霉素生产种子高于37℃培养时，孢子接入发酵罐后出现糖代谢变慢、氨基氮回升提前、菌丝过早自溶、效价降低等现象。因此，在实际生产过程中，要严格控制微生物孢子斜面和种子罐扩大培养的温度。

4. pH 值

各种微生物都有自己和合成酶的最适 pH，为了获得最大比生长速率和适当的菌量，以获得最高产量，培养基必须保持最适种子培养 pH。此外，和培养基成分一样，最后一级种子的培养基的 pH 应接近于发酵培养基的 pH，以便种子能尽快适应新的环境。

5. 通气和搅拌

通气可以供给大量的氧，而搅拌则能使新鲜氧气与培养基更好地混合，既保证了氧气最大限度地溶解，又可以使培养基不同区域温度保持一致，还有利于营养物质和代谢产物的分散。对好氧菌或兼性需氧菌而言，应提供充足的通气量及适当的搅拌，保证种子的正常代谢，以提高种子质量。例如青霉素生产菌种培养过程中将通气充足和通气不足两种情况下得到的种子接入发酵罐内，它们的发酵单位可相差一倍。搅拌可以提高通气的效果，但过度搅拌会导致培养基出现大量泡沫，降低通气效果，而且泡沫过多容易增加染菌的机会，同时会影响丝状菌的种子质量。通气搅拌不足可引起菌丝团结、菌丝黏壁等异常现象。

6. 泡沫

菌种培养过程中通气和机械搅拌使液体分散和空气窜入形成气泡，培养基中某些成分的变化或微生物的代谢活动产生气泡，培养基中某些成分（如蛋白质及其他胶体物质）的分子在气泡表面排列形成坚固的薄膜，不易破裂，聚成泡沫层。泡沫与微生物的生长和合成酶有关，泡沫的持久存在影响微生物对氧的吸收，妨碍二氧化碳的排除，因而破坏其生理代谢的正常进行，不利于发酵。此外，由于泡沫大量地产生，致使培养液的容量一般只是种子罐容量的一半左右，大大影响设备的利用率，甚至发生跑料现象，导致染菌，损失巨大。

三、种子质量控制措施

种子扩大培养过程中，不仅要保证菌种的遗传特性稳定，更重要的是获得大量高活力的纯种，保障后续的发酵生产，因此在种子制备过程中要采取以下措施做好种子的质量控制。

1. 菌种稳定性检查

尽管用于工业发酵的生产菌种都是经过严格筛选和选育获得，遗传稳定性良好。但在保藏或扩大培养过程中仍会出现少量种子变异，很可能对后期发酵产生极大的影响，因此应定期检查和挑选稳定菌株。方法：将保藏菌种在平板上进行分离纯化，挑选形态整齐的菌落进行摇瓶发酵试验，测定其生产能力，以不低于其原有的生产活力为原则，从中挑选出高产菌株备用，并及时对退化菌种进行复壮。

2. 适宜的生长环境

确保菌种能在适宜的条件下生长繁殖，包括营养丰富的培养基，适宜的培养温度、pH和湿度，合理的通气量等，可以使菌种始终处于最佳状态，有效防止衰退和变异。

3. 种子无杂菌检查

在种子在制备过程中每一步移种均需进行无杂菌检查，可通过测定其营养消耗速度、pH变化、溶解氧利用情况、色泽和气味等情况进行染菌判断。无菌检查是判断杂菌的主要依据，通常采用镜检和生化培养相结合，在移种的同时进行取样检验。

(1) 镜检方法 采用显微镜观察种子样品，以视野内不出现异常形态菌体为依据。此方法简便、快速，能及时发现杂菌，是生产上对种子质量进行跟踪的常用方法。但此方法不易发现早期杂菌。

(2) 生化培养方法 将种子样品涂在平板培养基上划线或接入酚红肉汤进行培养后，肉眼观察平板上是否出现异常菌落、酚红肉汤是否有颜色变化等。此方法需要较长的培养时间，但灵敏度高，结果较为准确。

【岗位认知】

种子制备岗位职责

文件编号				颁发部门	
		菌种生产岗位		总工办	
总页数				执行日期	
1					
编制者		审核者		批准者	
编制日期		审核日期		批准日期	

1. 目的

建立菌种岗位标准操作规程。

2. 范围

菌种岗位种子液的制备操作。

3. 责任

菌种岗位制备操作人员、车间负责人及 QA 生产区检查员对本规程的实施负责。

4. 内容

（1）操作前准备

① 根据生产指令开出领料单。领取时，核对物料名称、数量、批号、有效期等，然后将其送到传递窗。

② 岗位生产操作人员按照《进出十万级洁净区更衣标准操作规程》进入操作间。

③ 岗位生产操作人员检查设备、设施完好性，设备、容器、工具、管道、室内卫生是否有清洁合格证，清洁合格证是否在有效期内。

（2）种子液的制备

① 斜面菌种培养基的配制和灭菌。

② 菌种活化。领取工作种子批菌种管，室温融化，用接种环在斜面培养基划线，按《生化培养箱标准操作规程》放置于恒温箱培养过夜。

③ 一级种子液培养基的配制和灭菌。

④ 一级种子液的制备培养。

⑤ 二级种子液培养基的配制和灭菌。

⑥ 二级种子液的制备培养。

（3）物料平衡的计算　按《物料平衡管理规程》计算。

（4）清场

① 每次操作完成后，按照《清场标准操作规程》和《菌种岗位清洁标准操作规程》进行清场、清洁。

② 清场结束填写清场及设备清洁记录，并由 QA 检查员检查确认清场合格后，贴挂"清洁合格"标志。

（5）注意事项

① 种子液的接种及培养基的转移全部操作应按无菌操作要求进行。

② 岗位操作人员在生产操作过程中发现异常情况按《紧急情况处理管理制度》处理。

5. 培训

（1）培训对象　菌种岗位制备操作人员、车间负责人及 QA 生产区检查员等。

（2）培训时间　2 个学时。

【项目实施】

任务一　酵母的摇瓶培养

一、任务描述

摇瓶俗称三角瓶（锥形烧瓶），是实验室水平发酵培养的常用工具，常用的摇瓶规格为 250mL、500mL、1000mL、2000mL，其中 250mL 和 500mL 是最常用的型号。摇瓶培养是发酵过程研究的基础，

摇床培养（实验室）

由于其简便、实用,广泛用于微生物菌种筛选、实验室大规模发酵试验、种子培养等。

摇瓶可用于厌氧的发酵过程,条件严格时可以充氮后静置培养;用于好氧发酵时,将摇瓶固定在摇床运动,空气与发酵液的表面接触进行氧的传递,同时可以使发酵过程中发酵液保持良好的混合状态。摇瓶中氧的传递效率还与摇瓶的装液量有关。装液量越小,单位体积的液体与空气的接触面积就越大,氧的传递效率越高。但摇瓶装液量太少,除会降低利用率以外,还会因发酵过程中水的蒸发导致发酵液变黏稠,带来负面影响,所以在实际过程中一般装液量控制为摇瓶体积的1/10左右,具体情况要根据发酵产品的特定情况进行调整。

酵母菌是兼性厌氧菌,在有氧和无氧条件下均能生长,在有氧条件下,生长较快,故在酵母菌增菌时,应适当通入氧气。

二、任务实施

(一)准备工作

1. 建立工作小组,制订工作计划,确定具体任务,任务分工到个人,并记录到工作表。
2. 收集酵母菌摇瓶培养的必要信息,掌握无菌操作相关知识及操作要点,与指导教师共同确定出一种最佳的工作方案。
3. 完成任务单中实际操作前的各项准备工作。

(1)材料准备 活化好安琪酵母斜面菌种或菌悬液。

(2)试剂 麦芽汁培养基、葡萄糖。

(3)仪器 超净工作台、恒温振荡培养箱、高压蒸汽灭菌锅、电子天平、吸管、烧杯、三角瓶、糖锤度计、酒精灯、酒精棉、剪刀、接种针、镊子、移液管等。

(二)操作过程

1. 制备摇瓶培养液

制备麦芽汁培养基,并用糖锤度计测定其糖度,通过补加葡萄糖把糖度调整至12Bx,分装到250mL锥形瓶中,每个锥形瓶分装35mL,包扎后121℃灭菌15min,冷却备用。

2. 超净工作台灭菌

打开紫外灯,照射30min,完毕后打开风机吹5min;穿戴好洁净服,戴口罩,对手消毒,用酒精棉擦拭超净台,用75%酒精棉球擦拭双手,点燃酒精灯,观察火焰情况,调整风量。

3. 摇瓶接种培养

将装有酵母菌种的试管和摇瓶培养基放在超净工作台中,在超净台下选择合适的单菌落,用接种环挑取1~2环活化好的菌种(或用灭菌后的移液管吸取菌液,每瓶接种3.5mL),接种于摇瓶培养基,用8层纱布封口,置于恒温振荡培养箱30℃、200r/min振荡培养12~16h。

(三)结束工作

1. 填好所有操作记录单、任务单、各种评价表。
2. 检查设备仪表是否洁净完好。
3. 清理工作场地与环境卫生。

4. 进行任务总结（小组讨论与汇报、组间互评、教师点评与总结）。

三、任务探究

1. 工业上酵母菌扩大培养常采用什么工艺流程？
2. 恒温摇床如何操作？

任务二　发酵工业的种子质量控制及评价

一、任务描述

种子的质量直接关系到发酵的成败，大量高活力纯种，发酵就旺盛，若种子被污染或者发生变异，会导致整个发酵过程失败。因此，在种子扩大培养过程中，必须进行实时监控，以防出现异常发酵现象。必要时要进行纯种分离，对分离的单菌落做发酵性能检查。

二、任务实施

（一）准备工作

1. 建立工作小组，制订工作计划，确定具体任务，任务分工到个人，并记录到工作表。
2. 收集酵母菌质量检测的必要信息，掌握显微镜镜检相关知识及操作要点，与指导教师共同确定出一种最佳的工作方案。
3. 完成任务单中实际操作前的各项准备工作。

(1) 材料　上一个任务获得的摇瓶种子。
(2) 试剂　0.025％亚甲蓝染色液、生理盐水。
(3) 仪器　显微镜、镊子、超净工作台、血细胞计数板、擦镜纸。

（二）操作过程

1. 显微镜形态检测

在超净工作台下，载玻片上加一小滴蒸馏水，取摇瓶培养液少许，用镊子夹住盖玻片，将其轻轻地盖于样品上，注意不要产生气泡，用显微镜进行检查。先用显微镜低倍物镜（×10）找到样品对准，再转高倍物镜（×40）观察。

优良的酵母菌种呈圆形或卵圆形，细胞较饱满，细胞膜较薄，胞内液泡较小，形态整齐一致，无异状（拉长）细胞。年幼健壮的酵母细胞内部充满细胞质，老熟的细胞出现液泡，呈灰色，折光性较强；衰老细胞中液泡多，颗粒性贮藏物多，折光性强。

2. 细胞浓度、死亡率测定

用灭菌后的移液管吸取菌液 5mL，加生理盐水适当稀释，以每小格内 5～10 个细胞数左右为宜。取 1mL 预先稀释好的酵母菌悬液加入试管，再加入 1mL 亚甲基蓝染色液，摇匀后染色 4～5min。取干净的血细胞计数板盖上盖玻片，用无菌取样器吸取少许，从盖玻片边缘滴一小滴（不宜过多），让菌液自行渗入，充满计数室，注意不可有气泡。静置 1～2min，置于显微镜下计数。

培养后细胞浓度应为 1×10^8 个/mL 左右。酵母活细胞具有脱氧酶活力，可将蓝色亚甲蓝还原成无色，染不上颜色，而死细胞则被染上蓝色。死亡率为蓝色酵母细胞数占总酵母数的比例，一般新培养酵母的死亡率都在1%以下，生产中如果发现死亡率大于3%，应重新培养酵母菌种。

3. 出芽率检查

方法同上，出芽率指出芽酵母细胞数占总酵母数的比例，一般健壮的酵母在对数生长期出芽率可达60%以上。

4. 酸度

用酸度计测定培养基中的酸度，如果酸度明显增高，说明酵母菌被产酸细菌所污染。酸度增高太多，镜检时又发现有很多杆状细菌，则不宜做种子用。

5. 耗糖率

酵母的耗糖率也是观察酵母培养是否完成的指标之一，采用斐林试剂法进行还原糖浓度测定，然后对照以下公式计算。

$$耗糖率 = 原始糖度 - 现糖度/原始糖度 \times 100\%$$

培养后的酵母，耗糖率一般要求控制在40%～50%。耗糖率太高，说明酵母培养已经过"老"，反之则"嫩"。

（三）结束工作

1. 填好所有操作记录单、任务单、各种评价表。
2. 检查设备仪表是否洁净完好。
3. 清理工作场地与环境卫生。
4. 进行任务总结（小组讨论与汇报、组间互评、教师点评与总结）。

三、任务探究

比照谷氨酸种子质量要求，设计谷氨酸种子检查方法。

【项目拓展】

微生物高密度培养技术

为提高综合生产效率，减少资源浪费，高密度培养技术已经成为目前发酵领域研究的热点话题之一，高密度培养技术指的是能让菌体发酵密度较普通培养有显著提高的技术，具体培养后的微生物量因微生物种类不同没有确切的值，但凡是细胞密度较高或接近其理论值都可以称为高密度。

影响微生物高密度的因素有很多，主要包括培养基、pH、温度、溶氧浓度、有害代谢产物的积累、接种量等，为排除这些因素对菌体积累的影响，高密度培养在培养方式上做了改进，采用的培养方式主要有透析培养、细胞循环培养、补料分批培养。其中补料分批培养研究最成熟且应用最广泛，已成功应用于高效生产有机酸、抗生素、维生素、氨基酸等。

高密度培养技术能显著提高菌体浓度和产品产量，已应用于几乎所有微生物的培养过程，使发酵行业有了巨大的进步。

【项目总结】

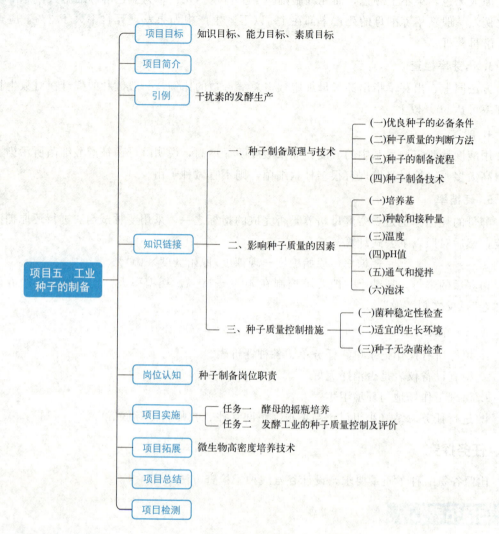

【项目检测】

一、单项选择题

1. 在工业发酵生产中，接种一般都选用（　　）的菌种进行接种。
   A. 迟缓期　　　　B. 对数期　　　　C. 稳定期　　　　D. 衰亡期

2. 发酵生产的第一道工序是（　　）。
   A. 种子制备　　　B. 培养基灭菌　　C. 发酵条件控制　D. 放料

3. 种子罐培养的菌丝体开始移入下一级种子罐或发酵罐时的培养时间是（　　）。
   A. 菌龄　　　　　B. 菌量　　　　　C. 接种龄　　　　D. 接种量

4. 下列哪项不属于发酵生产中对种子的要求（　　）。
   A. 活力强　　　　B. 生理性状稳定　C. 无杂菌污染　　D. 对环境无污染

5. 过老的种子接入发酵罐后，可能会导致菌丝过早自溶和（　　）。
   A. 生产能力下降　B. 生产能力上升　C. 周期缩短　　　D. 产物改变

二、判断题

1. 种子自接种培养后所经历的培养时间称为种龄。（　　）

2. 发酵生产中所用的种子其菌体总量及浓度需要满足大容量发酵罐的要求，而对菌种细胞的生长活力没有要求。（　　）

3. 种子罐的级数越少，越有利于简化工艺和控制，并可减少由于多次移种而带来的污染杂菌的机会。（　　）

4. 过于年轻的种子接入发酵罐后，往往会出现前期生长缓慢，整个发酵周期延长，产物开始形成的时间推迟，甚至会因菌丝量过少而在发酵罐内接球，造成异常发酵。过老的种子会引起生产能力下降和菌丝过早自溶。所以应该选用对数生长期且菌体总量未达到高峰时的种子进行接种。（　　）

5. 发酵生产中接种所用接种量越大越好。（　　）

三、填空题

1. 发酵生产中所用的种子应具备的条件包括菌体浓度及总量适宜，能够满足大容量发酵罐接种量的要求；菌种生理状态稳定；无杂菌和噬菌体污染，确保纯种发酵；_____；_____。

2. 种子罐的级数主要决定于_____、_____、_____。

3. 属于影响种子罐培养的主要因素的是_____、_____、_____、_____、_____。

4. 发酵罐产生起泡的原因有_____、_____、_____。

四、论述题

种子制备过程中要采取哪些措施做好种子的质量控制？

项目六　发酵生产过程的控制

【项目目标】

❖ 知识目标

1. 熟悉发酵过程中的主要控制参数及其对发酵的影响。
2. 明晰发酵过程中主要参数的控制方法和要点。
3. 了解发酵终点的判断。

❖ 能力目标

1. 能熟练运用发酵工艺参数调控发酵生产过程。
2. 能对发酵过程中的问题采取正确的处理措施。
3. 具备从事发酵调控岗位的操作能力。

❖ 素质目标

培养学生爱岗敬业、实事求是、团结协作、勇于创新的优良品质，能够遵守药品生产质量管理规范，明晰岗位的职责，有责任，有担当。

【项目简介】

发酵过程是非常复杂的生物化学反应过程，是生物细胞按照其遗传信息，在所处的培养条件下，进行复杂而细微的各种动态生化反应的集合。发酵生产过程的控制关系到能否发挥最大生产性能，在整个生物产品的研发生产过程中具有重要的作用。为使发酵生产发挥最佳水平，就要充分了解菌体的生长发育及其代谢变化规律，利用物理、化学及生物检测技术，监测发酵过程中菌种的生理代谢情况及发酵工艺参数并加以调控。随着现代科学的发展以及学科交叉的深入，发酵工艺控制技术在不断进步，自动化控制技术不断发展和创新，也给生物制药的发展提供了有力支撑。

本项目主要介绍发酵生产过程的影响因素及对各种参数的控制方法。培养基的pH值、温度、溶氧浓度、基质含量、空气流量、搅拌速率、泡沫、菌密度等都对发酵结果有着重要的影响，发酵过程中应对这些参数进行实时监控和调整，以确保生物细胞在最适环境条件下进行生长繁殖和分泌代谢产物。通过此项目的学习使学生掌握发酵生产过程中的调控技能，为今后工作奠定基础。

引例

林可霉素的发酵生产

林可霉素又称林肯霉素、洁霉素，是由林肯链霉菌（*Streptomyces lincolnensis*）通过好氧发酵产生的一种广谱抗生素，属于林可酰胺类抗生素。林可霉素及其衍生物是一类通过抑制菌体中蛋白质的合成而起作用的药物，临床上适用于治疗革兰氏阳性菌引起的感染，对革兰氏阴性菌也有效。

目前对林可霉素发酵生产的研究主要集中在培养基优化、无机盐或前体等物质的添加、物料研究以及发酵过程控制等方面。研究发现，林可霉素发酵生产培养基中主要碳源为淀粉和葡萄糖，葡萄糖浓度过低时会明显影响菌体的生长，浓度过高时又会产生葡萄糖效应，从而会降低林可霉素的产量。葡萄糖效应并不是葡萄糖本身所产生的作用，而是其分解产物所致，所以在发酵过程中选择缓慢利用的碳源，保持低浓度的葡萄糖，是避开葡萄糖效应的一种有效的方法。黄豆饼粉降解为氨基酸或氨的速率很慢，不至于会阻遏抗生素的合成，因此，在林可霉素的发酵生产中常用其作为氮源。pH 影响林可霉素的合成，在弱碱性环境中有利于林可霉素的生物合成。林肯链霉菌为好氧菌，转速控制在 150～190r/min 时，不但能提高发酵体系溶解氧浓度，而且不会使菌丝体过分断裂。国内林可霉素生产工艺普遍采用分批补料，分批补料培养基中通常含葡萄糖、玉米浆、黄豆饼粉及一些金属离子，这些成分在发酵过程中可防止菌丝生长过盛或延缓菌体衰老，延长菌体产生林可霉素的时间。

通过以上方法优化林可霉素工业生产发酵工艺后，大幅提高了林可霉素的效价。林可霉素发酵四级放罐效价高达 7505U/mL，比原始工艺四级放罐效价提高了 16%。在林可霉素现有工业发酵工艺的基础上进行优化，不仅使二级种子无菌检验批次增加，降低了种子液带菌的风险，较高的种子菌体浓度也缩短了种子在发酵罐中的适应期，促进了后续发酵效价的提高，给工厂带来了一定的经济效益。

【知识链接】

一、发酵生产过程控制概述

影响发酵的因素有很多，有些因素是已知的，有些因素还是未知的。提高发酵水平的最重要的途径之一就是利用现代的分析检测设备对影响发酵水平的各个因素进行精确的监测，并综合分析，做出相应调整，以使发酵过程按照有利于生产的方向进行。与微生物发酵有关的参数可分为物理参数、化学参数和生物参数三类，这些参数有些是通过检测装置测定出来的，有些则是通过计算得到的间接参数。测定参数的方法有离线检测（发酵过程中取出发酵样液检测）和在线检测（传感器在发酵设备系统内检测），在线检测即时、简单、省时、省力且便于使用计算机控制。但是，微生物培养过程的复杂性增加了在线参数检测的困难，主要表现在：①能内插入发酵设备的传感器必须能经受高温灭菌。②菌体及其他固体物质附在传感器表面，会使其使用性能受到影响。③发酵罐内的气泡给测量带来干扰。④传感器的结构必须防止杂菌进入和避免产生灭菌死角，因此导致传感器的结构复杂。本节介绍目前发酵工业能通过检测装置测出的或通过计算得到的主要参数在发酵过程中的作用和意义。

（一）发酵过程的参数检测

1. 物理参数

（1）**温度** 温度是指整个发酵过程或不同阶段中所维持的温度（℃）。温度的高低与氧在培养液中的溶解度和传递速率、菌体生长速率及产物合成速率等有密切关系。温度测量常用铂电阻或热敏电阻，感温元件一般装在金属套管内，再插入发酵液中在线测量。

发酵罐培养

(2) 压力 压力是指发酵过程中发酵罐内维持的压力（Pa）。罐内维持正压可以防止外界空气中的杂菌侵入，以保证纯种培养。同时罐压的高低还与氧和 CO_2 在培养液中的溶解度有关，间接影响菌体代谢。罐压一般维持在 $0.2×10^5 \sim 0.5×10^5$ Pa。压力一般用隔膜法压力表或压敏电阻压力表直接在线测量。

(3) 搅拌转速 搅拌转速是指搅拌器在发酵过程中的转动速度，通常以每分钟的转数来表示（r/min），搅拌转速一般用频率计数器或转速表在线测量。搅拌速度的高低影响氧在发酵液中的传递速率及发酵液的均匀性，此外还影响发酵中泡沫的生成。

(4) 搅拌功率 搅拌功率是指搅拌器搅拌时所消耗的功率（kW），常指每立方米发酵液所消耗的功率（kW/m^3）。它的大小与液相体积氧传质系数 $K_L\alpha$ 有关。其在线测量方法有功率表测定法、电动机反转矩测定法、轴功率等。

(5) 空气流量 单位时间内向发酵罐中通入的空气的量为空气流量，是发酵中重要控制参数之一。它的大小与氧的传递、微生物代谢废物的排出以及泡沫的生成等因素有关。空气流量在线测量常用转子流量计、同心孔板压差式流量计或热质量流量计等。

(6) 黏度 黏度（Pa·s）大小可以作为细胞生长或细胞形态的一项标志，也能反映发酵罐中菌丝分裂过程的情况，通常用表观黏度表示。表观黏度的大小与发酵液中菌体的浓度、菌体的形态和培养基的成分有关。菌体浓度越大其表观黏度也越大；丝状菌的黏度大于球菌和杆菌，并且丝状真菌的黏度大于放线菌；培养基中含有较多的高分子物质（如淀粉）时，也显著增加了发酵液的表观黏度。表观黏度影响液相体积氧传质系数 $K_L\alpha$，影响氧的传递速率。测定发酵液黏度主要采用毛细管黏度计、回转式黏度计和涡轮旋转式黏度计等。

2. 化学参数

(1) pH 发酵液的 pH 是发酵过程中各种产酸和产碱的生化反应的综合结果，是发酵工艺控制的重要参数之一。pH 的高低与菌体生长和产物合成有着重要的关系，不仅可以反映菌体的代谢状况，还可以判断发酵过程是否正常。pH 测定分为在线测定和离线测定，在线测定采用可原位蒸汽灭菌的耐高温复合 pH 电极。

(2) 基质浓度 基质浓度是指发酵液中糖、氮、磷等重要营养物质的浓度。基质浓度的变化对菌体的生长和产物的合成有着重要的影响，也是提高产物产量的重要控制手段。因此，在发酵过程中必须定时测定糖、氮、磷等基质的浓度。基质浓度的测定依据不同的基质测定方法也不同，有的可通过选用专用的传感器进行在线测量，有的只能离线通过常规的化学或仪器分析法测量。

(3) 溶氧浓度 溶氧浓度是指溶解在发酵液中分子状态的氧浓度［mmol/L，mg/L，饱和度（%）］。溶氧浓度一般用氧在培养液中饱和度的体积分数（%）来表示。根据溶氧浓度的变化，可了解产生菌对氧利用的规律，反映发酵的异常情况，也可作为发酵中间控制的参数及设备供氧能力的指标。溶氧浓度的在线检测用可原位蒸汽灭菌的耐高温覆膜溶氧电极来实现。

(4) 氧化还原电位 培养基的氧化还原电位（mV）是影响微生物生长及其生化活性的因素之一。对各种微生物而言，培养基最适宜的与所允许的最大电位值，应与微生物本身的种类和生理状态有关。氧化还原电位常作为控制发酵过程的参数之一，特别是某些氨基酸发酵是在限氧条件下进行的，氧电极已不能精确使用，这时用氧化还原参数控制则较为理想。其在线测量仪可选用各种专用的氧化还原电极。

(5) 产物浓度 产物浓度[$\mu g(U)/mL$]是发酵产物产量高低或合成代谢正常与否的重要参数，也是确定放罐时间的根据。测量方法同基质浓度。

(6) 废气中的氧含量 废气中的氧含量与产生菌的摄氧率和溶氧系数有关。从废气中的氧含量可以算出产生菌的摄氧率、呼吸熵和发酵罐的供氧能力。其测量仪表有顺磁氧分析仪、极谱氧电极等。

(7) 废气中的CO_2浓度 测定废气中的CO_2可以算出产生菌的呼吸熵，从而了解产生菌的呼吸代谢规律。其测量仪表有多种，如气相色谱仪、二氧化碳电极等。

除上述外，还有跟踪细胞生物活性的其他化学参数，如NAD-NADH体系、ATP-ADP-AMP体系、DNA、RNA、生物合成的关键酶等。

3. 生物参数

(1) 菌体形态 发酵过程中菌体形态可以反映出菌体所处的生理阶段，也可以反映菌体内的代谢变化。丝状菌在发酵过程中，随着菌体的生长繁殖和代谢，菌体由幼龄期进入成熟期，然后进入衰亡期，在各个生理阶段其菌丝形态都会发生相应的变化。菌体形态可作为衡量种子质量、区分发酵阶段、控制发酵过程的代谢变化和决定发酵周期的依据之一。菌体形态的观察一般在显微镜下进行。

(2) 菌体浓度 菌体浓度是控制微生物发酵的重要参数之一，特别是对次级代谢产物的发酵。它的大小和变化速度对菌体的生化反应都有影响。菌体浓度与培养液的表观黏度有关，间接影响发酵液的溶氧浓度。在生产上，常常根据菌体浓度来决定适合的补料量和供氧量，以保证发酵达到预期的水平。菌体浓度的测定方法有浊度法、干重法、离心称湿重法、沉淀测体积法、ATP荧光测定法、显微计数法和平板计数法等。

根据发酵液的菌体量和单位时间的菌体浓度、溶氧浓度、糖浓度、氮浓度及产物浓度等的变化值，即可分别算出菌体的比生长速率、氧比消耗速率、糖比消耗速率、氮比消耗速率和产物比生产速率。这些参数也是控制产生菌的代谢、决定补料和供氧工艺条件的主要依据。

（二）发酵过程的代谢调控

微生物体内存在着严密、精确、灵敏的代谢调节体系。这种自我调节作用使细胞经济有效地利用营养物质与能量，合理地进行各种代谢活动，以适应微生物自身的正常生长繁殖和外界环境的变化，达到微生物代谢活动和外界环境高度统一。微生物代谢调节主要通过控制酶来实现，即酶合成的调节和酶活性的调节。此外，还可以通过代谢通道控制和调控细胞渗透性等方式来进行代谢调控。研究微生物代谢调节的实际意义在于打破微生物原有的代谢调控系统，过量积累目标产物，提高生产效率。

1. 酶合成调节

酶合成调节是指通过控制酶的合成量来调节代谢速度的调节方式。其特点是缓慢、节约原料和能量、基因表达水平上调节。环境物质促使微生物细胞合成酶蛋白的现象称为酶的诱导。能够诱导某种酶合成的化合物称为酶的诱导剂，诱导剂通常是底物、底物的结构类似物或非底物高效诱导物。诱导剂种类和浓度影响诱导能力。酶的诱导包括协同诱导和顺序诱导。协同诱导是指加入一种诱导剂后，微生物能同时或几乎同时合成几种酶，它主要存在于较短的代谢途径中，合成这些酶的基因由同一操纵子所控制。顺序诱导是指第一种酶的底物会诱导第一种酶的合成，第一种酶的产物又可诱导第二种酶的合成，以此类推合成一系列的酶，它常见于较长的用来降解好几个底物的降解途径。

2. 酶活性调节

酶活性调节是指通过改变代谢途径中的一个或几个关键酶的活性来调节代谢速度的调节方式，其特点是迅速、及时、有效和经济。酶的激活或抑制是指在某个酶促反应系统中，加入某种低分子量的物质后，导致酶活性的提高或降低，从而使得该酶促反应速率提高或下降的过程。能引起酶的活力提高或降低的物质称为酶的激活剂或酶的抑制剂，如外源物质、代谢产物、金属离子等。酶的抑制可以是不可逆的或可逆的，前者造成代谢作用停止；后者，除去酶的抑制剂后，酶活性恢复。酶的抑制多数是可逆的，且多属于反馈抑制。

微生物在代谢过程中，当胞内某种代谢产物积累到一定程度时，就会阻止代谢途径中包括关键酶在内的一系列酶的合成，从而控制代谢的进行，减少末端产物生成，这种现象称为酶合成的阻遏。阻遏主要包括分解代谢产物阻遏和末端代谢产物阻遏两种类型。在酶合成的阻遏中，如果代谢产物是某种化合物分解的中间产物，这种阻遏称为分解代谢产物阻遏；如果代谢产物是某种合成途径的终产物，这种阻遏称为末端代谢产物阻遏。末端代谢产物阻遏通常称为反馈阻遏。

3. 代谢通道调节

通过酶与底物的代谢通道的调节来控制代谢途径。酶体系是区域化的，某一代谢途径相关的酶系集中于某一区域，在一定空间范围内按特定顺序进行酶促反应。通过控制酶与底物的相对位置来控制代谢途径活性的方式被称作代谢通道控制作用。

4. 细胞渗透性调控

细胞膜的组成、结构和功能影响营养物质的运输和代谢产物的排出。膜的脂质分子结构、膜上蛋白质（如酶、载体蛋白、电子传递链的成员）的数量及其活性、跨膜的电化学梯度等都会影响营养的吸收和代谢物的排出；离子强度、温度、pH值等环境条件也会影响膜脂质理化性质；细胞壁结构的部分破坏或变形，形成不完全的细胞壁，影响细胞渗透性，从而影响膜对溶质的通透性。

微生物细胞渗透性调控可分为细胞膜调控与细胞壁调控两类。通过改变细胞的渗透性，控制基质的吸收和产物的分泌，进而影响酶与基质之间的作用。通过限制培养基中生物素浓度、筛选生物素缺陷型或油酸缺陷型等细胞透性改变突变株、添加表面活性剂或脂溶剂、添加作用于细胞壁或细胞膜的抗生素、控制 Mn^{2+} 和 Zn^{2+} 的浓度等提高细胞渗透性。如曾获得细胞膜透性改变的青霉素高产菌株，摄取无机硫酸盐的能力要比低产菌株增加 2~3 倍。加入青霉素可促进谷氨酸分泌胞外，降低胞内谷氨酸浓度，解除谷氨酸引起的反馈调节，促使谷氨酸高产。

二、温度对发酵的影响及其控制

温度对发酵的影响及其调节控制是影响有机体生长繁殖最重要的因素之一，因为任何生物化学的酶促反应均与温度变化有关。在发酵过程中，需要维持适当的温度，才能使菌体生长和代谢产物的合成顺利进行。

（一）影响发酵温度的因素

在发酵过程中，既有产生热能的因素，又有散失热能的因素，产热的因素有生物热

（$Q_{生物}$）和搅拌热（$Q_{搅拌}$），散热的因素有蒸发热（$Q_{蒸发}$）、显热（$Q_{显热}$）和辐射热（$Q_{辐射}$），产生的热能减去散失的热能，所得的净热量就是发酵热（$Q_{发酵}$），单位是 kJ/(m³·h)，即：

$$Q_{发酵} = Q_{生物} + Q_{搅拌} - Q_{蒸发} - Q_{显热} - Q_{辐射}$$

现将这些产热和散热的因素分述如下：

1. 生物热

生物热是生产菌在生长繁殖代谢过程中产生的热能。营养基质被菌体分解代谢产生的能量，部分用于合成高能化合物 ATP，供给合成代谢所需要的能量，多余的能量则以热能的形式释放出来，形成生物热。生物热因菌种及发酵条件不同而不同，影响生物热的主要因素有：

(1) 菌种的特性　不同微生物利用营养物质的速度不同，产生的热量也不同。

(2) 营养物质的种类和浓度　生物热的大小还随培养基成分和浓度的不同而不同。培养基成分越丰富，营养被利用的速度越快，产生的生物热也越大。

(3) 菌体的生长阶段　生物热的大小还与菌体的生长阶段有关。当菌体处在孢子发芽和延滞期，产生的生物热较少；进入对数生长期后，菌体呼吸强度大，比生长速率大，就释放出大量的热能，并与细胞的合成量成正比；对数期后，就开始减少，并随菌体逐步衰老而下降。因此，在对数生长期释放的生物热最多。

(4) 菌体的呼吸强度　生物热的大小与菌体的呼吸强度有明显的对应关系。呼吸强度越大，菌体内进行的有氧氧化越完全，氧化所产生的生物热也越大。

2. 搅拌热

搅拌的机械运动造成液体之间、液体与设备之间的摩擦而产生的热称为搅拌热，可由以下公式近似计算出来：

$$Q_{搅拌} = 3600(P/V)$$

式中，3600 为热功当量，kJ/(kW·h)；P/V 为通气条件下单位体积发酵液所消耗的功率，kW/m³。

3. 蒸发热

空气进入发酵罐后，就和发酵液广泛接触进行热交换。同时，必然会引起水分的蒸发，蒸发所需的热量即蒸发热。

4. 显热

显热指由排出气体所带的热量。由于进入发酵罐的空气温度和湿度随外界的气候和控制条件的变化而变化，所以蒸发热和显热也是变化的。

5. 辐射热

由于发酵罐内外温度差，使得发酵液中的部分热量通过罐体向外辐射的热量，称为辐射热。辐射热可通过罐内外的温差求得，一般不超过发酵热的 5%。辐射热的大小取决于罐内外的温差，受环境温度变化的影响，冬天影响大一些，夏季影响小些。

（二）温度对微生物生长的影响

各种微生物都有最适生长温度，在低于菌体生长的最适温度时，随着温度的上升，菌体呼吸强度增加，新陈代谢速度加快，最终导致细胞生长繁殖加快；当超过菌体生长的最适温度，随着温度的上升，菌体生长受到抑制，生长速率减慢，高温也会引起菌丝衰老和提前自溶；当温度达到菌体生长的最高温度时，菌体生长停滞甚至死亡。

（三）温度对基质消耗的影响

温度还可以通过改变发酵液的物理性质，如发酵液的黏度、溶氧浓度、传递速率、某些营养成分的分解和吸收速率等，进而影响发酵的动力学性质和产物的生物合成。例如，温度对氧在发酵液中的溶解度就有很大影响，随着温度的升高，气体在溶液中的溶解度减小，氧的传递速率也会改变。另外，温度还影响基质的分解速率，例如，菌体对硫酸盐的吸收在25℃时最小。

（四）温度对产物合成的影响

1. 影响发酵化学反应速率

由于微生物发酵中的化学反应几乎都是在酶催化下进行的生物化学反应，酶活性的发挥和维持都需要合适的温度。酶活性越大，酶促反应的速度就越快。一般在低于酶的最适温度时，升高温度可提高酶的活性，当温度超过最适温度时，酶的活力下降，化学反应速率降低。一般微生物最适生长温度和最适生产温度是不一致的，例如，庆大霉素发酵中，菌体的最适生长温度是34~36℃，而庆大霉素合成的最适温度为32~34℃。

2. 影响产物的合成方向

温度变化不仅影响酶反应的速率，还影响代谢产物合成的方向。在四环类抗生素发酵中，金色链霉菌能同时产生四环素和金霉素，在30℃时，它合成金霉素的能力较强。随着温度的升高，合成四环素的比例提高。当温度达到35℃时，较高的温度影响合成金霉素的氯化反应，金霉素的合成几乎停止，只产生四环素。温度的变化还对多组分次级代谢产物的组分产生影响，如黄曲霉产生的黄曲霉素为多组分，在20℃、25℃和30℃发酵所产生的黄曲霉素G与黄曲霉素B的比例分别为3∶1、1∶2和1∶1。又如赭曲霉在10~20℃发酵时，有利于合成青霉酸，在28℃时则有利于合成赭曲霉素A。

（五）最适温度的选择

最适发酵温度指的是既适合菌体生长，又适合代谢产物合成的温度。但菌体生长的最适温度与产物合成的最适温度往往是不一致的。如初级代谢产物乳酸的发酵，乳酸链球菌的最适生长温度为34℃，而产酸最多的温度为30℃。次级代谢产物的发酵更是如此，如在2%乳糖、2%玉米浆和无机盐的培养基中对青霉素产生菌产黄青霉进行发酵，测得菌体的最适生长温度为30℃，而青霉素合成的最适温度仅为24.7℃。

1. 根据菌种选择

微生物种类不同，所具有的酶系及性质不同，所要求的温度范围也不同。如灰色链霉菌为27~29℃；红色链霉菌为30~32℃。微生物生长快，维持在较高温度的时间要短些；微生物生长慢，维持较高温度的时间可长些。

2. 根据不同的发酵阶段选择

整个发酵过程中不应只选一个培养温度，在生长阶段，为尽快获得大量的菌体，应选择最适合菌体生长的温度，在产物合成阶段，可选最适合产物合成的温度，这样的变温发酵所得产物的产量是比较理想的。一般来说，在发酵前期采用稍高的温度，有利于缩短菌体的延迟期，促进菌体的快速生长而达到一定的浓度，且营养物质的浓度迅速降低可使菌体尽早进入产物合成阶段；产物合成阶段可适当降低培养温度，有利于减缓菌体的衰老，延长产物分泌期，进而提高产物的产量，还可以改善因菌体浓度过大而造成的溶氧不足的现象。如黑曲霉生长 37℃，产糖化酶 32~34℃；谷氨酸产生菌生长 30~32℃，产酸 34~37℃。

3. 根据培养条件选择

根据发酵条件的变化，最适发酵温度还要随培养条件的变化而改变。由于氧的溶解度是随温度下降而升高，在通气条件较差的情况下，可适当降低发酵温度，较低的温度可以提高氧的溶解度、降低菌体生长速率、减少氧的消耗量，从而弥补通气条件差所带来的不足。

培养基的成分和浓度对培养温度的确定也有影响。在使用较稀薄的培养基时，适当降低发酵温度，可以延长发酵周期，增加产量。如果在较高的温度下发酵，营养物质代谢快，过早耗尽，最终导致菌体自溶，使代谢产物的产量下降。

总的来说，发酵时应根据菌种生长阶段及培养条件综合考虑，通过反复实践来定出最适温度。在工业化发酵过程中，控制好温度的变化才能更大限度地提高发酵生产的产率。发酵罐以产生热量为主，因此发酵过程中一般不需要加热。对发酵过程中产生的大量发酵热，需要采用有效的冷却方式来降低发酵温度。通过自动控制或人工控制，将冷却水通入发酵罐的夹层或蛇形管中，通过热交换来降温，保持发酵温度的相对恒定。

三、pH 对发酵的影响及其控制

微生物菌体的生长、发育及代谢产物的合成，不仅需要合适的温度，同时还需要在合适的 pH 条件下进行。选择最适 pH 的准则是有利于菌的生长和产物合成，以获得较高的产量。不同的微生物，其生长适宜的 pH 值不同，每一类微生物都有其最适的、能耐受的 pH 范围。细菌和放线菌一般在 6.5~7.5，酵母一般在 4~5，霉菌一般在 5~7。微生物生长阶段和产物合成阶段的最适 pH 往往也不一样，这不仅与菌种的特性有关，也取决于产物的化学性质，有时需要对 pH 值分阶段进行控制，才能取得良好的发酵效果。

（一）pH 值对菌生长和代谢产物形成的影响

1. pH 影响酶的活性

微生物细胞内的代谢过程都是在各种酶的催化下完成的，在合适的 pH 条件下，酶的活性中心处于正确的解离状态，酶活性高，使菌体代谢顺利进行。参与菌体生长的酶与参与产物合成的酶的种类不同，因此对 pH 值的要求也不同。

微生物代谢过程中分泌的胞外酶都直接受到来自外部环境 pH 值的影响，而胞内酶也间接受到 pH 值的影响。培养基中的 H^+ 或 OH^- 并不能直接作用在胞内酶蛋白上，而是首先作用在胞外的弱酸（或弱碱）上，使之成为易于透过细胞膜的分子状态的弱酸（或弱碱），它们进入细胞后，再行解离，产生 H^+ 或 OH^-，改变胞内原先存在的中性状态，进而影响酶的结构和活性。

2. pH 影响基质或中间产物的解离状态

基质或中间产物的解离状态受细胞内外 pH 值的影响，不同解离状态的基质或中间产物透过细胞膜的速度不同，以致影响菌体的生长和产物合成的速度。基质以非解离的分子状态存在时，更易于被菌体吸收利用，因此，酸性 pH 条件有利于弱酸性基质的利用，而碱性 pH 条件有利于弱碱性基质的利用。

3. pH 影响细胞的形态和结构

某些微生物细胞壁及细胞膜成分也会因 pH 的变化而改变，如产黄青霉的细胞壁厚度就随 pH 的增加而减小，其菌丝直径在 pH 6.0 时为 2~3μm，pH 7.4 时为 2~18μm，并呈膨胀酵母状，pH下降后，菌丝形态又恢复正常。pH还影响菌体细胞膜的电荷状况，引起膜透性发生改变，从而影响菌体对营养物质的吸收和代谢产物的形成等。

4. pH影响发酵产物的稳定性

有许多发酵代谢产物的化学性质不稳定，特别是对溶液的酸碱性很敏感。如在 β-内酰胺类抗生素噻纳霉素（thienamycin）的发酵中发现，pH值在 6.7~7.5 之间时，抗生素的产量变化不大；高于或低于这个范围，产量就明显下降。当 pH>7.5 时，噻纳霉素的稳定性下降，半衰期缩短，发酵单位也下降。青霉素在偏酸性的 pH 值条件下稳定，当 pH>7.5 时，青霉素的 β-内酰胺环开环而失去抗菌作用。因此，青霉素在发酵过程中一定要控制 pH 值不能高于 7.5，否则发酵得到的青霉素将全部失活。

5. pH影响代谢方向

同温度一样，pH值还对微生物的代谢方向产生一定影响，影响代谢产物的质量及组分的比例。如黑曲霉进行柠檬酸发酵时，柠檬酸生产的最适 pH 值为 2.5 左右，当 pH>3.0 时，其副产物草酸的量明显增加。又如，在谷氨酸发酵过程中，不同的 pH 值使谷氨酸与 N-乙酰谷氨酰胺的比例有所改变。

由于 pH 对菌体生长和产物的合成能产生上述明显的影响，所以在工业发酵中，维持最适 pH 已成为发酵控制的重要目标之一。

（二）影响 pH 值变化的因素

发酵过程中 pH 值的变化是一系列内因及外因综合作用的结果。在发酵过程中，影响发酵液 pH 值变化的主要因素有如下几种。

1. 菌种遗传特性

在产生菌的代谢过程中，菌体本身具有一定的调整 pH 值的能力，形成最适 pH 值的环境。以产利福霉素的地中海诺卡氏菌为例，采用 pH 6.0、6.8、7.5 三个不同的起始 pH 值，结果发现 pH 值在 6.8、7.5 时，最终发酵 pH 值都达到 7.5 左右，菌丝生长和发酵单位都达到正常水平。但起始 pH 值为 6.0 时，发酵中期 pH 值只达到 4.5，菌体浓度仅为 20%，发酵单位为零。这说明菌体具有一定的自我调节 pH 值的能力，但这种调节能力是有一定限度的。

2. 培养基的成分

培养基中营养物质的分解代谢，也是引起 pH 值变化的重要原因。发酵时所用的碳源种类和浓度不同，pH 值变化也不一样。如在灰黄霉素发酵中，pH 值的变化就与所用碳源种类有密切关系。如以乳糖为碳源，乳糖被缓慢利用，丙酮酸堆积很少，发酵 pH 值维持在 6.0~7.0 之间；而以葡萄糖为碳源，丙酮酸迅速积累，使 pH 值下降到 3.6，发酵单位很低。碳源浓度对 pH 值也有一定影响，随着碳源物质浓度的增加，发酵液的 pH 值有逐渐下降的趋势。糖类物质在高温灭菌的过程中氧化生成相应的酸，或者与培养基中的其他成分反应生成酸性物质。糖被微生物利用之后，产生有机酸分泌到培养基中，一些生理酸碱物质（如硫酸铵等）被菌体利用后，也会导致 pH 下降。

培养基中的氮源也会影响 pH 的变化。尿素是工业生产中较常用的氮源，在发酵过程中可被分解为 NH_3，使培养液的 pH 值升高，当 NH_3 被利用后，pH 值又有所下降。氨基酸作为氮源时，其氨基氮被利用后，pH 值有所下降。此外，当生理酸性或生理碱性物质被菌体利用后，也会造成 pH 值的相应改变。

3. 产物的形成

产物本身的酸碱性也影响 pH 值。如柠檬酸等有机酸的生产使 pH 值降低；而赖氨酸、红霉素、螺旋霉素等碱性产物则使 pH 值升高。

菌体自溶阶段，由于氨基氮的释放会造成 pH 值升高，此时一定要注意控制放罐时间，避免对 pH 值敏感的产物遭到破坏。此外，发酵过程中染菌也会造成 pH 值的异常变化。

4. 发酵工艺条件

发酵工艺条件也对发酵的 pH 值产生显著的影响。如当通气量低，搅拌效果不好时，氧化不完全，有机酸的积累增加，会使发酵液的 pH 值降低；而通气量过高，大量有机酸被氧化或被挥发，则使发酵的 pH 值升高。在补料过程中，碳源的补入会造成 pH 值下降；补入无机氮源对 pH 值的影响不同，如补入硫酸铵则 pH 值降低，而补入氨水则 pH 值升高。

综上所述，发酵液的 pH 变化是菌体产酸或产碱等生化代谢反应的综合结果，我们从代谢曲线的 pH 值变化可以推测发酵罐中各种生化反应的进行状况以及 pH 值变化异常的可能原因，提出改进意见。在发酵过程中，要选择好发酵培养基的成分及其配比，并控制好发酵工艺条件，才能保证 pH 值不会产生明显的波动，维持在最佳的范围内，得到预期的发酵结果。

（三）发酵过程 pH 值的调节与控制

1. 发酵 pH 值的确定

根据发酵实验的结果确定最适的起始 pH 值。发酵的 pH 随菌种和产品不同而不同，通常是将发酵培养基调节成不同的起始 pH，可利用缓冲剂来维持一定的 pH，并在发酵过程中定时测定和调节 pH，以维持其起始 pH，同时观察菌体的生长情况，以菌体生长达到最大量的 pH 值为菌体生长的最适 pH 值。以同样的方法，也可以确定产物合成的最适 pH 值。

由于发酵过程是许多酶参与的复杂反应体系，各种酶的最适 pH 也不相同。因此，同一菌种，其生长最适 pH 可能与产物合成的最适 pH 不同。如初级代谢产物丙酮、丁醇发酵所采用的梭状芽孢杆菌，在 pH 中性时，菌种生长良好，但产物产量很低。实际发酵的最适 pH 为 5~6 时，代谢产物的产量才达到正常。次级代谢产物抗生素的发酵更是如此，链霉素产生菌生长的最适 pH 为 6.2~7.0，而合成链霉素的最适 pH 为 6.8~7.3。

2. 发酵 pH 的控制

根据不同的发酵阶段，调控不同的 pH 值。微生物发酵的合适 pH 值范围一般是在 5~8 之间，但适宜 pH 因菌种、产物、培养基和温度不同而变化，要根据实验结果确定菌体生长和产物生产最适 pH，分不同阶段分别控制，以达到最佳生产效率。工业上控制 pH 的方法有以下几种。

（1）调整培养基成分和配比 调整发酵培养基的基础配方，使各种成分的配比适当，控制发酵过程中的 pH 值维持在合适的范围内。培养基中的碳氮比影响发酵的 pH 值，当此比例高时，发酵的 pH 值就低。生理酸性物质与生理碱性物质的比例也影响发酵的 pH 值，如硫酸铵、硝酸钠的含量均对发酵的 pH 值有较大的影响。培养基中速效碳源与迟效碳源的比例也影响发酵液的 pH 值，当速效碳源（如葡萄糖）含量增加时 pH 值降低。

（2）加入适量 pH 缓冲溶剂 某些培养基成分具有缓冲 pH 值的作用，防止 pH 急剧下降,常用缓冲溶剂有碳酸钙、磷酸盐等。碳酸钙可与发酵液中的氢离子结合,变成碳酸,碳酸在碱性pH条件下,可分解为二氧化碳和水。二氧化碳可逸出发酵液,随废气排出,从而起到缓冲酸性物质的作用。培养基中的磷酸二氢钾和磷酸氢二钾也是一对缓冲物质,对发酵pH值的稳定起着重要的作用,但使用时需注意浓度,避免对菌体生长或产物合成造成影响。

(3) 直接补加酸或碱 直接补加酸或碱调节pH较迅速,如硫酸、盐酸、氢氧化钠等,但对菌体伤害大,因此,生产上常用生理酸性物质(如硫酸铵、氯化铵等)和生理碱性物质(如氨水、硝酸钠等)来控制。当pH和氮含量低时常补充氨水;pH较高和含氮量低时常补充硫酸铵。生产上一般用压缩氨气或工业氨水进行通氨,采用少量间歇或少量自动流加,避免一次加入过量造成局部偏碱。

(4) 补料控制 在发酵过程中通过补料补加碳源或氮源,在补充营养物质的同时,也调节了发酵的pH值。例如,在青霉素发酵中,根据产生菌代谢需要改变加糖速率来控制pH,比加酸碱直接调节更能增产青霉素。

补加的生理酸性物质(如硫酸铵)或生理碱性物质(如氨水),它们不仅可以调节pH,还可以补充氮源。当发酵的pH和氨氮含量都低时,补加氨水,可达到调节pH和补充氮源的目的。反之,如果pH较高,氨氮含量又低时,就应补加硫酸铵,采用补料的方法可以同时实现补充营养、延长发酵周期、调节pH和改变培养液的性质(如黏度)等几个目的。例如,青霉素发酵的补料工艺,利用控制葡萄糖的补加速率来控制pH值,正好满足菌体合成代谢的要求,其青霉素产量比用恒定的加糖速率或加酸、碱来控制pH值的产量高25%。

(5) 其他方法 我们还可以采用多加油、糖的办法,以及适当降低空气流量、降低搅拌速率或停止搅拌以降低pH;提高通气量加速脂肪酸代谢也可提高pH,采用中空纤维过滤器进行细胞循环(过滤发酵液、除去酸等)亦可使pH升高。

四、溶解氧对发酵的影响及其控制

工业发酵所用的微生物多数为需氧菌,少数为厌氧菌或兼性厌氧菌。对于需氧菌的发酵,适宜的溶氧量可保证菌体内正常的氧化还原反应。在各种代谢产物的发酵过程中,随着生产能力的不断提高,微生物的需氧量亦不断增加,对发酵设备供氧能力的要求越来越高。溶解氧浓度已成为发酵生产中提高生产能力的限制因素。所以,处理好发酵过程中的供氧和需氧之间的关系,是研究最佳化发酵工艺条件的关键因素之一。

(一) 溶解氧浓度对微生物生长的影响

氧既是微生物细胞的重要组成成分,又是能量代谢的必需元素。对于严格厌氧微生物,氧是一种有害的物质;对于兼性厌氧微生物如酵母、乳酸菌等,在无氧情况下通过酵解获得能量;而对于需氧微生物,供氧不足就会抑制细胞的生长代谢。因此,在需氧发酵过程中,必须不断通气,使发酵液中有足够的溶解氧以满足微生物生长代谢的需要。

溶氧量少将导致能量供应不足,微生物将从有氧代谢途径转化为无氧代谢来供应能量,由于无氧代谢的能量利用率低,同时碳源物质的不完全氧化产生乙醇、乳酸、短链脂肪酸等有机酸,这些物质的积累将抑制菌体的生长与代谢。当溶氧量偏高,可导致培养基的过度氧化,细胞成分由于氧化而分解,也不利于菌体生长。

各种微生物所含的氧化酶系的种类和数量各不相同,在不同的环境条件(如温度)下,特别是发酵中碳源的种类、浓度不同，其需氧量是不同的。微生物的需氧量常用呼吸强度和耗氧速率两种方法来表示。呼吸强度是指单位质量干菌体在单位时间内所消耗的氧量，以 Q_{O_2} 表示，单位为 mmol(O_2)/[g（干菌体）·h]；耗氧速率是指单位体积培养液在单位时间内的耗氧量，以 r 表示，单位为 mmol(O_2)/(L·h)。二者的关系为：

$$r = Q_{O_2} \cdot X$$

式中　X——发酵液的干菌体质量浓度，g/L。

虽然氧在培养液中的溶解度很低，但在培养的过程中不需要使溶氧浓度达到或接近饱和值，各种微生物生长对发酵液中溶解氧浓度有一个最低要求，这一溶氧浓度称为"生长临界氧浓度"。当发酵液中的溶解氧浓度低于此临界氧浓度时，微生物的耗氧速率将随溶解氧浓度降低而很快下降，此时溶氧是微生物生长的限制因素，改善供氧，对微生物生长有利；当溶解氧浓度高于临界浓度时，微生物的耗氧速率并不随溶解氧浓度的升高而上升，而是保持基本的恒定，对微生物的生长有利。对于有些微生物生长有一最适溶解氧浓度，即溶氧上限，高于此上限，氧对微生物产生毒害作用，反而不利于生长。一般说来，微生物的生长临界氧浓度是饱和浓度的 1%～30%。

（二）溶解氧浓度对产物合成的影响

与微生物生长有一临界溶解氧浓度类似，微生物产物的合成也有一最低的溶氧浓度，称为产物合成临界氧浓度。同时产物的合成也有一合适的溶解氧浓度，溶解氧浓度太高也有可能抑制产物的形成。例如不同种类的氨基酸对氧的需求不同，可分为三种情况：第一类如谷氨酸、精氨酸和脯氨酸等，它们在供氧充足的条件下，产量才最大，如果供氧不足氨基酸合成就会受到强烈的抑制；第二类包括异亮氨酸、赖氨酸和苏氨酸等，当供氧充足时可得到最高产量，但供氧受限时对产量的影响并不明显；第三类有亮氨酸、缬氨酸和苯丙氨酸等，仅在供氧适当受限的情况下，才能获得最大量的氨基酸产量，如果供氧充足产物合成反而受到抑制。氨基酸生物合成需氧程度的不同是由它们的生物合成途径不同所引起的，不同的代谢途径产生不同数量的 NAD(P)H，其再被氧化所需要的溶氧量也不同。

对于抗生素等次级代谢产物发酵来说，氧的供给就更为重要。金霉素发酵过程中，由于其 C-6 位上的氧直接来源于溶解氧，因此对溶氧的需求较高。在菌体生长期短时间通气停止，就可能影响菌体在生长期的糖代谢，使磷酸戊糖途径转向糖酵解途径，使金霉素合成的产量减少。利用产黄青霉进行青霉素发酵，其临界溶氧浓度在 5%～10% 之间，低于此值就会对青霉素合成带来不可逆的损失，时间越长，损失越大。庆大霉素发酵过程中，由于其对能量需求较高，因此较高的溶氧水平有利于碳源消耗，加强能量代谢，促进庆大霉素的合成及分泌。

综上所述，即便对于需氧菌的发酵，也不意味着溶氧浓度越高越好，需根据菌体的特性、产物的合成途径维持适宜的溶氧浓度，以保证发酵的顺利进行及产量的提高。

（三）发酵过程中溶解氧的监测

1. 影响溶解氧的因素

由于影响发酵过程中供氧的主要因素有氧传递推动力和液相体积氧传递系数，因此，若能改变这两个因素，就能改变供氧能力。具体的影响因素如下。

（1）空气流速　当空气流速增加时，由于发酵液中的空气增多、密度下降，使搅拌功率也下降。当空气流速增加到某一值时，由于空气流速过大，通入的空气不经过搅拌叶的分散，而沿着搅拌轴形成空气通道，空气直接逸出发酵液，搅拌功率不再下降，此时的空气流速称为"气泛点"。此时再增加空气流速，对气体的分散是没有意义的，因此在发酵过程中应控制空气流速，使搅拌轴附近的液面没有大的气泡逸出。空气流速过大，不利于空气在罐内的分散与停留，同时导致发酵液浓缩，影响氧的传递。

(2) 搅拌 搅拌功率对发酵产量的影响远大于空气流速。搅拌主要从以下几方面影响溶解氧：①搅拌能打碎气泡，增加气液接触面积，小气泡的上升速度要比大气泡慢，而且搅拌使气泡呈螺旋上升，延长了气液接触时间，从而提高氧的溶解速率。②搅拌能增强发酵液的湍流程度，降低气泡周围的液膜厚度和流体扩散阻力，从而提高氧的传递速率。③搅拌使菌体分散均一，减少菌丝结团，同时降低菌体表面的液膜阻力，增加菌体与氧的接触面积，有利于菌体对氧的吸收。④可延长空气气泡在发酵罐中的停留时间，增加氧的溶解量。

应指出的是，如果搅拌速度过快，由于剪切速度增大，菌丝体会受到损伤，影响菌丝体的正常代谢，同时也浪费能源，因此，也要控制好搅拌速度。

(3) 空气分布器形式和发酵罐结构 在需氧发酵中，除了搅拌可以将空气分散成小气泡外，还可用空气分布器来分散空气，提高通气效率。空气分布器分为多孔分布器和单孔分布器，在空气流速较低的时候，多孔分布器对空气起到一定的分散作用，但是，当多孔环状分布器的直径大于搅拌器直径时，大量的空气还未经搅拌器分散即沿罐壁逸出液面，导致供氧效果差。当空气流量增加到一定值时，空气分散主要靠搅拌器作用，此时单孔和多孔供氧效果差不多，且单孔分布器还可增强发酵液的湍流程度，造成发酵液的翻动和湍流，对空气起到很好的分散作用。此外，发酵罐的结构，特别是发酵罐的高与直径的比值，对氧的吸收和传递也有较大的影响。

(4) 发酵液物理性质 发酵液的黏度是影响氧传递系数的主要原因之一。由于微生物生长和多种代谢作用使发酵不断地发生变化，营养物质的消耗、菌体浓度、菌丝形态和某些代谢产物的合成都能引起发酵液黏度的变化。发酵过程中菌体的浓度和形态对黏度有较大的影响，因而影响氧的传递。细菌和酵母菌发酵时，发酵液黏度低，对氧传递的影响较小。霉菌和放线菌发酵时，随着菌体浓度的增加，发酵液的黏度也增加，对氧的传递有较大影响。

(5) 泡沫 在发酵过程中，由于通气和搅拌的作用引起发酵液出现泡沫。在黏稠的发酵液中形成的流态泡沫比较难以消除，影响气体的交换和传递。如果搅拌叶轮处于泡沫的包围之中，也会影响气体与液体的充分混合，降低氧的传递速率。

2. 溶解氧的检测

为了随时了解发酵过程中的供氧、需氧情况，判断设备的供氧效果，经常测定发酵液中的溶解氧浓度、摄氧率和液相体积氧传递系数，以便有效地控制发酵过程，为实现发酵过程的自动化控制创造条件。水体溶解氧检测方法主要包括碘量法、荧光猝灭法以及电化学法。

(1) 碘量法 碘量法是向待测水样中加入碱性碘化钾和硫酸锰，水中溶解氧会将锰离子从二价氧化到四价，生成四价锰的氢氧化物棕色沉淀。加酸后，氢氧化物沉淀溶解，并与碘离子反应而释放出游离碘。以淀粉为指示剂，用硫代硫酸钠标准溶液滴定释放出的碘，根据滴定溶液消耗量计算溶解氧含量。

碘量法测定溶解氧，需经过溶解氧的固定、滴定及干扰的排除，消耗化学试剂，步骤烦琐，耗时长，干扰物质影响多，不适用于长期监测和快速监测。

(2) 电化学法 电化学法主要使用的是覆膜溶氧电极，主要由两个电极、电解质和一张能透气的塑料薄膜构成。目前使用的覆膜溶氧电极有极普型和原电池型两种。

① 极普型溶氧电极需要外界给予一定的电压才能工作，电极采用贵重金属（如银）制成，其电解质为 KCl 溶液。当接上外接电源时，银表面生成氧化银覆盖层，组成银-氧化银参比电极。

② 原电池型溶氧电极的阴极由贵金属铂制成，阳极为铅电极。两极之间充满乙酸盐电解液，组成原电池。

电化学探头法自动化程度高，误差小，与碘量法相比，具有操作简单、快捷高效的特点，无须配制试剂，可现场快速测定，适于自动连续监测。缺点是易受干扰。

(3) 荧光猝灭法 新一代基于荧光法的光学溶氧电极，其原理是某些光敏物质的原子受激后，会以发射荧光的形式返回基态，而氧的存在会干扰这一行为的进行。可以根据试样溶液中经溶解氧荧光猝灭后所剩余的荧光强度或寿命来测定其溶解氧含量，荧光强度越弱，则猝灭程度就越大，表示溶解氧浓度越高，相反则表示溶解氧浓度越低。

光学溶氧电极具有电极响应迅速、漂移自动补偿稳定性高、无须频繁标定、维护简单、可远程联网监测等优点，具有广阔的应用前景。

五、CO_2 对发酵的影响及其控制

CO_2 是微生物生长繁殖过程中的代谢产物，在发酵过程中，微生物细胞通过呼吸作用在吸收氧气的同时也不断地排出 CO_2，通过对尾气中 CO_2 浓度的监测，可以有效地了解菌体生长情况，判断发酵过程是否正常，为发酵控制提供一定的理论依据。同时，它也是合成某些代谢产物的基质，发酵过程中影响微生物生长和产物的合成。因此，对 CO_2 的检测与控制往往是发酵工艺过程中需要控制的因素之一。

（一） CO_2 对发酵的影响

CO_2 对培养液的 pH 值产生影响，过多 CO_2 的积累导致发酵液 pH 值的明显降低。此外，CO_2 可能与其他物质发生化学反应，或与生长必需的金属离子形成碳酸盐沉淀，也间接影响菌体的生长和发酵产物的合成。

（二） CO_2 对菌体生长及产物合成的影响

1. CO_2 对菌体生长的影响

在发酵过程中，CO_2 的浓度对微生物生长和合成代谢产物具有刺激或抑制作用的现象称为 CO_2 效应，如环状芽孢杆菌等的发芽孢子在开始生长时就需要 CO_2。CO_2 还是大肠杆菌和链孢霉变株的生长因子，有时需含 30% 的 CO_2 气体，菌体才能生长。低浓度的 CO_2 有利于刺激酵母菌的生长，高浓度的 CO_2 则抑制酵母的生长，甚至使菌体生长完全停止。

CO_2 对菌体形态也有一定影响。用扫描电子显微镜观察 CO_2 对产黄青霉生长形态的影响，发现菌丝形态随 CO_2 含量不同而改变，当 CO_2 含量在 0%～8% 时，菌丝主要呈丝状，上升到 15%～22% 时则呈膨胀、粗短的菌丝，CO_2 分压再提高到 0.08×10^5 Pa 时，则出现球状或酵母状细胞，使青霉素合成受阻。

2. CO_2 对产物合成的影响

CO_2 能够促进某些代谢产物的合成，如牛链球菌（*Streptococcus bovis*）发酵生产多糖，最重要的条件就是空气中要含有5%的 CO_2。精氨酸发酵也需要有一定的 CO_2，才能得到最大产量。

CO_2 对一些代谢产物的发酵也会起到抑制作用，如维生素 B_{12} 的发酵中，适量的 CO_2 有利于提高其产量，而过高的 CO_2 对菌体生长、底物利用及维生素 B_{12} 的合成均产生抑制作用。CO_2 对产物合成的抑制作用在抗生素的生产中表现更为突出，如在青霉素生产过程中，排气中 CO_2 含量大于4%时，即使溶氧在临界氧浓度以上，青霉素合成和菌体呼吸强度也受到抑制，在空气中的 CO_2 分压达 $0.081 \times 10^5 Pa$ 时，青霉素的比生产速率下降50%。CO_2 也抑制西索米星的合成，进气中通入 1% CO_2 使产生菌对营养基质的代谢速率明显降低，菌丝增长速度降低，西索米星产量比不通 CO_2 时下降33%。CO_2 对红霉素合成也产生明显的抑制作用，从发酵15h起，按进气量的11%开始导入 CO_2，红霉素产量减少60%，而对菌体生长并无影响。四环素发酵过程中也有一个最佳的 CO_2 分压，在此分压下产量才能达最高。

（三） CO_2 浓度的控制

1. CO_2 浓度的影响因素

（1）细胞的呼吸强度 在发酵过程中，微生物在吸收氧气的同时也呼出 CO_2，这个过程与微生物的呼吸作用密切相关。微生物进入生长期之后，代谢非常旺盛，呼吸强度较高，会消耗大量的氧气，同时也会产生较多的 CO_2。在相同压力下，CO_2 在水中的溶解度是氧溶解度的30倍。由于氧气和 CO_2 的运输都是靠胞内外浓度差进行的被动扩散，由浓度高的地方向浓度低的地方扩散，发酵培养基中会很快地积累 CO_2。

（2）通气与搅拌程度 通气和搅拌速率的大小，不但能调节发酵液中的溶解氧，还能调节 CO_2 的溶解度，在发酵罐中不断通入空气，既可保持溶解氧在临界点以上，又可排出所产生的 CO_2，使之低于能产生抑制作用的浓度。因而通气搅拌也是控制 CO_2 浓度的一种方法，降低通气量和搅拌速率，有利于增加 CO_2 在发酵液中的浓度；反之就会减小 CO_2 浓度。

（3）罐压大小 CO_2 在水中的溶解度比氧气大，所以随着发酵罐压力的增加，其含量比氧气增加得更快。当 CO_2 浓度增大时如果未被及时排出，则会产生较高的罐压，增加氧浓度的同时也大大增加了 CO_2 的浓度，使pH下降，进而影响微生物细胞的呼吸和产物合成。如果为了防止"逃液"而采用增加罐压消泡的方法，会增加 CO_2 的溶解度，不利于细胞的生长。

（4）设备规模 由于 CO_2 的溶解度随压力增加而增大，大发酵罐中的发酵液的静压可达 $1 \times 10^5 Pa$ 以上，又处在正压发酵，致使罐底部压强可达 $1.5 \times 10^5 Pa$，因此 CO_2 浓度增大时若不改变搅拌转数，CO_2 就不易被排出，在罐底形成碳酸，进而影响微生物的生长和产物的合成。

2. CO_2 浓度的控制

CO_2 浓度的控制应随它对发酵的影响而定。如果 CO_2 对产物合成有抑制作用，则应设法降低其浓度；若有促进作用，则应提高其浓度。

(1) 通过通气与搅拌控制 发酵过程中通气量大,搅拌速度快,CO_2浓度就会减小。例如,四环素发酵前40h采用较小的通气量和较低的搅拌速度,增加发酵液中CO_2的含量,40h后再降低CO_2的浓度,可提高四环素产量25%~30%。加强搅拌也有利于降低CO_2的浓度。因此,生产上一般采取调节搅拌速率及通气量的方法控制液相中CO_2浓度。

(2) 通过控制罐压调节 罐压升高,发酵液中的CO_2浓度会增加;罐压降低,CO_2浓度会随之下降。对CO_2浓度敏感的发酵生产不宜采用大高径比的反应器。罐内的CO_2分压是液体深度的函数,10m高的发酵罐中,在1.01×10^5Pa的气压下,罐底CO_2分压是顶部的2倍。

(3) 通过补料调节 补料加糖会使液相、气相中CO_2含量升高。因为糖用于菌体生长、菌体维持和产物合成三个方面都会产生CO_2。同时,CO_2的生成会引起发酵液pH降低等一系列反应。控制补糖速度和数量,可以起到调节CO_2浓度的作用。

六、基质浓度对发酵的影响及其控制

基质即培养微生物的营养物质,是菌体生长和产物形成的物质基础,基质的组成和浓度对发酵过程都有很大的影响,选择适当的基质和控制适当的浓度,是提高代谢产物产量的重要方法。

(一)基质浓度对发酵的影响

1. 碳源

不同的微生物对于碳源的需求不同,选择适宜的碳源种类有利于提高发酵产量。按照被菌体利用的速度不同,碳源可分为迅速利用的碳源和缓慢利用的碳源。迅速利用的碳源能较迅速地参与代谢、合成菌体和产生能量,并产生分解产物,因此有利于菌体的生长。迅速利用的碳源对很多代谢产物的生物合成也会产生阻遏作用。葡萄糖可以被微生物迅速地利用,有利于菌体生长,然而,当葡萄糖浓度过高时,容易产生"葡萄糖效应",对很多代谢产物,特别是抗生素等次级代谢产物的生物合成产生阻遏作用。缓慢利用的碳源,由于被菌体利用速度缓慢,有利于延长代谢产物的合成,特别是有利于次级代谢产物的生物合成。

由于菌种所含的酶系统有差别,各种菌所能利用的碳源也不相同。糖类物质是细菌、放线菌、霉菌、酵母菌容易利用的碳源,所以葡萄糖常作为培养基的一种主要成分,但在过多的葡萄糖或通气不足的情况下,葡萄糖会不完全氧化,积累酸性中间产物,导致培养基的pH下降,从而影响微生物的生长和产物的合成。

有些微生物霉菌和放线菌具有比较活跃的脂肪酶,能利用脂类如各种植物油和动物油作为碳源,常用的脂类有豆油、菜油、葵花籽油、猪油、玉米油等。有机酸或它们的盐以及醇类也能作为微生物碳源,生产中一般使用的是有机酸盐,随着有机酸盐的氧化常常产生碱性物质而导致发酵液pH变化,所以可以调节发酵过程中的pH。

2. 氮源

氮源的种类和浓度不仅影响发酵产物的产量,有时也影响发酵的代谢方向,如谷氨酸发酵,当NH_4^+供应不足时,谷氨酸合成减少,α-酮戊二酸开始积累;当NH_4^+过量时,将谷氨酸转变为谷氨酰胺。控制适当的NH_4^+浓度,才能使谷氨酸产量达到最大。氮源分为无机氮源和有机氮源两大类,它们对菌体的代谢都能产生明显的影响。

在发酵工业生产中，常使用有机氮源来获得所需的产品。例如，在培养基中加入缬氨酸可以提高红霉素产量，但生产中一般加入有机氮源获得所需氨基酸；在赖氨酸生产中，蛋氨酸和苏氨酸的存在可提高赖氨酸的产量，但生产中常用黄豆水解液代替。

微生物对无机氮源的吸收利用要比有机氮源快，故称之为速效氮源。但速效氮源的利用常会引起pH的变化，对某些抗生素的生物合成产生抑制或阻遏作用，降低产量。如竹桃霉素抗生链霉菌的发酵，采用促进菌体生长的铵盐，能刺激菌丝生长，但抗生素的产量明显下降。

3. 磷酸盐

磷酸盐是微生物生长、繁殖和代谢活动中所必需的组分，微生物细胞中许多化学成分如核酸和蛋白质合成都需要磷，它也是许多辅酶和高能磷酸键的成分。磷有利于糖代谢的进行，因此它对微生物的生长有明显的促进作用。在配制培养基时，必须加入一定量的磷酸盐，以满足微生物生长活动的要求。适合微生物生长的磷酸盐浓度为 0.3~300mmol/L，适合次级代谢产物合成所需的浓度平均为 1.0mmol/L，提高到 10mmol/L 就会明显抑制合成。相比之下，菌体生长所需要的浓度比次级代谢产物合成所需的浓度要大得多，两者平均相差几十倍至几百倍。

过量的磷酸盐会抑制许多产物的合成。例如，在谷氨酸的发酵生产中，磷的浓度过高，菌体生长旺盛，但是会抑制 6-磷酸葡萄糖脱氢酶的活性，导致谷氨酸的产量低，代谢转向缬氨酸。但也有一些产物的生产需要较高浓度的磷酸盐，如黑曲霉、地衣芽孢杆菌生产 α-淀粉酶时，高浓度的磷酸盐能显著提高 α-淀粉酶的产量。磷酸盐也能够作为重要的缓冲剂。

（二）基质浓度对菌体生长及产物形成的影响

基质浓度对发酵的影响主要表现在对菌体生长的影响、对产物形成的影响及对发酵液特性的影响等。

1. 基质浓度对菌体生长的影响

当基质浓度较低时，菌体的比生长速率与基质浓度成正比；当基质浓度达到一定值后，菌体比生长速率达到最大值；随着基质浓度的增加，有些微生物的比生长速率不再增加而保持最大不变，而有些微生物的比生长速率则随着基质浓度的增加而持续下降。这种基质抑制作用可能是由于高浓度基质形成高渗透压，引起细胞脱水而影响生长，也可能是由于分解代谢产物的抑制等。因此，基质浓度存在一个上限。例如，当葡萄糖低于 40~60g/L，不会出现生长抑制，但当超过 350~500g/L 时，多数生物不能生长，这种浓度下会使细胞脱水。

2. 基质浓度对产物形成和发酵液特性的影响

基质浓度过浓可能会改变产物的代谢方向或产生产物合成的阻遏现象。培养基浓度过于丰富，有时会使菌体生长旺盛，发酵液非常黏稠，传质状况差，菌体细胞不得不花费较多的能量来维持其生存环境，即用于非生产的能量增加，对产物的合成不利。

（三）基质浓度的控制

1. 碳源

（1）控制使用对产物生物合成有阻遏作用的碳源 青霉素的发酵生产过程中，葡萄糖作为碳源的培养基中，菌体生长良好，但青霉素合成的量少。相反，在以乳糖为碳源的培养基中，青霉素的产量明显增加。糖被缓慢利用的速度恰好符合青霉素生物合成的速度，不会积累过量的对青霉素合成有抑制作用的葡萄糖，说明糖的缓慢利用是青霉素合成的关键。其他抗生素的发酵也有类似的情况，如葡萄糖抑制盐霉素、放线菌素等抗生素的合成。因此，控制使用对产物生物合成有阻遏作用的碳源非常重要。在工业上，发酵培养基常采用含有迅速和缓慢利用的混合碳源。在菌体生长时期，利用速效碳源促进菌体的迅速生长繁殖；进入产物合成阶段，速效碳源浓度较低而减少了阻遏作用，迟效碳源发挥其被缓慢分解利用的优势，有利于代谢产物的合成，提高发酵产量。

(2) 控制适当量的碳源浓度 碳源浓度对发酵也有明显的影响。若碳源的用量过大，引起菌体异常繁殖，对菌体的代谢、产物的合成及氧的传递都会产生不良影响，产物的合成会受到明显的抑制。反之，仅仅供给维持量的碳源，菌体的生长和产物的合成会受到明显的抑制，例如在青霉素发酵中仅仅供给维持量的葡萄糖，菌的比生长速率和青霉素的比生产速率都降为零，所以必须供给适当量葡萄糖方能维持青霉素的合成速率。因此，控制适当量的碳源浓度，对工业发酵具有重要意义。

可采用经验性方法和动力学方法控制碳源。浓度经验性方法是在发酵过程中采用中间补料的方法来控制，根据不同代谢类型来确定补糖时间、补糖量和补糖方式；动力学方法是根据菌体的比生长速率、糖比消耗速率及产物的比生产速率等动力学参数来控制。

2. 氮源

发酵培养基一般选用快速和缓慢利用的氮源组成混合氮源，如链霉素发酵采用硫酸铵和黄豆饼粉。为了调节菌体生长和防止菌体衰老自溶，除了基础培养基中的氮源外，还要在发酵过程中补加氮源来控制其浓度，生产上常采用的方法如下：

(1) 补加有机氮源 根据产生菌的代谢情况，可在发酵过程中添加某些具有调节生长代谢作用的有机氮源，如酵母粉、玉米浆、尿素等。如土霉素发酵中，补加酵母粉，可提高发酵单位；青霉素发酵中，后期出现糖利用缓慢、菌体浓度降低、pH下降的现象，补加尿素就可以改善并提高发酵单位；氨基酸发酵中，也可补加作为氮源和pH调节剂的尿素。

(2) 补加无机氮源 补加氨水或硫酸铵是工业上常用的方法。氨水既可以作为无机氮源，又可调节pH。在抗生素发酵工业中，通氨是提高发酵产量的有益措施，如与其他条件相配合，有的抗生素的发酵单位可提高50%左右。当pH偏高而又需要补氮时，可补加生理酸性物质硫酸铵，以达到提高氮含量和调节pH的双重目的。还可补充其他无机氮源，但需要根据发酵控制的要求来选择。

3. 磷酸盐

磷酸盐的控制主要是通过在基础培养基中采用适当的磷酸盐浓度。对于初级代谢产物发酵来说，其对磷酸盐浓度的要求不如次级代谢产物发酵那样严格。对抗生素发酵来说，常常采用生长亚适量的磷酸盐浓度。该浓度取决于菌种特性、培养条件、培养基组成和来源等因素，即使同一种抗生素发酵，不同地区、不同工厂所用的磷酸盐浓度也不一致，甚至相差很大。因此，磷酸盐的浓度控制，必须结合当地的具体条件和使用的原材料进行实验来确定。

培养基中的磷含量还可因配制方法和灭菌条件不同而变化，有些金属离子，如Ca^{2+}、Mg^{2+}等可与磷酸盐产生沉淀，从而降低培养液中磷含量。据报道，利用金霉素、链霉菌进行四环素发酵，菌体生长最适的磷浓度为$65\sim70\mu g/mL$，而四环素合成的最适浓度为$25\sim$

30μg/mL，青霉素发酵用 0.01% 的磷酸二氢钾为好。在发酵过程中，有时发现代谢缓慢的情况，可采用补加磷酸盐的办法加以纠正。

七、通气搅拌对发酵的影响及其控制

（一）通气搅拌对发酵的影响

发酵过程可以分为有氧发酵和无氧发酵。在厌氧发酵中，为了保持微生物与反应基质的均匀混合，需要搅拌，但这需要的搅拌功率较小。对于好氧培养系统而言，情况不一样，除了均匀混合的需要之外，更重要的是必须有溶解氧参加微生物的代谢反应。而氧在水中的溶解度很低，实际培养液与水相比，饱和溶氧浓度更低了，所以机械搅拌的更重要功能在于：①把从空气管中引入发酵罐的空气打成碎泡，增加气液接触面积；②将空气和发酵液充分混合，延长空气在罐内的停留时间，增加溶氧；③增加液体的湍流程度，降低气泡周围的液膜阻力和液体主流中的流体阻力；④减少菌丝结团现象，降低菌丝丛内扩散阻力和菌丝丛周围的液膜阻力；⑤使发酵罐内的温度和营养物质浓度达到均一。

搅拌式生物发酵罐的混合模式是通过搅拌桨旋转带动整个发酵液的混合。发酵罐搅拌参数的控制主要是通过转速控制进行。转速控制除了要考虑提高转速，提高混合效率，还必须将转速控制在合理的范围内，转速过高会导致发热量增加，增加细胞受到的剪切力，使发酵失败。此外，经过研究发现，发酵体积体系流型、搅拌桨选型和直径都会影响生物发酵的效率。在大型生物发酵过程中，除了转速，搅拌桨种类和空间位置的选择也十分重要，要根据培养物质的流体性质选择合适的搅拌桨种类。目前通常使用的是轴流桨与径流桨的组合桨，将微观液流和宏观流场结合，提高整个生物发酵体系物料混合的程度。混合桨一般采用底层径流式上层轴流式，可以有效保证罐顶加入的营养物质在轴流桨的作用下迅速分布到罐底，而罐底通入的空气也能够及时分散，保证全罐整体循环流动，为整个微生物发酵提供合适的环境。

（二）通气搅拌对菌体生长及产物形成的影响

1. 对菌体生长的影响

各种微生物生长对发酵液中溶解氧浓度有一个最低要求，这一溶氧浓度称为"生长临界氧浓度"。当发酵液中的溶解氧浓度低于此临界氧浓度时，微生物的耗氧速率将随溶解氧浓度降低而很快下降，此时溶氧是微生物生长的限制因素，改善供氧，对微生物生长有利；当溶解氧浓度高于临界浓度时，微生物的耗氧速率并不随溶解氧浓度的升高而上升，而是保持基本的恒定，对微生物的生长有利。有些微生物生长有一最适溶解氧浓度，即溶氧上限，高于此上限，氧对微生物产生毒害作用，反而不利于生长。一般说来，微生物的生长临界氧浓度是饱和浓度的 1%～30%。搅拌器安装的相对位置对搅拌效果影响也很大。例如下组搅拌器距罐底太远，则罐液不能上升，造成局部缺氧。搅拌器相距太远，部分发酵液搅拌不均匀，相距太近，功率降低。

2. 对产物形成的影响

与微生物生长有一临界溶解氧浓度类似，微生物产物的合成也有一最低的溶氧浓度，称为产物合成临界氧浓度，同时产物的合成也有一合适的溶解氧浓度，溶解氧浓度太高也有可能抑制产物的形成。最佳合成氧浓度可能低于最适生长溶解氧浓度或生长临界氧浓度，也可能高于最适生长溶解氧浓度或临界氧浓度，在发酵过程中，必须在不同阶段，根据不同的需求,合理配置氧的供给,以满足微生物对氧的需求,达到稳定和提高生产、降低成本的目的。

八、泡沫对发酵的影响及其控制

泡沫是气体被分散在少量液体中的胶体体系,气液之间被一层液膜隔开,彼此不相连通。在发酵过程中,对泡沫的控制是一项重要内容,如果不能有效地控制发酵过程中产生的泡沫,将对生产造成严重的危害。

(一)泡沫的产生及其影响

在需氧发酵过程中,要通入大量的无菌空气,由于培养基中存在糖、蛋白质和代谢物菌体等稳定泡沫的物质,在通气发酵和微生物呼出 CO_2 的共同作用下,发酵液会产生泡沫。

在工业发酵过程中,培养液中形成一定数量的泡沫,增大了气液接触的面积,导致传氧速率的增加,有利于发酵过程氧的供给,这是泡沫有利的一面。但如果泡沫产生过多,特别是在发酵旺盛时会产生大量泡沫,而引起发酵液溢出发酵罐(所谓"逃液"现象),会给发酵带来许多副作用。主要表现在:

1. 装料系数下降

装料系数是指发酵罐实际装料量与发酵罐容积之比,是衡量发酵罐生产能力的一个重要的指标,较高的装料系数可以充分利用发酵罐的体积,提高产量并降低成本。一般需氧发酵中发酵罐装料系数为 0.6~0.7,发酵罐设计时要预留出较多的空余体积用于容纳泡沫,以防止逃液和渗漏,泡沫过多必然会使发酵罐装料系数下降,也大大降低生产效率。

2. 造成逃液,增加染菌机会

泡沫过多时,发酵液从排气管路或轴封溢出,造成大量逃液,溢出的液体导致空气中的微生物增殖,增加了发酵罐染菌机会。同时,发酵液溢出也造成目的产物的损失。

3. 氧传递系数减小

大量的泡沫会降低发酵液中的溶氧浓度,也会降低搅拌的效果,减少气体在发酵液中的分布,从而使氧传递系数减小。泡沫严重时,被迫停止搅拌或通气,容易造成菌体缺氧,导致代谢异常。

4. 菌丝黏壁增加

泡沫会使发酵液中的部分菌丝黏壁,不能够继续生长或生成产物,影响放罐体积和产量。黏壁的菌丝最后也可能形成菌丝团,降低发酵的质量。

(二)发酵过程泡沫的变化

发酵液中同时存在气、液两相是泡沫产生的条件,需氧发酵中的氧气和产生的 CO_2 都容易对泡沫的形成产生影响。发酵过程中泡沫的消长和液体表面性质有关,液体表面张力越低,泡沫越稳定。此外,发酵液的温度、pH、培养基成分等因素也都影响泡沫的形成和稳定性。

1. 通气量

通气量越大,搅拌越剧烈,则产生的泡沫越多,而且因搅拌所产生的泡沫比因通气产生的多；反之，通气量降低，搅拌速度减慢，也会使泡沫减少。

2. 培养基的灭菌时间

在培养基的灭菌过程中，由于高温的作用，一些营养成分分解变质，产生新的物质，而且各成分之间会发生化学反应，生成副产物。灭菌时间越长，培养基中产生的杂质和副产物就越多，这些物质会增加泡沫界面的表面张力，使泡沫的稳定性增加，维持时间延长。

3. 培养基成分

培养基中的成分如玉米浆、蛋白胨、花生饼粉、黄豆饼粉、酵母粉、糖蜜等是主要的发泡因素，其起泡能力与品种、产地、贮存方法、加工条件和配比有关。例如培养基蛋白质含量越多，发酵液的黏度、浓度越大，则生成的泡沫稳定性就越高。

4. 菌体生长阶段

菌体旺盛生长时产生的泡沫多，当发酵液中营养基质被菌体大量消耗时，浓度下降，则气泡的稳定性减弱；在发酵后期，伴随菌体的自溶，发酵液中蛋白质浓度上升，则发酵液起泡性增强。

（三）泡沫的控制

泡沫的控制可从两方面着手：一是设法减少泡沫的生成；二是采取措施消除已经产生的泡沫。减少泡沫的产生可通过采用菌种选育的方法，筛选不产生流态泡沫的菌种，消除起泡的内在因素。也可通过调整培养基成分及对发酵条件进行控制，避免发酵过程中产生过多的泡沫，可采用的方法有：①在基础培养基中减少易起泡成分的用量，将易起泡的培养基成分通过补料的方式分次投料来控制；②更换原材料的品种、产地或加工方法；③在发酵培养基中加入一定量的消泡剂；④减少通气，降低搅拌转速。对于已经生成的泡沫可以采用机械消沫或消沫剂消沫这两类方法来消除。

1. 机械消沫

机械消沫是一种物理消沫的方法，利用机械强烈振动或压力变化而使泡沫破裂，可在罐内消沫，也可将泡沫引出罐外进行消除。常见的机械消泡器的结构形式有栅式、旋转圆盘式、涡轮式和旋风分离式等。近年来，出现了一些新型高效的阻沫分离器，大多是将泡沫收集装置、菌体回收装置、尾气再回收装置等相结合，既能有效提高装料系数、防止逃液，也具有回收发酵液、回收无菌空气等作用，从而实现发酵过程的节能减排。

机械消泡的最大优点是不往发酵罐中添加额外的物质，减少了由于添加化学消泡剂可能带来的污染问题，但机械消泡方式不能从根本上解决泡沫产生的因素，当泡沫量过大时，机械性消泡装置不能迅速消除泡沫，需要结合化学消泡剂的使用才能达到消泡的目的。

2. 消沫剂消沫

消沫剂消沫是利用外界加入的消沫剂使泡沫破裂的方法。消沫剂可以降低泡沫液膜的机械强度或者降低液膜的表面黏度，或者兼有两者的作用，达到消除泡沫的目的。消沫剂都是表面活性剂，具有较低的表面张力，理想的消沫剂，应具备下列条件：①在气液界面上具有足够大的铺展系数，即要求消沫剂有一定的亲水性，才能迅速发挥消沫作用；②在低浓度时仍具有较好的消泡活性；③具有持久的消泡或抑泡性能，以防止形成新的泡沫；④对发酵过程中氧的传递不产生影响；⑤对微生物、人类和动物无毒性；⑥对提取过程中产物的分离提取不产生影响；⑦在使用、运输中不引起任何危害；⑧成本低；⑨能耐高温灭菌。

常用的消沫剂,主要有天然油脂类、聚醚类、高碳醇或酯类以及聚硅氧烷类。其中以天然油脂类和聚醚类在微生物药物发酵中最为常用。

(1) 天然油脂类 天然油脂不仅用作消沫剂,还可作为发酵的碳源,在抗生素的生产中应用较为广泛。常用的有豆油、玉米油、棉籽油、菜籽油和猪油等。不同种类的油,其消沫能力和对产物合成的影响也不相同。例如:土霉素发酵,豆油、玉米油较好,而亚麻油则会产生不良的作用。油的质量还会影响消沫效果,碘价或酸价高的油脂,消沫能力差并产生不良的影响。所以,要控制油的质量,并要通过发酵进行检验。油的新鲜程度也有影响,油越新鲜,所含的天然抗氧剂越多,形成过氧化物的机会少,酸价也低,消沫能力强,副作用也小。植物油与铁离子接触能与氧形成过氧化物,对四环素、卡那霉素等的生物合成不利,故要注意油的贮存与保管。

(2) 聚醚类 聚醚类消沫剂的品种很多,均为无色或黄色黏性液体,不易挥发,热稳定性高,具有相似的表面化学性质。聚醚类消沫剂起消沫作用的基团主要是分子中疏水性的聚氧丙烯链,亲水性的聚氧乙烯链和末端羟基链则使其具有良好的铺展系数,以促进消沫效力的发挥。

由氧化丙烯与甘油聚合而成的聚氧丙烯甘油,简称 GP 型;由氧化丙烯、环氧乙烷及甘油聚合而成的聚氧乙烯氧丙烯甘油,简称 GPE 型,又称泡敌。

GP 的亲水性差,在发泡介质中的溶解度小,所以用于稀薄发酵液中要比用于黏稠发酵液中的效果好。其抑泡性能比消泡性能好,适宜用在基础培养基中,抑制泡沫的产生。如用于链霉素的基础培养基中,抑泡效果明显,可全部代替食用油,也未发现不良影响,消泡效力一般相当于豆油的 60～80 倍。

GPE 的亲水性好,在发泡介质中易铺展,消沫能力强,作用又快,而溶解度相应也大,所以消沫活性维持时间短,因此,用于黏稠发酵液的效果比用于稀薄的好。GPE 用于四环类抗生素发酵中,消沫效果很好,用量为 0.03%～0.035%,消沫能力般相当于豆油的 10～20 倍。

(3) 高碳醇或酯类 高碳醇类消沫剂需借助适当的乳化剂配制成水乳液,用于发酵过程中的消泡。此类消沫剂有十八碳醇、聚乙二醇等。聚乙二醇适用于霉菌发酵液的消沫。在青霉素发酵中还可使用苯乙酸月桂醇酯、苯乙醇油酸酯等,它们是具有前体性质兼有消沫作用的物质,可在发酵过程中逐步被分解释放出前体用于产物合成,释放出的醇则可作为消沫剂使用。

(4) 聚硅氧烷类 聚硅氧烷类消沫剂较适用于微碱性的细菌发酵,常用的是聚二甲基硅氧烷。聚二甲基硅氧烷是无色液体,不溶于水,有不寻常的低挥发性和低的表面张力。纯的聚二甲基硅氧烷由于不易溶于水,因而不容易分散在发酵液中,消沫效果较差,因此常加分散剂(微晶二氧化硅),或用乳化剂乳化后使用,以便提高消沫性能。此外,还可通过在其末端引入羟基制成羟基聚二甲基硅氧烷,改进其在水中的分散性,提高消沫活性。

(5) 消沫剂的增效措施 为了克服消沫剂分散性能差、作用时间短等弱点,提高消沫剂的消沫性能可采取以下措施:

① 加载体增效。用"惰性载体"(如矿物油、植物油等)将消沫剂溶解分散,达到增效的目的。如将 GP 与豆油 1:1.5(体积比)混合,可提高 GP 的消泡性能。

② 消沫剂并用增效。取各个消沫剂的优点进行互补,达到增效目的。如 GP 和 GPE 按 1:1 混合用于土霉素发酵,结果比单用 GP 的效力提高 2 倍。

③ 乳化增效。用乳化剂（或分散剂）将消沫剂制成乳剂，以提高分散能力，增强消沫效力。一般只适用于亲水性差的消沫剂。如用吐温 80 制成的乳剂，用于庆大霉素发酵，效力提高了 1~2 倍。又如以二甲基硅氧烷为原料，将聚醚、乳化剂、增稠剂等物质混合制备得到的有机硅复合乳液消泡剂，其消泡效果也较好。

九、高密度发酵及过程控制

（一）高密度发酵

高密度发酵又称高细胞密度发酵（high cell density fermentation，HCDF），是通过提高菌体的发酵密度，最终提高产物的比生产率（单位体积单位时间内产物的产量）的发酵方式。用以描述的单位是干细胞质量/升（DCW/L）。由于菌种、菌株及目标产物差异性较大，高密度培养的最终菌体生物量无法用一个确切的值或范围界定。通常认为发酵液密度 20~200g/L 为高密度发酵，而某些极端微生物细胞密度达到数克每升也可认为是高密度培养。

该法在不影响胞内产物积累的基础上，通过调控发酵条件，优化菌种培养条件，使菌种大量生长繁殖，尽可能多地积累生物量。不仅可以减小培养体积，还可以提高原料的利用率，减少能源的消耗，强化下游分离提取，还可以缩短生产周期、减少设备投资，从而降低生产成本。

微生物发酵过程中，高密度发酵技术的应用逐渐趋于广泛。但微生物发酵过程会受到菌种本身、培养基、生产工艺的影响，实现高密度发酵并非易事，通过不断试验，了解菌种发酵性能，才能够实现高密度发酵。

（二）高密度发酵的控制

菌株、培养基、生产工艺等单一因素的变化均可影响菌株生长的稳定性或产物的生成量，进而改变高密度发酵的结果。

从菌株出发，保证其生长活性。菌株优化，有传统诱变方法，如紫外诱变、化学诱变等；也存在基因工程的方法，使菌株具有良好的生长性能以及产生目标代谢产物的能力。良好的菌株需要优质的培养基，确保菌株生长和发酵过程中能量的供应，通过单因素试验和正交试验，确定菌株培养基的配方。优化发酵工艺，注意温度、pH 值、溶氧、搅拌等基本参数。高密度发酵的补料的方式一般为分批补料和连续补料。分批补料过程可以通过 pH 值、残糖含量等参数反馈控制补料。

1. 培养基

高密度培养要求培养基含有细胞生长所需的所有营养成分，配比均衡，且浓度不会对细胞生长产生抑制作用。一般采用营养成分清晰的全合成培养基，便于发酵过程的调节控制和进一步的扩大培养。培养基必须包含细胞生长必需的碳源、氮源、无机盐及生长因子。高密度培养的初始发酵培养基营养成分必须低于抑制浓度，并结合恰当的流加补料策略提供营养物质，使细胞生长维持在最佳状态。

2. 培养温度

培养温度随菌种、培养基成分和细胞生长阶段的不同而不同，温度不仅影响发酵液的理化性质，还对外源蛋白的表达和活性有很大的影响。细胞密度较高时，呼吸作用释放大量热量导致发酵液的温度升高，因此发酵设备需要快速有效的降温散热系统。温度还可作为高密度发酵的调控手段，目前主要的控温策略是调节冷却水的流量，针对不同的发酵过程，罐温控制方式也不相同，大致分为定值控制和程序设定控制两种。

3. pH

发酵体系 pH 值是发酵液成分与细胞代谢综合作用的结果。碳源消耗而产生的有机酸、CO_2 的溶解、补料的流加、次级代谢产物的积累、菌体自溶裂解等都可导致 pH 的变化。

pH 不仅是反映细胞生长代谢的指标，也是调控高密度培养的手段。pH 的调节需要从发酵初始培养基开始，初始 pH 不同，最终发酵效果可能也会有很大差异。发酵过程中 pH 的调节，可分为两种：

(1) 内源性调节　发酵过程中通过补加碳源或氮源调节（碳源经代谢产酸使 pH 降低；供能不足时，氮源的碳骨架作为能源参与代谢，产生 NH_4^+，使 pH 升高）。

(2) 外源性调节　通过流加酸（如 H_3PO_4）、碱（如氨水）调节，氨水还可以作为氮源促进菌体的生长。

4. 溶解氧（DO）

溶解氧（DO）浓度很大程度上影响细胞生长及外源蛋白的表达。DO 浓度随菌体密度的增加和呼吸作用的增强而降低，发酵液黏度增加也会影响氧传递的速率。DO 浓度一旦低于临界氧浓度值，细胞停止生长，甚至死亡。主要调节方法有：

(1) 物理方法调节　增加空气流量，提高搅拌转速；增大罐压；通入纯氧（混合不均，易氧中毒）。

(2) 化学方法调节　加入 H_2O_2，利用菌体产生的过氧化氢酶促使其分解产生 O_2。

(3) 生物改造方法　在菌体中克隆具有提高氧传递能力的透明颤藻蛋白（VHB）。

5. 比生长速率

比生长速率是高密度培养过程中最重要的过程参数，它影响细胞对营养成分的吸收和分配、细胞的生长、外源蛋白的表达与折叠、核糖体的浓度、RNA 的浓度和副产物的生成与积累等。比生长速率也应根据菌株、培养条件、细胞生长阶段和外源蛋白是否表达等实际情况而作相应调节。

6. 补料策略

培养基营养成分过高会抑制细胞的生长，采用流加补料是提高细胞浓度和外源蛋白产量的有效方式，高密度培养通过调节限制性底物的流加速率来调控细胞生长。目前报道的最高生物量已达到 233g DCW/L，已报道的高密度培养大肠杆菌最高生物量为 190g DCW/L，非常接近大肠杆菌在液体培养基中可能达到的理论最高生物量水平 200g DCW/L。

十、发酵终点的检测与控制

微生物发酵终点的判断对提高产物的生产能力和经济效益是很重要的。生产不能只单纯要求高生产力，而不顾及产品的成本，必须把二者结合起来，既要有高产量，又要有低成本。放罐时间的确定要考虑经济因素，也就是以较低的成本获得最大生产能力的时间为最适发酵时间。

（一）发酵终点的确定

不同类型的发酵要求达到的目的不同，对发酵终点的判断也不同，判断发酵终点有多种方法，从工艺指标来看，当温度开始下降，pH 不再变化或升高时即发酵终点；或者用检验试剂进行滴定，测得发酵终点；也可以在发酵液中加入石灰至 pH 12 以上时加热至沸，澄清看其色号，色号越浅说明离发酵终点越近。

（二）发酵终点的控制

1. 经济因素

在发酵过程中形成的产物，有的是随菌体生长而产生，如初级代谢产物氨基酸等；有的与菌体生长无明显的关系，生长阶段不产生产物，直到生长末期才进入产物分泌期，如抗生素的合成。但是无论是初级代谢产物，还是次级代谢产物发酵，到了末期，菌体的分泌能力都要下降，使产物的生产能力下降或停止。在生产速率较小的情况下，单位体积发酵液每小时产物的增长量很小，如果继续延长发酵时间，虽然总的产量还在增加，但动力消耗、管理费用支出、设备磨损等费用也在增加，所以要权衡总的经济效益，如果各项消耗的费用大于产物增加所带来的效益，就要立刻结束发酵过程。

有的产生菌在发酵末期营养耗尽，菌体衰老而进入自溶，释放出体内的分解酶，会破坏已形成的产物，也要及时终止发酵。

2. 产品质量

发酵时间长短对提取工艺和产品质量有很大的影响。如果发酵时间太短，势必有过多的尚未代谢的营养物质（如可溶性蛋白、脂肪、无机盐等）残留在发酵液中，这些物质对发酵后的提取过程，如溶剂萃取或离子交换过程产生不利的影响。可溶性蛋白的存在容易导致萃取过程中产生乳化现象；无机盐等杂质的存在会干扰离子交换过程同时会降低树脂对产物的交换容量。如果发酵时间太长，菌体会自溶，放出菌体蛋白或体内的酶，改变发酵液的性质，增加过滤工序的难度，不仅使过滤时间延长，甚至使一些不稳定的产物遭到破坏。所有这些影响都可能使产物的质量下降，产物中杂含量增加。所以，要考虑放罐时间对产物提取工序的影响。

3. 特殊因素

在正常发酵的情况下可根据长期生产经验和生产计划按时放罐。但在异常情况如染菌、代谢异常（糖耗缓慢等）时，就应根据不同情况进行适当处理。此时为了得到更多产物，应该及时采取措施（如改变培养温度或补充营养等），并适当提前或拖后放罐时间。确定放罐时间要参考的指标有：产物的生产速率、发酵液的过滤速度、氨基氮的量、菌丝形态、pH 值、发酵液的外观和黏度等。发酵终点的掌握，要综合这些参数来确定。

十一、微生物初级代谢产物的生物合成与调控

（一）初级代谢的主要调控机制

对于微生物菌体来说，无论进行初级代谢还是次级代谢，代谢过程都有其自身规律。随着菌体的生长和产物的形成，发酵液中的各项参数（菌体浓度、菌丝形态、基质浓度、溶氧浓度、pH 值等）不断变化，只有了解菌体发酵的代谢变化规律，掌握各参数与菌体生长和产物合成间的相关性，才能更好地对发酵过程进行控制。

初级代谢指的是生物细胞在生命活动过程中进行的与菌体的生长、繁殖相关的一类代谢活动，其产物即为初级代谢产物，包括：氨基酸、核酸、核苷酸、脂肪酸等。初级代谢产物发酵的代谢变化主要表现为：菌体的生长、营养物质的消耗和产物的合成基本是同步进行的，即随着菌体的不断生长，营养物质不断被消耗，代谢产物不断合成。

菌体进入发酵罐后经过生长、繁殖，并达到一定的菌体浓度。其生长过程表现出延迟期、对数生长期、稳定期和衰亡期等生长史的特征。但在发酵过程中，即使同一菌种，由于菌体的生理状态和培养条件的不同，各期的时间长短也不尽相同。如延迟期的长短就随培养条件的不同而有所不同，并与接入菌种的生理状态有关。对数期的菌种移植到与原培养基组成完全相同的新培养基中，就不会出现延迟期，仍以对数期的方式继续繁殖下去；用静止期以后的菌体接种，即使接种的菌体全部能够生长，也要出现延迟期。因此，工业发酵中往往要接入处于对数生长期的菌体，以尽量缩短延迟期。

营养物质的消耗与菌体生长密切相关。延迟期消耗速率缓慢；对数生长期消耗迅速，基质浓度急剧下降；稳定期后消耗较少直至发酵。

（二）酒精的产生与调节机制

酒精是一种新能源，其优势在于发酵酒精属于可再生能源。酒精的应用范围非常广泛，它不仅是一种优良燃料，还可作为一种优良的燃油品质改善剂，达到节能和环保的目的，合理利用酒精还可以提高白酒的质量。另外，酒精在医药化工方面的应用也很广泛，酒精的发酵也越来越受到重视。

1. 酒精生产原料

用于酒精发酵的原料主要有谷物原料，如玉米、小麦、高粱和水稻等；薯类原料，如甘薯、木薯和马铃薯等；糖质原料，如甘蔗、甜菜和糖蜜等。其中，玉米是粮食作物中用途最广、开发产品最多的工业原料。我国发酵酒精的原料构成近年来发生了明显的变化：甘薯酒精的比例逐年下降，玉米酒精的比例不断增长。酒精生产中常用的辅助原料主要有：酶制剂、尿素、纯碱、活性干酵母和硫酸等。其中，常用的酶制剂有耐高温淀粉酶、高活性糖化酶和酸性蛋白酶。淀粉酶和糖化酶的作用是将淀粉水解成葡萄糖，而蛋白酶的作用是将原料中的蛋白质水解成氨基酸，为酵母菌细胞的生长和繁殖提供丰富的氮源。在酒精生产中，最为重要的是高质量的活性干酵母，它是现代大型酒精企业培养酵母重要的基础酵母菌种。

2. 酒精酵母的生长条件

酒精酵母在酒精企业被称为酒母，在分类学上属于真菌门，子囊菌纲，原子囊菌亚纲，内孢霉目，内孢霉科，酵母亚科，酵母属。酒精酵母是单细胞微生物。培养酒精酵母的主要控制条件是温度、pH和培养基的组成。

(1) 温度 酵母菌的最适培养温度为29～30℃。酵母菌发育的最高温度为38℃，最低温度为−5℃，在50℃时酵母死亡。但是，酵母发育的最适温度并不代表最高发酵活性时的温度，不同菌种有不同的要求。

(2) pH 培养基的pH对酒精酵母的生长有显著影响，pH的变化不仅影响营养物质的吸收，而且影响酶的活性。通过对代谢途径的研究发现，如果pH为碱性时，发酵途径将发生改变，酒精产量减少而甘油产量增加。酒精酵母生长的最适pH一般为4.8～5.0。

(3) 培养基的组成 酵母菌可以利用很多有机化合物中的碳作为碳源，三羧酸循环中的任何中间产物都能被酵母菌利用。在酒精生产中使用的碳源一般都是葡萄糖。酒精酵母可利用两种形式的氮：氨态氮和有机氮。酵母能有效地利用硫酸铵、磷酸铵、尿素和有机酸铵盐。氨基酸既是酵母的氮源，又可作为它的碳源，当氨基酸的氨基被利用以后，余下的酸可作为酵母菌的碳源。在无氧条件下，酵母菌在发酵初期充分利用磷源，这期间它吸收总磷量的80%～90%。在以淀粉质为原料的糖化醪中有足够量的含磷化合物，当以糖蜜为原料时，糖化醪中磷含量可能不足,此时可以通过添加磷酸或其他含磷化合物的方法补足。

十二、微生物次级代谢产物的生物合成与调控

某些微生物在一定生长生理阶段出现的一种特殊的代谢类型,以初级代谢产物为前体,产生一些有利于生存的代谢类型,称为次级代谢。次级代谢的产物是通过次级代谢合成的产物,如抗生素、激素、毒素、色素和生物碱等,这些产物对微生物本身无明显生理作用或对自身生长是非必需的,但对产生菌的生存可能有一定价值,例如微生物分泌的抗生素不参与生长繁殖过程,但是可以抑制或杀灭周围环境中的其他微生物,为菌种获得更多的营养物质提供条件。次级代谢产物中有很多是非常重要的,并有工业价值。

(一)次级代谢与初级代谢的关系

1. 初级代谢产物和次级代谢产物的关系

初级代谢和次级代谢的生物合成途径是相互联系的。初级代谢是次级代谢的基础,它可为次级代谢产物合成提供前体物和所需要的能量。初级代谢产物合成中的关键性中间体也是次级代谢产物合成中的重要中间体物质,比如糖降解过程中的乙酰辅酶 A 是合成四环素、红霉素的前体。而次级代谢则是初级代谢在特定条件下的继续与发展,有维持初级代谢平衡的作用,避免初级代谢过程中某些中间体或产物过量积累对机体产生的毒害。

2. 初级代谢和次级代谢的区别

初级代谢和次级代谢也有很多区别:①初级代谢在所有细胞中大致相同,但次级代谢却因生物不同而有明显的差异。例如青霉菌合成青霉素、芽孢杆菌合成杆菌肽、黑曲霉合成柠檬酸等。②即使是同种生物也会由于培养条件不同而产生不同的次级代谢产物。如荨麻青霉($Penicillium\ urticae$)在含有 $0.5×10^{-8}$ mol/L 的锌离子的察氏培养基中培养时合成的主要次级代谢产物是 6-氨基水杨酸,但在含锌离子提高到 $0.5×10^{-6}$ mol/L 时不合成 6-氨基水杨酸,而是合成大量的龙胆醇、甲基醌醇和棒曲霉素。③对环境条件变化的敏感性或遗传稳定性上明显不同。初级代谢产物对环境条件的变化敏感性小(即遗传稳定性大),而次级代谢产物对环境条件变化很敏感,其产物的合成往往因环境条件变化而停止。④催化初级代谢物合成的酶专一性较强,催化次级代谢合成的某些酶专一性不强。因此,在某种次级代谢产物合成的培养基中加入不同的前体物时,往往可以导致机体合成不同类型的次级代谢产物。我们可以通过选育合适的生产菌株以及调节培养条件等方式,达到提高目标次级代谢产物产量的目的。

(二)次级代谢的主要调控机制

按照代谢变化,可将次级代谢产物发酵过程分为 3 个阶段:菌体生长阶段、产物合成阶段和菌体自溶阶段。

1. 菌体生长阶段

生产菌种接种至发酵培养基后,在合适的培养条件下,经过一定时间的适应,就开始生长和繁殖,经过对数生长期,达到稳定期。其代谢变化主要是营养物质的分解代谢和菌体生长的合成代谢。主要表现为:碳源、氮源和磷酸盐等营养物质不断被消耗利用,浓度明显减小;新菌体不断被合成,菌体浓度明显增加;随着菌体浓度不断增加,摄氧率也不断增大,溶氧浓度不断下降,当菌体浓度达到临界值时,溶氧浓度降至最低;产物基本不合成或合成的量很少。由于基质的代谢变化,pH 值也发生一定改变,有时先下降而后上升,这是糖代

谢先产生酮酸等有机酸而后被利用的结果；有时先上升而后下降，这是由于菌体先利用培养基中氨基酸的碳骨架作为碳源而释放出氨，使 pH 值上升，而后氨又被利用使 pH 值下降的结果。

当营养物质消耗到一定程度，或菌体达到一定浓度，或供氧受到限制而使溶氧浓度降到一定水平时，某种营养成分就成为菌体生长的限制性因素，使菌体生长速率减慢。同时，在大量合成菌体期间，积累了相当数量的某些代谢中间体。此时与菌体生长有关的酶活力开始下降，与次级代谢有关的酶开始出现，因而导致菌体的生理状况发生改变，发酵就从菌体生长阶段转入产物合成阶段。这个阶段一般又称为菌体生长期或发酵前期。

2. 产物合成阶段

产物合成阶段的代谢变化主要是营养物质的分解代谢和产物的合成代谢。主要表现为：碳源、氮源等营养物质不断被消耗，但此时的消耗速率远小于菌体生长时期；菌体的数量基本不变，但菌体重量仍有所增加；菌体的呼吸强度一般无显著变化，发酵液的溶氧浓度维持在较低水平；次级代谢产物不断被合成，产量逐渐增多。

营养物质及外界环境的变化很容易影响这个阶段的代谢。碳源、氮源和磷酸盐等的浓度必须控制在一定的范围内，如果这些营养物质过多则菌体就要进行生长繁殖，抑制产物的合成，使产量降低；如果过少，菌体就易衰老，产物合成能力下降，产量降低。

发酵液的 pH 值、培养温度和溶氧浓度等参数的变化，对该阶段的代谢变化都有明显的影响，也须严格控制。这个阶段一般称为产物分泌期或发酵中期。此外，还可以 DNA 的含量作为标准来划分菌体生长阶段和产物合成阶段，它们的阶段界限是很明显的，菌体的生长达到恒定后（即 DNA 含量达到定值）就进入产物合成阶段，开始形成产物。如果以菌体干重作为划分阶段的标准，它们之间就有交叉，这是由于菌体在产物合成阶段中虽然没有进行繁殖，但多元醇、脂类等细胞内含物仍在积累，使菌体干重增加，因此，就形成了这样的现象。

3. 菌体自溶阶段

菌体自溶阶段的菌体衰老、细胞开始自溶，氨氮含量增加，pH 值上升，产物合成能力衰退，生产速率下降。发酵到此期必须结束，否则产物不仅受到破坏，还会因菌体自溶而给发酵液过滤和产物提取带来困难。

【岗位认知】

发酵控制岗位职责

一、发酵控制岗位职责

文件编号			颁发部门	
SOP-PA-010-01		发酵控制岗位	总工办	
总页数			执行日期	
2				
编制者		审核者	批准者	
编制日期		审核日期	批准日期	

1. 目的

明确发酵控制岗位的标准操作规程。

2. 范围

发酵控制工序。

3. 责任

车间主任及发酵控制操作人员。

4. 内容

(1) 检查操作间、设备、工具、发酵罐及管道的清洁状况,检查清场合格证,核对有效期,取下标示牌,按生产部标识管理规定管理。

(2) 挂本次生产品种批次牌于指定位置,按生产指令填写工作状态。

(3) 根据生产指令,接收原料,由班长和外辅岗位操作人员进行核对。投料人员投料前,要求核对原料名称、投料重量等,称量按照称量器具的使用标准操作程序进行操作。

(4) 生产中随时注意检查设备运行情况以及蒸气压力、温度、时间、药液、药膏、醇沉浓度、半成品的质量等。设备的操作严格遵守所使用设备的标准操作程序进行。

(5) 出现异常情况,按照异常情况的处理 SOP 进行处理,不得擅自处理。

(6) 操作完毕,填写批生产记录。

(7) 每批操作完毕,取下批次标识牌,依照清场管理规程进行清场。

(8) 清场完毕,填写清场记录,上报质检员,检查合格后,挂清场合格证。

5. 培训

(1) 培训对象 提取岗位操作人员。

(2) 培训时间 三小时。

二、发酵调控岗位质量自查

文件编号		颁发部门	
SOP-PA-026-01	发酵调控岗位质量自查	总工办	
总页数		执行日期	
2			
编制者		审核者	批准者
编制日期		审核日期	批准日期

1. 目的

明确发酵调控岗位质量自查的标准操作规程。

2. 范围

发酵调控质量。

3. 责任

车间主任及发酵调控岗位操作人员。

4. 内容

（1）提取岗位操作人员要加强质量意识，监测发酵过程中的参数变化，取样检测保证发酵产品的质量。

（2）凡是发酵过程中的关键数值都必须进行监测，项目有：温度、压力、pH、溶氧等，并复核与生产指令单是否相符。

（3）生产过程中，要定时取样检测发酵罐状态和发酵产品的质量等。

（4）发酵罐发酵过程中或发酵完成后，可对菌液取样检测，监控菌体是否染菌、离线pH、基质浓度（糖、氮、磷酸盐的含量）、产物浓度、菌体浓度等。在发酵完成后或在发酵中途要取样检查时，可通过取样口取样。取样前，取样管路阀门需用蒸汽灭菌，防止杂菌污染而引起误导，取样结束后同样要用蒸汽冲洗取样管道及阀门。

（5）取样方法

① 对取样口进行蒸汽灭菌。

② 将火焰圈围在取样口周围点燃。

③ 停止对取样口进行蒸汽灭菌。

④ 开始取样，弃去前段发酵液。

⑤ 在火焰旁打开取样瓶，接取后段发酵液样品。

⑥ 关闭取样阀，取样结束。

⑦ 开蒸汽阀门，用蒸汽冲洗取样器 20min。

⑧ 关闭蒸汽阀门，停止蒸汽冲洗取样器。

⑨ 对样品进行检测分析，检测样品的 pH、菌种密度、活性、是否染菌等。

5. 培训

（1）培训对象 发酵调控岗位操作人员。

（2）培训时间 一小时。

【项目实施】

任务一　蛋白酶发酵条件的优化

一、任务描述

蛋白酶是一类在生理及商业上都有非常重要地位的水解酶类，能催化肽键水解成氨基酸或短肽。按蛋白酶作用的最适 pH 值可分为酸性、中性和碱性蛋白酶。中性蛋白酶是最早被应用的蛋白酶之一，能在中性 pH 值范围内将大分子蛋白质水解成分子量在 5000 以下的多肽，普遍存在于细菌和真菌中，在 pH 值 7~8 时活性最大。目前，中性蛋白酶高产菌株主要通过自然界筛选、人工诱变和分子生物学改造获得。

培养基对微生物生长发育、物质代谢、发酵产物的积累都有很大的影响。另外，在发酵工业中，培养基需求量很大，配制培养基应尽量利用廉价易得的原料，以降低成本。本任务对枯草芽孢杆菌液态发酵产中性蛋白酶发酵培养基的主要成分及配比进行优化。

本任务通过单因素实验对枯草芽孢杆菌发酵产中性蛋白酶的发酵培养基、培养条件、发酵条件进行优化。

二、任务实施

（一）准备工作

1. 建立工作小组，制订工作计划，确定具体任务，任务分工到个人，并记录到工作表。
2. 收集枯草芽孢杆菌发酵产中性蛋白酶素的必要信息，掌握相关知识及操作要点，与指导教师共同确定出一种最佳的工作方案。
3. 完成任务单中实际操作前的各项准备工作。

(1) 材料准备　枯草芽孢杆菌。

(2) 试剂　KH_2PO_4、Na_2HPO_4、葡萄糖、蔗糖、玉米淀粉、乳糖、甘油、马铃薯淀粉、红薯淀粉、硝酸钠、大豆蛋白胨、硫酸铵、蛋白胨、胰蛋白胨、酵母粉、硫酸锌、硫酸镁、硫酸锰、氯化钙、氯化钠、硫酸亚铁等。

(3) 仪器　发酵罐等。

（二）操作过程

操作流程如图1-6-1所示。

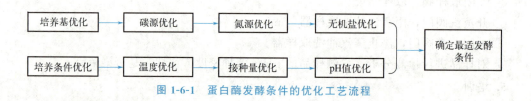

图1-6-1　蛋白酶发酵条件的优化工艺流程

1. 碳源优化

将发酵培养基中的玉米粉分别用葡萄糖、蔗糖、玉米淀粉、乳糖、甘油、马铃薯淀粉、红薯淀粉替换，其他成分不变，于30℃、220r/min培养，采用福林酚法测定发酵液上清中性蛋白酶酶活。酶活力单位定义：1mL液体酶在40℃、pH值7.5的条件下，1min水解酪蛋白产生1μg酪氨酸，即为1个酶活力单位，以U/mL表示。

2. 甘油浓度对产酶的影响

以甘油为发酵培养基的碳源，将甘油浓度按梯度设为10g/L、20g/L、30g/L、40g/L、50g/L，其他成分不变，进行发酵实验，以测定不同甘油浓度下发酵液上清中性蛋白酶酶活。

3. 氮源对产酶的影响

将发酵培养基中的豆饼粉分别用硝酸钠、大豆蛋白胨、硫酸铵、蛋白胨、胰蛋白胨、酵母粉、玉米浆替换，其他成分保持不变，于30℃、220r/min培养，测定发酵液上清中性蛋白酶酶活。

4. 豆饼粉浓度对产酶的影响

选取豆饼粉为发酵培养基的氮源，将豆饼粉浓度按梯度设为10g/L、20g/L、30g/L、40g/L、50g/L，其他成分不变，进行发酵实验，测定发酵液上清中性蛋白酶酶活，以相对酶活来表示酶活大小，最大酶活设为100%。

5. 无机盐对产酶的影响

在优化发酵培养基碳源、氮源的基础上添加无机盐进行发酵实验，分别添加 1mmol/L 的硫酸锌、硫酸镁、硫酸锰、氯化钙、氯化钠、硫酸亚铁于优化发酵培养基中，测定发酵液上清中性蛋白酶酶活。

6. 磷酸盐对产酶的影响

为考察优化发酵培养基中添加磷酸盐对产酶的影响，进行两组实验，一组含有 0.3g/L KH_2PO_4、4g/L Na_2HPO_4，另一组不含磷酸盐，测定酶活及菌体生物量。

7. 培养温度对产酶的影响

分别设置培养温度为 28℃、30℃、32℃、35℃、37℃进行发酵实验，测定发酵液上清中性蛋白酶酶活。

8. 接种量对产酶的影响

分别设定接种量为 2%、3%、5%、7%、9%进行发酵实验，测定发酵上清中性蛋白酶酶活。

9. 发酵罐产酶 pH 值的优化

采用 30L 发酵罐对优化后的发酵培养基进行验证实验，装液量 18L，转速 300r/min，固定罐压。通过补加磷酸控制发酵培养基的 pH 值，根据菌体特性和产酶条件，分别设置 pH 值为 7.0、7.5 及 pH 值自然进行发酵实验，测定发酵液上清中性蛋白酶酶活。

10. 发酵罐补料产酶的优化

发酵过程控制 pH 值为 7.0，在发酵 15h 时流加甘油进行补料实验，发酵过程通过调整转速和通风量控制溶氧 30%～35%，测定发酵液上清中性蛋白酶酶活及菌体生物量。

（三）结束工作

1. 填好所有操作记录单、任务单、各种评价表。
2. 检查设备仪表是否洁净完好。
3. 清理工作场地与环境卫生。
4. 进行任务总结（小组讨论与汇报、组间互评、教师点评与总结）。

三、任务探究

1. 什么是单因素实验？
2. 如何确定最优培养条件？

任务二 乳酸菌发酵过程的参数控制

一、任务描述

凡是能利用葡萄糖或乳糖发酵产生乳酸的细菌统称为乳酸菌，分为 18 个属，共有 200 多种。研究乳酸菌发酵过程中乳酸、葡萄糖以及细胞数量等各参数的变化情况，可以更好地了解乳酸菌的发酵代谢过程，有利于发酵过程的调控。使用现代化在线控制系统实时监测乳酸菌发酵过程，可以为乳酸菌发酵研究以及实际生产过程中参数控制问题提供更加准确、便利的方法。

本任务使用在线控制系统对乳酸菌发酵条件进行研究，通过发酵罐控制系统、细胞密度监测系统、过程气体质谱分析仪、生物传感分析仪等多种现代化发酵过程分析手段检测发酵过程参数，掌握乳酸菌发酵过程主要指标的变化情况。

二、任务实施

（一）准备工作

1. 建立工作小组，制订工作计划，确定具体任务，任务分工到个人，并记录到工作表。

2. 收集乳酸菌发酵的必要信息，掌握相关知识及操作要点，与指导教师共同确定出一种最佳的工作方案。

3. 完成任务单中实际操作前的各项准备工作。

（1）材料准备　乳酸菌。

（2）试剂　葡萄糖、酵母膏、蛋白胨、柠檬酸氢二铵、乙酸钠、磷酸氢二钾、硫酸镁、硫酸锰等。

（3）仪器　发酵罐、过程气体质谱分析仪、细胞密度监测系统、生物传感分析仪、立式压力蒸汽灭菌锅等。

（二）操作过程

操作流程如图 1-6-2 所示。

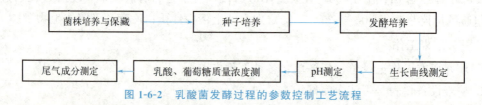

图 1-6-2　乳酸菌发酵过程的参数控制工艺流程

1. 乳酸菌发酵实验

（1）菌株培养及保藏　乳酸菌菌株接种于新鲜斜面培养基中，25℃培养 24h，再次进行接种培养 24h，放入 4℃冰箱保藏，每隔一个月活化一次。

（2）种子培养　将乳酸菌菌株按 10% 接种量接种于种子培养基中，培养箱 25℃ 静置培养 24h。

（3）发酵培养　将乳酸菌种子液按 10% 接种量接种于 10L 发酵罐中，搅拌速率 100r/min，通气速率 0.5L/min，25℃培养至发酵结束。

2. 过程参数分析

（1）乳酸菌生长曲线测定　在细胞密度监测系统中，使用活细胞密度电极检测乳酸菌生长过程中的活细胞数量变化情况。

（2）发酵过程中 pH 测定　通过发酵罐控制系统，使用 pH 电极检测发酵过程中的 pH 变化。

（3）发酵过程中乳酸、葡萄糖质量浓度测定　每隔 2h 取样，利用生物传感器测定浸泡液中乳酸、葡萄糖的含量，测定时每次为 25μL，响应时间 20s，测定周期小于 2min，误差小于 2%。样品不需脱色、分离纯化就可直接测定。

(4) 发酵尾气成分测定　通过 SP8400PM 过程气体质谱分析仪分析主要发酵尾气成分。

(三) 结束工作

1. 填好所有操作记录单、任务单、各种评价表。
2. 检查设备仪表是否洁净完好。
3. 清理工作场地与环境卫生。
4. 进行任务总结（小组讨论与汇报、组间互评、教师点评与总结）。

三、任务探究

1. 根据乳酸菌发酵过程中的主要参数，如何准确、方便、快捷地掌握乳酸菌生长繁殖情况？
2. 乳酸菌发酵过程中的主要参数如何调控？

【项目拓展】

发酵岗位主要操作

发酵岗位，是指对种子培养岗位生产的种子菌种进行发酵培养，产生和积累人们所需要的产品的生物反应过程。该岗位在 D 级洁净区的发酵间中进行生产操作。

一、生产前检查

(1) 操作人员上岗前需要技术培训，未经培训的人员，不得单独上岗操作。全自动发酵系统是机电一体化的设备，操作人员上岗前必须进行技术培训，熟悉整个系统的工作原理、管路、阀门的操作程序，并对空压机、蒸汽锅炉、变频电机等设备能正确操作使用。

(2) 检查系统上的阀门处于关闭位置（电磁阀前方的阀门除外），接头及紧固螺钉是否拧紧。

(3) 检查管道是否已有纯蒸汽。

(4) 开动空压机，用 0.15MPa 压力检查种子罐、发酵罐（换季时应重点检测）、过滤器、管路、阀门的密封性能是否良好。

(5) 检查水（冷却水）压、电压、气（汽）压能否正常供应。进水压维持在 0.12MPa，允许在 0.15~0.2MPa 范围变动，不能超过 0.3MPa，温度应低于发酵温度 10℃；单相电源 AC 220V±10%，频率 50Hz，罐体可靠接地；输入蒸汽压力应维持在 0.4MPa，进入系统后减压为 0.24MPa；空压机压力值 0.8MPa，空气进入压力应控制在 0.25~0.30MPa。

(6) 点动电动机，检查各电机运转是否正常，电磁阀能否正常吸合。

(7) 温度、溶氧电极、pH 电极是否已校正及标定。

二、发酵过程

当全自动发酵系统接种完成后，把压力与流量调节好，系统则可以进入发酵模式，进行自动控制（温度、pH、DO），具体的工艺参数根据生产要求自己设定，系统将按设定好的参数进行自动控制。种子移入种子罐或发酵罐后控温培养，罐压一般0.03~0.05MPa，转速根据工艺要求而定，调节循环水的温度控制发酵温度。pH、DO调节由控制系统通过执行机构自动加减实现。

发酵体系是一个非常复杂的多相共存的动态体系，培养基的pH值、温度、溶氧浓度、基质含量、空气流量、搅拌速率、泡沫、菌密度、补料等都对发酵结果有着重要的影响，发酵过程中应对这些参数进行实时监控和调整，以确保生物细胞在最适环境条件下进行生长繁殖和分泌代谢产物。

三、取样操作

种子培养过程中或培养完成后，可通过取样口对菌液取样检测，监控菌体是否染菌、离线pH、基质浓度（糖、氮、磷酸盐的含量）、产物浓度、菌体浓度等。取样前，取样管路阀门需用蒸汽灭菌，防止杂菌污染而引起误导，取样结束后同样要用蒸汽冲洗取样管道及阀门。

四、放料操作

当检测OD值达到预期目标或不增长，或酶活达到预期目标时出料，利用罐压将发酵液从出料管道排出。该全自动发酵系统的出料是利用罐压将发酵液从出料管道排出，根据发酵液的浓度，罐压可控制在0.05~0.10MPa。

发酵罐出料

> ### 榜样力量
>
> **纳米酶之母——阎锡蕴**
>
> 纳米酶是一类具有酶学特性的新材料，能在温和的生理条件下高效催化酶的底物，产生与天然酶相同的反应产物，并可作为酶的替代品调节细胞代谢，用于疾病的诊断和治疗。
>
> 纳米酶的发现源于实验中发现的一个"奇怪"的现象：原本是作为阴性对照的磁纳米粒子，却不可思议地与过氧化物酶底物发生了反应。阎锡蕴大胆猜想：纳米级的氧化铁颗粒可能具有类似过氧化物酶的催化活性。为了验证这一猜想，阎锡蕴请教众多纳米材料学与酶学领域专家，重新设计了一套实验，从酶学角度研究了无机纳米材料的催化效率、机制和反应动力学，并与天然酶做系统的比较。她和团队通过不断探讨、实验，最终证实了假设。
>
> 随后，在与中国科学院院士高福等科学家的合作下，研制出一种有效检测埃博拉病毒的"纳米酶试纸条"新技术，将埃博拉病毒检测的精度提高了近百倍，而且该技术简便快捷，非常适合非洲当地的实际情况。纳米酶试纸条能够提高检测精度主要缘于纳米酶的双功能特性：一方面，纳米酶探针分子具有磁性，可对样品分离富集。另一方面，纳米酶又具有过氧化物酶的催化活性，可使底物显色，增强灵敏度。阎锡蕴解释称，他们所研究的纳米酶技术是一个技术平台，它可以用于传染病的检测，同时在食品检测、环境监测和法医检测等诸多领域也都有广阔应用空间。

【项目总结】

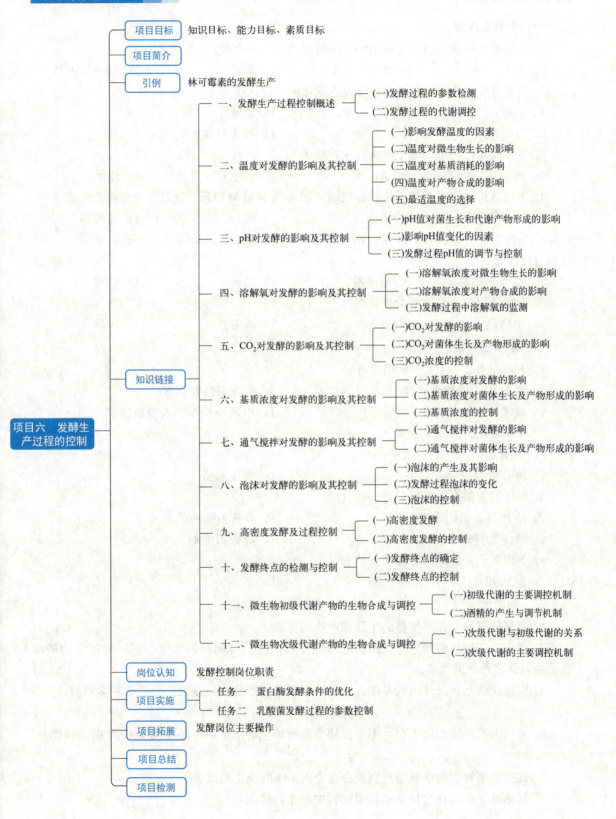

【项目检测】

一、单项选择题

1. 二氧化碳的积累会使发酵液的pH发生（　　）变化。
   A. 上升　　　　　B. 下降　　　　　C. 不变　　　　　D. 以上都不对

2. 培养过程中不希望培养基pH发生变化时，应该添加（　　）试剂。
   A. 加酸
   B. 加碱
   C. 加缓冲液
   D. 加无机盐

3. 下列代谢产物中，属于次级代谢产物的是（　　）。
   A. 糖　　　　　B. 蛋白质　　　　　C. 抗生素　　　　　D. 脂类

4. 下列结构中，哪个是用来打碎气泡，增加气-液接触面积，使料液充分混合？（　　）
   A. 空气分布器　　　B. 消泡器　　　　C. 蛇管　　　　　D. 搅拌器

5. 发酵时大量泡沫容易外溢，导致发酵罐染菌，除了加入消沫剂外，还可采用（　　）装置打碎泡沫。
   A. 空气分布器　　　B. 消泡器　　　　C. 挡板　　　　　D. 轴封

6. 发酵过程中产生的热量导致温度上升的有（　　）。
   A. 生物热　　　　B. 蒸发热　　　　C. 辐射热　　　　D. 发酵热

二、多项选择题

1. 下列能引起pH上升的因素有（　　）。
   A. N过多，氨基氮释放
   B. 生理碱性物质多
   C. 碱性物质加入量大
   D. 中间补料时加入的糖过多

2. 菌体浓度的检测方法有（　　）。
   A. 干重法
   B. 浊度法
   C. 离心称湿法
   D. 测体积法

3. 泡沫的控制可以采用的方法有（　　）。
   A. 少加易起泡的原材料
   B. 筛选不起泡的菌种
   C. 消沫桨打碎
   D. 加入消泡剂

4. 下列属于发酵罐的冷却装置的有（　　）。
   A. 竖式列管　　　B. 蛇管　　　　C. 夹套　　　　D. 通风管

三、判断题

1. 溶氧的增加会促进细胞的生长和产物的生成。（　　）

2. 磷有利于糖代谢的进行，因此它对微生物的生长有明显的促进作用，但过量的磷酸盐会抑制许多产物的合成。（　　）

3. 次级代谢是初级代谢的基础，主要的次级代谢产物有氨基酸、核苷酸和多糖等。（　　）

4. 通气和搅拌速率的大小，不但能调节发酵液中的溶解氧，还能调节CO_2的溶解度。（　　）

5. 某些微生物细胞壁及细胞膜成分也会因pH的变化而改变。（　　）

6. 显热是生产菌在生长繁殖代谢过程中产生的热能。（　　）

四、填空题

1. 发酵过程的物理参数有 _____、_____、_____、_____、_____、_____。
2. 消除泡沫的方法有：_____、_____。
3. 基质浓度对发酵的影响主要表现在_____、_____和_____等方面。
4. 在发酵过程中，既有产生热能的因素，又有散失热能的因素，产热的因素有_____和_____。
5. 微生物细胞渗透性调控可分为_____和_____。

五、分析题

1. 试分析高细胞密度发酵的优势与存在的问题。
2. 试分析菌体浓度对发酵的影响和控制。

项目七　发酵产物的分离与精制

【项目目标】

❖ 知识目标

1. 熟悉发酵产物提取与精制的一般工艺流程。
2. 掌握发酵液的预处理及固液分离。
3. 掌握发酵产物提取与精制技术。
4. 掌握发酵产品加工技术。

❖ 能力目标

1. 能设计和优化发酵产物提取与精制的一般工艺流程。
2. 能熟练运用各种提取纯化的技术。
3. 具备从事发酵产物分离与精制岗位的操作能力。

❖ 素质目标

具有吃苦耐劳、独立思考、团结协作、勇于创新的精神和诚实守信的优良品质，树立"安全第一、质量首位、成本最低、效益最高"的意识；具有良好的职业道德，树立遵守职业守则的意识；能够遵守药品生产质量管理规范；培养学生具备工匠精神、家国情怀和社会责任感。

【项目简介】

在发酵液（或培养液）中，除含有微生物胞外产物和大量的菌体（含胞内产物）外，还有大量的不参与发酵过程的可溶性杂质和不溶性悬浮物、未用完的培养基、高价态的金属离子、各种杂蛋白以及中间代谢产物等杂质。从微生物的发酵液（或培养液）中分离并纯化有关生化产品（如具有药理活性作用的生物药物等）的过程，又称为下游加工过程。一般采取如下工艺流程：

发酵液→预处理→细胞分离(→细胞破碎→细胞碎片分离)→初步纯化→高度纯化→成品加工

本项目的内容是发酵产物的分离与精制基础知识，知识链接介绍了分离与精制的工艺流程和基本知识，项目实施中结合生产设定了两个具体任务。通过本项目的学习使学生掌握发酵产物的分离与精制的技能，为今后工作奠定基础。

引例

紫杉醇的发酵生产

紫杉醇，一种天然抗癌药物，分子式为 $C_{47}H_{51}NO_{14}$，在临床上已经广泛用于乳腺癌、卵巢癌和部分头颈癌及肺癌的治疗。紫杉醇作为一个具有抗癌活性的二萜生物碱类化合物，其新颖复杂的化学结构、广泛而显著的生物活性、全新独特的作用机制、奇缺的自然资源使其受到极大的青睐，成为了 20 世纪下半叶举世瞩目的抗癌明星和研究重点。目前紫杉醇的生产主要有天然红豆杉植物提取、全合成、半合成、生物合成、真菌发酵和植物组织培养等方法。在尝试了诸多生产紫杉醇的方法后，自 20 世纪 90 年代初期，许多国家相继开展了筛选产紫杉醇微生物的研究。科学家们从不同的红豆杉种类中分离出不同的产紫杉醇的内生真菌。能合成紫杉醇的红豆杉内生真菌的发现，是紫杉醇资源研究的重要进展，为紫杉醇的生产开拓了一条崭新的道路。寻找可以产生紫杉醇的内生真菌以后，再通过微生物发酵的方法生产紫杉醇，可以极大程度上改善目前紫杉醇价格昂贵、供不应求的现状。

从长远来看，微生物发酵法生产紫杉醇肯定是更有前景的途径。植物内生真菌是一类应用前景广阔的资源微生物，用微生物发酵的方法生产紫杉醇，是解决药源问题的有效途径。但是，微生物发酵法生产紫杉醇的研究尚处于初级阶段，当前利用微生物发酵方法产生紫杉醇的量较低，难以达到工业化生产的要求，因此，迫切需要进一步地研究，对发酵培养条件进行优化，以提高内生真菌产紫杉醇的量，来满足市场的需求。

【知识链接】

一、发酵产物提取与精制的一般工艺流程

由于生物材料的品种多，原料来源广泛，反应过程多种多样，使其生成的含有目的成分的混合物组成复杂，分离与纯化工艺及设备各不相同。按生产过程性质划分，分离与纯化工艺过程划分为 4 个阶段，即原材料的预处理、初步纯化、精制和成品加工，如图 1-7-1 所示。

1. 分离纯化前的预处理

预处理是分离纯化操作的第一步。利用降低液体黏度、调节 pH、凝聚与絮凝、加入反应剂或助滤剂等方法，除去部分杂质，改变流体特性，以利于固-液分离；经离心分离、膜分离等固-液分离操作后，分别获得固相和液相。若目的药物成分存在于固相（如胞内产物），则将收集的固相（如细胞）进行细胞破碎和细胞碎片的分离，最终使目的药物成分存在于液相中，便于下一步的提取分离操作。

2. 提取

提取是主要步骤。利用萃取、吸附、离子交换等分离技术进行提取操作，除去与产物性质差异较大的杂质，提高目的药物成分的浓度，为下一步的精制操作奠定基础。

3. 精制

精制是关键步骤。采用色谱分离、结晶、膜分离等对产物有较高选择性的纯化技术，除去与目的药物成分性质相近的杂质，达到精制的目的。

4. 成品加工

根据药品应用的要求和国家药典的质量标准，精制后还需进行无菌过滤和去热原、干燥、造粒、分级过筛等成品加工操作，经检验合格后包装，完成生产过程。

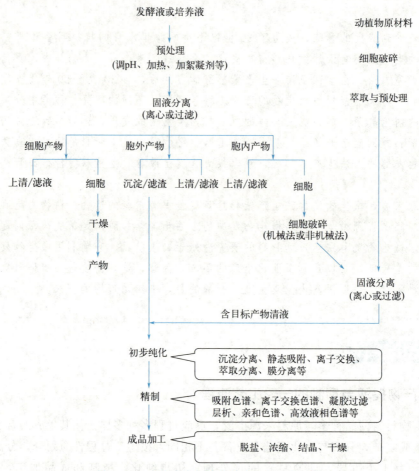

图 1-7-1 生物分离与纯化技术一般工艺过程

上述工艺过程包含多种分离纯化技术，一些分离纯化技术既可用于初步分离过程，又可用于高度纯化过程。随着药品生产中反应技术的发展，对药物分离与纯化技术提出了更高的要求，将会有更多新型分离与纯化技术被开发应用。

二、发酵液的预处理及固液分离

（一）发酵液的预处理

发酵液预处理的主要目的就在于改变发酵液（或培养液）的过滤特性，利于固-液分离和去除部分杂质，实现发酵液的相对纯化，以利于后续提取和精制各工序进行。

1. 发酵液过滤特性及其改变方法

发酵液因其成分复杂而具有产物浓度较低、悬浮物颗粒小且相对密度与液相相差不大、固体粒子可压缩性大、液相黏度大、多为非牛顿流体、性质不稳定等特性。这些特性往往使得发酵液的过滤与分离变得比较困难，因此通过对发酵液进行适当的预处理，可改善其流体性能，降低滤饼阻力，提高过滤与分离的速率。常用的方法有：降低液体的黏度、调节 pH 值、凝聚与絮凝、加入反应剂、加入助滤剂等。

（1）降低液体黏度 发酵液的过滤速率与黏度成反比，通常可通过降低液体黏度来提高过滤速率，常用的方法有加水稀释法和加热法等。

① 加水稀释法。发酵液加水稀释后，能降低液体的黏度，但同时增加了悬浮液的体积，加大了后续过程的处理任务。因此，单从过滤操作看，稀释后的过滤速率提高的百分比必须大于加水百分比才能认为有效。

② 加热法。加热可以有效降低液体的黏度，提高过滤速率。同时，在适当的温度和加热时间下，蛋白质可凝聚形成较大颗粒的凝聚物，从而进一步改善发酵液的过滤特性，提高过滤速率。使用加热处理时，要注意严格控制加热的温度与时间。加热的温度必须控制在不影响目标产物活性的范围内；加热的温度过高或时间过长，会使细胞溶解，胞内物质外溢，增加发酵液的复杂性，影响后续的产物分离与纯化。

(2) 调节 pH 值　pH 值可直接影响发酵液中某些物质的电离度和电荷性质，适当调节 pH 值可改善发酵液过滤特性。对于氨基酸、蛋白质等两性物质，可调节 pH 值使其达到等电点而得以除去；在膜过滤时，发酵液中的大分子物质易与膜发生吸附，通过调节 pH 值改变易吸附分子的电荷性质，即可减少堵塞和污染；细胞、细胞碎片及某些胶体物质等，在适当的 pH 值下也更易聚集成较大颗粒，有利于过滤的进行。

(3) 凝聚与絮凝　凝聚与絮凝在发酵液的预处理中常用于细小菌体或细胞、细胞碎片及蛋白质等胶体粒子的去除。其处理过程就是将一定的化学试剂预先加到发酵液中，改变细胞、菌体和蛋白质等胶体粒子的分散状态，破坏其稳定性，使其聚集成可分离的颗粒，便于固-液分离。

① 凝聚。凝聚是向胶体悬浮液中加入某种电解质，在电解质中异电离子作用下，胶粒的双电层电位降低，使胶体体系不稳定，胶体粒子间因热运动而相互碰撞产生凝集（1mm左右）的现象。加入的电解质就称为凝聚剂。工业上常用的凝聚剂大多为阳离子型，主要有：十八水硫酸铝［$Al_2(SO_4)_3 \cdot 18H_2O$］、六水三氯化铝（$AlCl_3 \cdot 6H_2O$）、三氯化铁（$FeCl_3$）、硫酸锌（$ZnSO_4$）和碳酸镁（$MgCO_3$）等。

② 絮凝。絮凝是利用带有许多活性官能团的高分子线状化合物可吸附多个微粒的能力，产生桥架连接作用将许多微粒聚集在一起，形成较大的松散絮团（10mm）的过程。所利用的高分子化合物称为絮凝剂。絮凝剂是一种能溶于水的高分子聚合物，其分子量可高达数万至一千万以上，它们具有长链状结构，其链节上含有许多活性官能团，这些基团能通过静电引力、范德华引力或氢键的作用，同时与多个胶粒表面相结合形成较大的絮凝团。

(4) 加入反应剂　加入某些不影响目标产物的反应剂，可消除发酵液中某些杂质对过滤的影响，从而提高过滤速度。其原理是利用反应剂和某些可溶性盐类发生反应生成不溶性沉淀，如硫酸钙、磷酸铝等。生成的沉淀能防止菌丝体黏结，使菌丝具有块状结构，沉淀本身可作为助滤剂，并且能使胶状物和悬浮物凝固，从而改善发酵液过滤性能。例如，在新生霉素发酵液中加入氯化钙和磷酸钠，生成的磷酸钙沉淀一方面可充当助滤剂，另一方面可使某些蛋白质凝固。

另外，当发酵液中含有不溶性多糖物质时，则需用酶将其转化为单糖，以提高过滤速度。例如万古霉素用淀粉作为培养基，发酵液过滤前加入 0.025% 淀粉酶，搅拌 30min 充分反应后，再加 2.5% 硅藻土助滤剂，可使过滤速度提高 5 倍。

(5) 加入助滤剂　工业生产中，有时会加入某些固体物质，以加快过滤速度，这些物质称为助滤剂。加入助滤剂后，发酵液中的胶体微粒被吸附到助滤剂微粒上，而助滤剂的微粒是一种不可压缩的多孔结构，这就使得原本压缩性高的微生物细胞形成的滤饼的可压缩性大大降低，从而降低过滤阻力，故过滤速度增大。选择助滤剂时，应从目标产物的特性、过滤介质和过滤情况、助滤剂的粒度和用量等方面进行考虑。要特别注意有些目标产物，如某些抗生素会被助滤剂硅藻土吸附产生不可逆的结合等情况，应选择合适的助滤剂或处理方法。

2. 发酵液的相对纯化

发酵液的成分复杂，存在许多杂质，其中高价无机离子（Ca^{2+}、Mg^{2+}、Fe^{3+}等）和杂蛋白质等对下一步分离的影响最大，因此在预处理时，应尽量除去这些杂质。

(1) 无机离子的去除 高价无机离子，尤其是Ca^{2+}、Mg^{2+}、Fe^{3+}等的存在，会影响树脂对生化物质的交换容量，预处理时应将它们去除。

① Ca^{2+}的去除。发酵液中Ca^{2+}的去除常采用草酸，反应后生成的草酸钙在水中溶解度很小，因此能将Ca^{2+}较完全去除。反应生成的草酸钙还能促使蛋白质凝固，改善发酵液的过滤特性。但由于草酸溶解度较小，因此用量大时，可使用其可溶性盐，如草酸钠等。此外，草酸价格昂贵，应注意回收。

② Mg^{2+}的去除。发酵液中Mg^{2+}的去除也可用草酸，但草酸镁的溶解度较大，沉淀不完全。可加入三聚磷酸钠，与Mg^{2+}形成可溶性络合物：

$$Na_5P_3O_{10}+Mg^{2+} \Longleftrightarrow MgNa_3P_3O_{10}+2Na^+$$

用磷酸盐处理，也能大大降低Ca^{2+}和Mg^{2+}的浓度。

③ Fe^{3+}的去除。发酵液中Fe^{3+}的去除，可加入亚铁氰化钾（黄血盐），使其形成普鲁士蓝沉淀而去除：

$$4Fe^{3+}+3K_4Fe(CN)_6 \longrightarrow Fe_4[Fe(CN)_6]_3\downarrow +12K^+$$

(2) 杂蛋白质的去除 发酵液中，可溶性杂蛋白质的存在会影响后续的分离过程：一方面，降低了离子交换和吸附法提取时交换容量和吸附能力；另一方面，在有机溶剂法或双水相萃取时，易产生乳化现象，使两相分离不清；而且，在粗滤或膜过滤时，也易使过滤介质堵塞或受污染，影响过滤速率。所以，在预处理时，必须采用适当的方法将这些杂蛋白质去除。可采用以下方法：

① 等电点沉淀法。蛋白质在等电点时溶解度最小，因此，可通过调节发酵液的pH值，使之达到杂蛋白质的等电点而产生沉淀去除。

② 变性沉淀法。受外界因素影响，蛋白质分子结构从有规则的排列变成不规则排列，其物理性质也发生改变，并失去原有的生理活性的过程称为蛋白质的变性。变性蛋白质在水中溶解度变小而产生沉淀。利用蛋白质的变性作用，除去发酵液中杂蛋白质的方法，称为变性沉淀法。常用的变性沉淀方法有：加热法、大幅度调节pH值、加入有机试剂（丙酮、乙醇等）和加入重金属离子、有机酸及表面活性剂等。

③ 盐析法。通常在较低盐浓度下，蛋白质的溶解度随着盐浓度的升高而增加的现象称为盐溶。但是在较高盐浓度下，盐浓度增加反而使蛋白质的溶解度降低，当达到某一浓度时，蛋白质可从溶液中析出，这种现象称为盐析。盐析产生的原因是盐离子亲水性比蛋白质强，同蛋白质胶粒争夺与水的结合，破坏了蛋白质的水化层，引起蛋白质溶解度降低，故从溶液中沉淀出来。另外，由于盐离子与蛋白质表面具有相反电性的离子基团结合，形成离子对，即盐离子部分中和了蛋白质的电性，使蛋白质分子之间的电排斥作用减弱而相互靠拢、聚集形成沉淀。

④ 吸附法。吸附是在发酵液中加入某些吸附剂或沉淀剂吸附杂蛋白质而除去。例如，

在枯草芽孢杆菌发酵液中，常利用氯化钙和磷酸氢二钠两者反应生成庞大的凝胶，把蛋白质、菌体及其他不溶性粒子吸附并包裹在其中而除去，加快过滤速度。

(3) 有色物质的去除 发酵液中的有色物质可能是培养基带入的色素，如糖蜜、玉米浸出液等都带有颜色，也可能是微生物在生长代谢过程中分泌的。一般采用离子交换树脂、活性炭等材料来吸附脱色。

（二）固液分离技术

固液分离是指将发酵液中的悬浮固体，如细胞、菌体、细胞碎片以及蛋白质等沉淀物或它们的絮凝体从液相中分离开来的技术。固液分离的目的包括两个方面：其一是收集含胞内产物的细胞或菌体等沉淀，分离除去液相；其二是收集含目的产物的液相，分离除去固体悬浮物。固液分离包括过滤和离心两类单元操作技术。通过这个过程可以得到清液和固态浓缩物两部分。固液分离的效果取决于原材料的理化性质、固液分离方法及条件的选择。一般说来，对于那些固体颗粒小，溶液黏度大的发酵液，选用离心技术分离效果较好，如细菌、酵母等微粒的分离。也可在预处理后，使用过滤技术。对于含体形较大的颗粒的发酵液，选用过滤技术分离较适合，如霉菌、丝状放线菌等粒子的分离。下面以微生物发酵液的固液分离过程分析固液分离的影响因素。

大多数微生物发酵液都属于非牛顿型液体，固液分离较困难。发酵液的流变特性与很多因素有关，主要取决于菌种和培养条件。

1. 微生物种类对固液分离的影响

一般真菌的菌丝比较粗大，固液分离容易，含真菌菌体及絮凝蛋白质的发酵液，可采用鼓式真空过滤或板框过滤。对于酵母，离心分离的方法具有较好的效果。但是细菌或细胞碎片相当细小，固液分离十分困难，用一般的离心分离或过滤方法效果很差，因此应先用各种预处理手段来增大粒子，才能获得澄清的滤液。

2. 发酵液的黏度对固液分离的影响

固液分离的速度通常与黏度成反比。影响发酵液黏度的因素很多：①菌体种类和浓度不同，其黏度有很大差别。②不同的培养基组分和用量也会影响黏度，如用黄豆饼粉、花生饼粉作氮源，用淀粉作碳源会使黏度增大。发酵液中未用完的培养基较多或发酵后期用油作消沫剂也会使过滤困难。③一般说来发酵进入菌丝自溶阶段，抗生素产量才能达到高峰，但菌丝自溶使发酵液变黏，为保证过滤工序的顺利进行，必须正确选择发酵终点和放罐时间。④染菌的发酵液黏度也会增高。

3. 其他因素

发酵液的pH、温度和加热时间也会影响过滤速度。另外，加助滤剂有利于改善固液分离速度。如灰色链丝菌发酵液过滤与助滤剂硅藻土加入量有明显关系，实践证明，随助滤剂加量增多，比阻值降低，滤速大大提高。

三、发酵产物提取技术

（一）萃取技术

发酵结束后，目标产物存在于发酵液中，经过发酵液预处理和过滤得到青霉素滤液。利用不同的pH值条件下以不同的化学状态（游离态酸或盐）存在时，在水及水互不相溶的溶剂中溶解度不同的特性，使从一种液相（如发酵滤液）转移到另一种液相（如有机溶剂）中去，以达到浓缩和提纯的目的。

1. 溶剂萃取的概念

将所选定的某种溶剂加入一种与其不互溶的液体混合物中，根据混合物中不同组分在该溶剂中的溶解度不同，将需要的组分分离出来，这个操作过程称为溶剂萃取。萃取操作的实质是溶质在两个不互溶的液相之间通过传质实现再分配的过程，通过萃取操作溶质优先溶于溶解度高的液相中。

2. 萃取剂的选择

(1) 选择依据 溶剂萃取中，萃取剂通常是有机溶剂，根据目标产物以及与其共存杂质的性质选择合适的有机溶剂，可使目标产物有较大的分配系数和较高的选择性。根据"相似相溶"的原理，选择与目标产物极性相近的有机溶剂为萃取剂，可以得到较大的分配系数。

(2) 常用萃取剂 常用的萃取剂大致有四类：中性配合萃取剂，如醇、酮、醚、酯、醛及烃类；酸性萃取剂，如羧酸、磺酸、酸性磷酸酯等；整合萃取剂，如羟肟类化合物；叔胺和季铵盐。

3. 萃取的目的和任务

(1) 萃取的目的

① 分离。在制药过程中，无论是发酵方法、化学合成方法，还是中药提取过程，都有副产物的存在，因此，把产品从混合物中分离出来，是首先要解决的问题。

② 相转移。萃取是相与相之间的接触，药物要从液体混合物（某一液相）进入萃取剂（另一不互溶液相）中，必定要发生物质在相与相之间的转移。

③ 浓缩。因被萃取的物质在萃取剂中的溶解度相对原溶剂而言有较大的提高，因此，被萃取物由混合物向萃取剂转移的同时，浓度有较大程度的提高，为下步的分离精制打基础。

(2) 萃取的任务 萃取单元是实施萃取技术的工艺操作单元，包括萃取设备、配套的辅助设备（如分离设备、混合设备、贮存设备、输送设备等），以及连接设备的管路和其上的各种管件（如法兰等）、阀门、仪表（温度表、流量计、压力表等）。在制药生产中，处理物料量大的萃取单元一般要采用自动化、连续化作业，以提高生产的稳定性与生产能力。这时，萃取设备可以采用高速的萃取离心机。处理物料量小时，可采取间歇生产，萃取设备一般以萃取罐、萃取塔为主。

4. 溶剂萃取操作过程与方式

(1) 溶剂萃取操作过程

① 混合。萃取剂和含有组分（或多组分）的原料液混合接触，进行萃取，溶质从原料液转移到萃取剂中。

② 分离。分离互不相溶的两相。

③ 回收。萃取剂从萃取相及萃余液（残液）除去，并加以回收。其中萃取后含有溶质的萃取剂相称为萃取液，萃取剂相接触后离开的原料液相称为萃余液（残液）。

(2) 溶剂萃取操作方式 根据原料液与萃取剂的接触方式，萃取操作方式可分为单级和多级萃取，后者又分为多级错流萃取和多级逆流萃取以及两者结合进行操作。

5. 溶剂萃取的工艺问题及处理

在溶剂萃取过程中，两相界面上经常会产生乳化现象，使水相和有机相分层困难，影响萃取分离操作的进行。它可能产生两种夹带：萃余相中夹带溶剂，目标产物的收益率降低；萃取相中夹带发酵液，给分离提纯制造困难。因此，防止发生乳化现象的手段就是在实施萃取操作前，对发酵液进行过滤和絮凝沉淀处理，除去大部分蛋白质及固体微粒，消除引起水相乳化的因素。破乳的方法还有：加入强电解质，破坏乳状液双电层的化学法；加热、稀释、吸附及离心等物理法；加入表面活性更强的物质，把界面活性替代出来的顶替法等。但这些方法耗时、耗能、耗物，最好在实施溶剂萃取操作前对发酵液进行预处理，从源头上消除乳化现象的发生。

6. 影响溶剂萃取的因素

影响萃取的因素很多，如温度、时间、原液中被萃取组分浓度、萃取剂及稀释剂的性质、两相体积比、盐析剂种类及浓度、原液 pH 值、不连续相的分散程度。另外，萃取操作方式及选用的萃取设备也影响萃取效率。因此，在采取萃取操作过程中应综合考虑各方面的因素，以满足生产的需求。

7. 溶剂回收

萃取剂回收是萃取操作过程中实现萃取剂循环利用，减少萃取操作生产成本的主要辅助过程。回收萃取剂所用的方法主要是蒸馏，根据物系的性质，可以采用简单蒸馏、恒沸蒸馏、萃取蒸馏、水蒸气蒸馏、精馏等方法分离出萃取剂。对于热敏性药物，可以通过降低萃取相温度使溶质结晶析出，达到与萃取剂分离的目的，或者通过反萃取的措施使被萃取组分与萃取剂分开。对于后两种方法，分开后的溶剂可以循环利用，但一段时间后由于萃取剂中所含杂质含量升高，对萃取操作有很大影响，仍需要通过蒸馏进行萃取剂的提纯和浓缩。

（二）双水相萃取技术

双水相现象是当两种聚合物或一种聚合物与一种盐溶于同一溶剂时，由于聚合物之间或聚合物与盐之间的不相容性，当聚合物或无机盐浓度达到一定值时，就会分成不互溶的两相。因使用的溶剂是水，因此称为双水相，在这两相中水分都占很大比例（85%～95%）。活性蛋白或细胞在这种环境中不会失活，但可以按不同比例分配于两相，这就克服了有机溶剂萃取中蛋白容易失活和强亲水性蛋白难溶于有机溶剂的缺点。

1. 双水相系统的选择

在选择双水相体系组成时，首先要考虑被分离物质在其中的分配系数，只有在较高分配系数的条件下，才能将目的物有效地分离出来。另外，要考虑经济性及对目标物质活性的影响。选择合适的双水相系统，使目标产物的收率和纯化程度均达到较高的水平，并且成相系统易于利用静置沉降或离心沉降法进行相分离。如果以胞内蛋白质为萃取对象，应使破碎的细胞碎片分配于下相中，从而增大两相的密度差，满足两相的快速分离、降低操作成本和缩短操作时间的产业化要求。

2. 双水相体系的制备

确定体系组成后，将形成双水相的聚合物或盐溶解在水中，搅拌制备双水相。通过控制聚合物或盐的浓度来调整分配系数大小，在保证聚合物或盐浓度不变的情况下，通过调整水量、盐和聚合物量来实现双水相体积变化，以达到一定的萃取率。

3. 相平衡与相分离

在实际操作中，经常将固状（或浓缩的）聚合物和盐直接加入细胞匀浆液中，同时进行机械搅拌使成相物质溶解，形成双水相；溶质在双水相中发生物质传递，达到分配平衡。由于常用的双水相系统的表面张力很小，相间混合所需能量很低，通过机械搅拌很容易分散成微小液滴，相间比表面积极大，达到相平衡所需时间很短，一般只需几秒钟，所以，如果利用固状聚合物和盐成相，则聚合物和盐的溶解多为萃取过程的速率控制步骤。双水相系统的相间密度差很小，重力沉降法分离需10h以上，很难将两相完全分离。利用离心沉降可大大加快相分离速度，并易于连续化操作。

4. 多步萃取

细胞匀浆液中的目标产物可以经过多步萃取获得较高的纯化倍数。

第一步萃取使细胞碎片、大部分杂蛋白质和亲水性核酸、多糖等发酵副产物分配于下相，目标产物分配于上相。如目标产物尚未达到所需纯度，向上相中加入盐使其重新形成双水相。

第二步萃取，此步萃取可除去大部分多糖和核酸。

第三步（最后一步）萃取则使目标产物分配于盐相，以使目标产物与PEG（聚乙二醇）分离，便于PEG的重复利用和目标产物的进一步加工处理。

5. 大规模双水相萃取

双水相萃取系统的相混合能耗很低，达到相平衡所需时间很短。因此，双水相萃取的规模放大非常容易，在双水相萃取过程中，当达到相平衡后可采用连续离心法进行相分离。

（三）超临界流体萃取技术

超临界流体萃取分离过程是利用其溶解能力与密度的关系，即利用压力和温度对超临界流体溶解能力的影响而进行的。在超临界状态下，流体与待分离的物质接触，使其有选择性地依次把极性大小、沸点高低和分子量大小不同的成分萃取出来，然后借助减压、升温的方法使超临界流体变成普通气体，被萃取物质则自动完全或基本析出，从而达到分离提纯的目的，并将萃取分离的两个过程合为一体。

1. 常用萃取剂

用于超临界萃取的溶剂可以分为非极性和极性溶剂两种。如乙醇、甲醇等极性溶剂以及二氧化碳等非极性溶剂。在常用的超临界流体萃取剂中，非极性的二氧化碳应用最为广泛。这主要是由于二氧化碳的临界点较低，特别是临界温度接近常温，并且无毒无味，稳定性好，价格低廉，无残留。

2. 超临界流体萃取的工艺流程

超临界流体萃取的过程是由萃取和分离两个阶段组合而成的，超临界流体萃取工艺流程如图1-7-2所示。根据分离方法的不同，可以把超临界萃取流程分为：等温法、等压法和吸附法。

（1）等温变压萃取流程 萃取和分离在同一温度下进行。萃取完成后，萃取了溶质的超临界流体通过膨胀阀进入分离系统，此时压力下降，超临界流体密度下降，对溶质的溶解度下降，于是溶质析出得以分离。释放了溶质后的萃取剂经压缩机加压后再循环使用。这种方法应用较多，生产中由于高压操作，有适量流体损失，可定期补充适量萃取剂。

（2）等压变温萃取流程 萃取和分离在同一压力下进行，萃取完成后，萃取了溶质的超临界流体经加热器适当升温后进入分离系统，此时温度升高，超临界流体密度下降，对溶质的溶解度下降，于是溶质析出，得以分离。释放了溶质的萃取剂经压缩机加压，并经冷却器降温后再循环使用。这种方法分离和萃取均在高压下进行，设备投资较大，且分离中需升

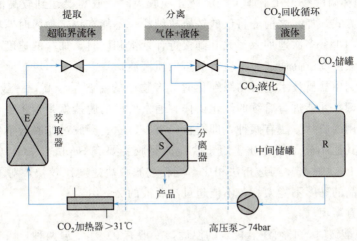

图 1-7-2　超临界流体萃取工艺流程

温,对热敏性物质不适用,但压缩机功耗小。

(3) 吸附萃取流程　分离和萃取均在同一温度、压力下进行。萃取完成后,萃取了溶质的超临界流体经过一装有吸附剂的吸附分离器,使萃取剂与溶质分离,分离后的萃取剂经适当加压后循环使用,吸附了溶质的吸附剂进行解吸、再生,将溶质分离出来。此种方法十分节能,但需增加吸附设备及吸附剂处理工艺过程。

(四) 盐析技术

盐析技术是利用各种生物分子在浓盐溶液中溶解度的差异,通过向溶液中引入一定数量的中性盐,使目的物或杂蛋白质以沉淀形式析出,达到纯化目的的方法。利用盐析技术可以达到分离、提纯生物大分子的目的。一般用于生物分离纯化的初步纯化阶段。

1. 盐析原理

高浓度的中性盐溶液中存在着大量的带电荷的盐离子,它们能够中和生物分子表面的电荷,使之赖以稳定的双电层受损,从而破坏分子外围的水化层;另外,大量盐离子自身的水合作用降低了自由水的浓度,从另一方面摧毁了水化层,使生物分子相互聚集而沉淀。

2. 常用中性盐及选用原则

生物大分子盐析常用中性盐,主要有硫酸铵、硫酸钠、硫酸镁、磷酸钠、氯化钠等,其中应用最广的是硫酸铵。在盐析过程中,离子强度和离子种类对蛋白质等溶质的溶解度起着决定性的影响。在选择中性盐时要考虑:①要有较强的盐析效果。一般多价阴离子的盐析效果比阳离子显著。②要有足够大的溶解度,且溶解度受温度的影响尽可能地小。这样便于获得高浓度的盐溶液,尤其是在较低的温度下操作时,不至于造成盐结晶析出,影响盐析效果。③盐析用盐在生物学上是惰性的。并且,最好不引入给分离或测定带来麻烦的杂质。④来源丰富,价格低廉。

3. 盐析操作过程

(1) 加盐方式

① 加硫酸铵的饱和溶液。在实验室和小规模生产中溶液体积不大时,或硫酸铵浓度不需太高时,可采用这种方式。这种方式可防止溶液局部过浓,但是溶液会被稀释,不利于下一步的分离纯化。

② 直接加固体硫酸铵。在工业生产溶液体积较大时，或需要达到较高的硫酸铵饱和度时，可采用这种方式。加入之前先将硫酸铵研成细粉，不能有块，加入时速度不能太快，要在搅拌下缓慢均匀少量多次地加入，尤其到接近计划饱和度时，加盐的速度要更慢一些，尽量避免局部硫酸铵浓度过高而造成不应有的蛋白质沉淀。

(2) 脱盐 利用盐析技术进行初级纯化时，产物中的盐含量较高，一般在盐析沉淀后，需要进行脱盐处理，才能进行后续的纯化操作。通常所说的脱盐就是指将小分子的盐与目的物分离开。最常用的脱盐方法有两种，即透析和凝胶过滤。凝胶过滤脱盐不仅能除去小分子的盐，也能除去其他小分子的物质。用于脱盐的凝胶主要有 Sephadex G-10、G-15、G-25 和 Bio-Gel P-2、P-6、P-10。与透析法相比，凝胶过滤脱盐速度比较快，对不稳定的蛋白质影响较小。但样品的黏度不能太高，不能超过洗脱液的 2～3 倍。

(3) 操作注意事项

① 加固体硫酸铵时，必须注意规定的温度，一般有 0℃ 和室温两种，由于加入固体盐的量较大，需考虑溶液体积的变化。

② 分段盐析时，要考虑到每次分段后蛋白质浓度的变化。蛋白质浓度不同要求盐析的饱和度也不同。

③ 为了获得实验的重复性，盐析的条件如 pH、温度和硫酸铵的纯度都必须严格控制。

④ 盐析后一般要放置半小时至一小时，待沉淀完全后再离心与过滤，过早地分离将影响收率。低浓度硫酸铵溶液盐析可采用离心分离，高浓度硫酸铵溶液则常用过滤方法。因为高浓度硫酸铵密度太大，要使蛋白质完全沉降下来需要较高的离心速度和较长的离心时间。

⑤ 盐析过程中，搅拌必须是有规则和温和的。搅拌太快将引起蛋白质变性，其变性特征是起泡。

⑥ 为了平衡硫酸铵溶解时产生的轻微酸化作用，沉淀反应至少应在 50mmol/L 缓冲溶液中进行。

（五）有机溶剂沉淀技术

在含有蛋白质、酶、核酸、黏多糖等生物大分子的水溶液中加入一定量亲水性的有机溶剂，能降低溶质的溶解度，使其从溶液中沉淀出来。利用生物大分子在不同浓度的有机溶剂中的溶解度差异而分离的方法，称为有机溶沉淀法。

1. 有机溶剂沉淀原理

有机溶剂沉淀的原理主要有两点：有机溶剂降低水溶液的介电常数，使溶质分子之间的静电引力增加，互相吸引聚集，形成沉淀。有机溶剂的亲水性比溶质分子的亲水性强，它会抢夺本来与亲水溶质结合的自由水，破坏其表面的水化膜，导致溶质分子之间的相互作用增大而发生聚集，从而沉淀析出。不同溶质沉淀要求不同浓度的有机溶剂，是有机溶剂分级沉淀的理论基础。

2. 常用的有机溶剂及其选择

常用于生物大分子物质沉淀的有机溶剂有甲醇、乙醇、异丙醇和丙酮等，其中乙醇是最常用的沉淀剂，因为它无毒，适用于医药上使用，并能很好地用于蛋白质混合物的分级沉淀。沉淀用的有机溶剂一般要能与水无限混溶，也可使用一些与水部分混溶或微溶的溶剂如三氯甲烷等，一般利用其变性作用除去杂蛋白质。在选择有机溶剂时需考虑：①介电常数小，沉淀作用强。②对生物大分子的变性作用小。③毒性小，挥发性适中。沸点低虽有利于溶剂的除去和回收，但挥发损失较大，且给劳动保护和安全生产带来麻烦。④一般需能与水无限混溶。

3. 有机溶剂沉淀技术的操作过程

操作前先要选择合适的有机溶剂，将待分离溶液和有机溶剂分别进行预冷，一般蛋白质溶液冷却到0℃左右，有机溶剂预冷到－10℃以下。然后注意调控样品的浓度、温度、pH和中性盐的浓度，使之达到最佳的参数控制范围。由于高浓度有机溶剂易引起蛋白质变性失活，因此必须在低温下进行，同时加入有机溶剂时注意少量多次加入，要注意搅拌均匀以避免局部浓度过大使目的物变性。作用一定时间后过滤或离心，分离得到固体目的物沉淀。沉淀应立即用水或缓冲液溶解，以降低有机溶剂浓度，同时进行下一步的分离。如果不能立即溶解，则应尽可能抽真空以减少其中有机溶剂的含量，以免影响目的物的生物活性。

四、发酵产物精制技术

（一）吸附色谱技术

吸附色谱技术是利用各组分在吸附剂（固定相）与洗脱剂（流动相）之间吸附和溶解（解吸）能力的差异进行分离的色谱技术。吸附色谱技术主要有以下两种分类方式：①按吸附按物质状态可分为固-液吸附色谱和固-气吸附色谱两种；②按操作方式的不同可分为吸附柱色谱和吸附薄层色谱。在工业生产操作中，吸附色谱技术时常会发生如下工艺问题：

1. 吸附剂的吸附能力下降

吸附剂在使用过程中吸附能力下降，可能存在以下几方面原因：

(1) 新树脂的预处理没有做好 一般新树脂在使用前要求严格的预处理，首先用大量的纯化水冲洗，再用纯异丙醇过柱，浸泡一定时间，再用纯化水冲至无异丙醇味，方可使用。

(2) 料液的预处理没有做好 如果用吸附剂吸附小分子物质，对料液进行预处理非常必要，特别是要除去那些固态物质及某些大分子物质，以防吸附剂被堵塞。如果用吸附剂进行交换吸附，预先要除去某些交换能力更强的干扰离子，有助于提高吸附剂的交换能力。

(3) 吸附剂的再生效果不好 主要原因是吸附剂在再生过程中，由于再生剂用量不够，或再生操作不规范（如流速变化太大、压力变化太大、再生液流向不合理等），使吸附剂再生不彻底，或在较高温度下反复加热再生，吸附剂表面有碳沉积等，从而影响下一次的吸附效果。需要生产上严格规范操作，确定合理的工艺条件，逆流再生等有利于提高再生效果。

(4) 吸附剂劣化 吸附剂反复吸附和再生后会产生劣化现象，使吸附能力下降。主要原因有：①料液内存在某些污染物质覆盖了吸附剂表面（内、外表面）；②由于操作温度高，特别是再生温度，使吸附剂半熔融，引起微孔消失，减少了吸附面积；③由于化学反应，使细孔的结构受到破坏等。通常对待处理料液认真分析，提前处理，除去有害物质。另外，控制好操作条件也可以有效预防吸附剂劣化。

(5) 操作不合理使吸附剂受到破坏 原因是吸附操作过程中，压力的快速变化引起吸附剂床层的松动或压碎从而危害吸附剂；气体吸附时进料带水；料液中杂质浓度过高；进料组分不在设计规格的范围内造成对吸附剂的损害，严重时可能导致吸附剂永久性的损坏。一般在操作过程中要防止使吸附器的压力发生快速变化；进料气要经过严格脱水；当进料出现高的杂质浓度时，应缩短吸附时间，以防止杂质超载；根据进料组分，选择适宜的吸附剂的种类和规格。

2. 固定床操作中，过早出现"穿透"现象

床层过早出现"穿透"现象的主要原因可能是由于以下几方面，需采取的相应措施如下：①床层装填不合理，颗粒不均匀等，导致出现偏流现象，需重新对吸附剂床层进行装填；②操作过程不规范（如流速或压力突然变化），使床层均匀程度受到破坏，重新装填吸附剂后，严格按操作规程进行操作；③系统密闭性差，或操作不合理，床层内出现气泡或分层现象，应进行密闭性检查，消除漏气，消除气泡及分层后，再进行正常工艺操作；④料液浓度过高，操作流速过大等，对待处理料液进行适当稀释，合理确定操作流速。

3. 吸附剂在使用中受潮引起性能下降

吸附剂在使用中受潮如果不是很严重，可以用干燥的气体进行吹除或用抽真空方式抽吸，降低水的分压，使吸附剂恢复部分活性，维持生产使用，但吸附性能难以恢复如初。如果受潮严重只有按照吸附剂活化处理的方法重新活化。

（二）离子交换色谱技术

离子交换色谱技术是利用离子交换原理和液相色谱技术的结合来分离分析溶液中阳离子和阴离子的一种分离分析方法。凡在溶液中能够电离的物质通常都可以用离子交换色谱法进行分离。现在它不仅适用于无机离子混合物的分离，亦可用于有机物的分离，例如氨基酸、核酸、蛋白质等生物大分子，因此，其应用范围较广。在工业生产操作中，离子交换色谱技术时常会发生如下工艺问题：

1. 树脂中毒

树脂中毒是指树脂失去交换性能后不能用一般的再生手段重获交换能力的现象。中毒的原因可以归纳为以下几点：①主要是大分子有机物或沉淀物严重堵塞孔隙，中毒树脂往往颜色加深，甚至呈现棕色，乃至黑色；②树脂的活性基团脱落，与活性基团电荷相同的线型分子紧紧地吸附在交换位置上；③铜离子、铁离子等重金属离子存在时，使树脂氧化，改变树脂结构，使树脂丧失交换能力；④负载离子的交换势极高，一般的洗脱剂或再生剂难以使其从活性基团上交换下来，使其不能与其他离子交换而失效；⑤铜、铁、铝等离子在碱性环境下水解生成氢氧化物絮状沉淀，水中硅含量高时生成硅胶，这些物质堵塞树脂孔道，影响了树脂的孔道扩散；⑥微生物中毒，当树脂储存或长时间没有进行再生时，树脂吸附水中的藻类和微生物，这些微生物以树脂内硝酸盐、胺等为营养物迅速繁殖，微生物不但污染水质，还可以破坏树脂结构，使树脂降低或者丧失交换能力。

当料液中存在明确的引起中毒的因素时，应该尽量净化料液，如除去固体颗粒或脱除料液中的溶解氧、二氧化碳等，再选择适当的树脂。对已中毒的树脂用常规方法处理后，再用酸、碱加热到 40~50℃浸泡，以溶出难溶杂质，然后用稀酸、碱或盐溶液淋洗，逐渐降低其浓度，最终过渡到纯水清洗。对于某些难溶于酸碱的沉淀物质，也可用有机溶剂加热浸泡处理。对于吸附了有机物很难洗脱或再生时，可以用氧化剂（如次氯酸钠、过氧化氢等）将其氧化，分解为小分子化合物除去。总之，对不同的毒化原因须采用不同的逆转措施，不是所有被毒化的树脂都能逆转而重新获得交换能力。因此，使用时要尽可能减少毒化现象的发生，以延长树脂的使用寿命。

2. 树脂层出现分层现象

树脂在使用过程中由于吸附了黏性物质，使树脂颗粒间相互粘连，容易引起树脂在反洗或反交换过程中出现分层现象。另外，当系统在操作中由于气密性较差，有气体进入床层也会引起床层分层。反洗或反交换等操作、工艺控制不合理，流速的突然增大也会造成分层现象。出现分层现象后，一旦各层树脂脱落，会使树脂的交换操作恶化，影响交换能力。因此，应设法避免出现分层现象。树脂在洗涤过程中应彻底洗涤，洗掉树脂所吸附的杂质，洗掉颗粒孔隙内与颗粒间残存的料液；对系统进行密闭性实验，消除漏气区域；对料液进行预处理，除去黏性很大的物质；规范操作，合理控制流速等几种方法可避免分层现象。出现分层现象后，可从容器下部放掉柱内液体，对床层进行正洗、反洗等操作，当床层稳定后再转入正常的交换操作。

3. 固定床操作中，过早出现"穿透"现象

与吸附色谱技术的原因和对策相同，这里不再重复叙述。

（三）超滤技术

超滤（UF）自20世纪20年代问世后，直至60年代以来发展迅速，很快由实验室规模的分离手段发展成重要的工业单元操作技术。超滤技术是综合了过滤和透析技术的优点而发展起来的高效分离技术，是脱盐、浓缩、生物大分子的分级分离常用的方法，在生物制品、食品、制药工业生产中占有重要的地位。在工业生产操作中，超滤技术时常会发生如下工艺问题。

1. 浓差极化（可逆污染）

在膜分离操作中，所有溶质均被透过液传送到膜表面上，不能完全透过膜的溶质受到膜的截留作用，在膜表面附近浓度升高，如图1-7-3所示。这种在膜表面附近浓度高于主体浓度的现象称为浓度极化或浓差极化。膜表面附近浓度升高，增大了膜两侧的渗透压差，使有效压差减小，透过通量降低。当膜表面附近的浓度超过溶质的溶解度时，溶质会析出，形成凝胶层。当分离含有菌体、细胞或其他固形成分的料液时，也会在膜表面形成凝胶层，这种现象为凝胶极化。

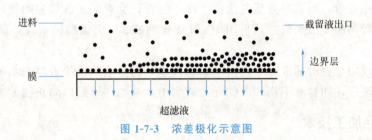

图 1-7-3　浓差极化示意图

要克服浓差极化，通常可加大液体流量，加强湍流和搅拌。此外，提高液体的温度（受溶质耐热性的影响）也可减轻浓差极化。

2. 膜污染（不可逆污染）

膜污染是指处理物料中的微粒、大分子、胶体粒子或其他溶质分子，由于与膜存在物理化学相互作用或机械作用而引起的在膜表面或膜孔内吸附、沉积，造成膜孔径变小或堵塞，使膜产生透过流量与分离特性的不可逆变化现象。悬浮物或水溶性大分子在膜孔中受到空间位阻，蛋白质等水溶性大分子吸附在膜孔表面，以及难溶性物质在膜孔中的析出都可能产生膜孔堵塞。

浓差极化和膜污染均能造成运行过程中膜通量的减少，但二者又有区别。浓差极化是可逆的，即变更操作条件可以使浓差极化消除；而膜污染是不可逆的，必须通过清洗的办法才能消除。

(1) 减轻膜污染的方法

① 预处理。将料液经过滤器进行预过滤，以除去较大的粒子，对中空纤维和螺旋卷绕式超滤器尤为重要。蛋白质吸附在膜表面上常是形成污染的原因，调节料液的pH远离等电点可使吸附作用减弱，但如果吸附是由于静电引力，则应调节至等电点。另外，盐类对污染也有很大影响，pH高时，盐类易沉淀；pH低时，盐类沉淀较少。加入络合剂如EDTA等可防止Ca^{2+}等沉淀。

② 改变膜的表面性质。在膜制备时，改变膜的表面极性和电荷，常可减轻污染。也可以将膜先用吸附力较强的溶质吸附，则膜就不会再吸附蛋白质，如聚砜膜可用大豆卵磷脂的酒精溶液预先处理，醋酸纤维膜用阳离子表面活性剂处理，可防止污染。

③ 开发抗污染的膜。开发耐老化或难以引起吸附污垢的膜组件，是减轻膜污染最根本的办法。

(2) 膜的清洗方法 超滤膜运转一段时间以后，会出现透水量降低、膜分离装置进出口压力降增大等问题。多数情况下，压力降超过初始值0.05MPa时，说明流体阻力已经明显增大，日常管理中必须对膜进行清洗，除去膜表面聚集物，以恢复其透过性。对膜清洗可用物理法或化学法，或两者结合起来使用。

① 物理方法（机械方法）。是借助于液体流动所产生的机械力将膜面上的污染物冲刷掉。通过加海绵球、增大流速、逆流（对中空纤维超滤器）、脉冲流动和使用超声波等方法，可以使膜得以清洗。

② 化学方法。物理清洗往往不能把膜面彻底清洗，这时可根据体系的情况适当加一些化学剂进行化学清洗。使用起溶解作用的物质，如酸、碱、酶（蛋白质）、螯合剂和表面活性剂等；使用起氧化作用的物质，如过氧化氢、次氯酸盐等；使用起渗透作用的物质，如磷酸盐、聚磷酸盐等。

超滤过程完毕后，要及时并反复清洗干净，否则，会影响超滤仪器的使用寿命与今后的超滤效果。一般先用无菌水清洗，再用1%氢氧化钠或1%次氯酸钠清洗，最后用无菌水进行清洗。

判断清洗成功与否的标准之一是清洗后加纯水，通量达到或接近原来水平，则认为污染已消除。膜清洗后，如暂时不用，应储存在清水中，并加些甲醛以防止细菌生长。

五、发酵产品加工技术

（一）结晶技术

固体物质分为结晶形和无定形两种状态。食盐、蔗糖、氨基酸、柠檬酸等都是结晶形物质，而淀粉、蛋白质、酶制剂、木炭、橡胶等都是无定形物质。它们的区别在于构成单位原子、分子或离子的排列方式不同，结晶形物质是三维有序规则排列的固体，而无定形物质是无规则排列的物质。晶体具有一定的熔化温度（熔点）和固定的几何形状，具有各向异性的现象，无定形物质不具备这些特征。形成结晶物质的过程称为结晶。结晶包括三个过程：过饱和溶液的形成；晶核的生成；晶体的生长。结晶操作能从杂质含量较高的溶液中得到纯净的晶体；结晶过程可赋予固体产品以特定的晶体结构和形态；结晶过程所用设备简单，操作方便，成本低；结晶产品的外观优美，它的包装、运输、贮存和使用都很方便。许多化工产品、医药产品及中间体、生物制品均需制备成具有一定形态的纯净晶体。因此，结晶是一个重要的生产单元操作，在化工、医药、轻工、生物行业分离纯化物质的过程中得到广泛应用。

1. 影响结晶的因素

影响晶体形成的因素有很多，主要有以下几个方面：

(1) 溶液浓度 结晶要以过饱和度为推动力，所以目的物的浓度是结晶的首要条件。溶液浓度高，结晶收率高，但溶液浓度过高时，结晶物的分子在溶液中聚集析出的速度超过这些分子形成晶核的速度，便得不到晶体，只能获得一些无定形固体颗粒。另外，溶液浓度过高相应的杂质浓度也高，容易生成纯度较差的粉末结晶。因此，溶液的浓度应根据工艺和具体情况实验确定。一般地，生物大分子的浓度控制在3%～5%比较适宜，小分子物质如氨基酸浓度可适当增大。

(2) 样品纯度 大多数情况下，结晶是同种分子的有序堆砌，杂质无疑是洁净形成的空间障碍。所以大多数生物分子需要有一定质纯度才能结晶析出，一般来说，结晶母液中的物质纯度应达到50%以上，纯度越高越容易结晶。

(3) 溶剂 溶剂对晶体能否形成和晶体质量的影响十分显著。故选用合适的溶剂是结晶首先要考虑的问题。对大多数生物小分子来说，水、乙醇、甲醇、丙酮、氯仿、乙酸乙酯、异丙醇、丁醇、乙醚等溶剂使用较多。尤其是乙醇，既亲水又亲脂，而且价格便宜、安全无毒，所以应用较多。对蛋白质、酶和核酸等生物大分子，使用较多的是硫酸铵溶液、氯化钠溶液、磷酸缓冲溶液、Tris缓冲溶液和丙酮、乙醇等。有时需要考虑使用混合溶剂。

(4) pH 一般来说，两性生化物质在等电点附近溶解度低，有利于达到饱和而使晶体析出，所选择pH应在生化性质稳定范围内，尽量接近其等电点。例如：5%的溶菌酶溶液，调pH为9.5～10，在4℃放置过夜便析出晶体。

(5) 温度 对于生物活性物质，一般要求在较低的温度下结晶，因为高温容易使其变性失活。另外，低温可使溶质溶解度降低，有利于溶质的饱和，还可以避免细菌繁殖。所以生化物质的结晶温度一般控制在0～20℃，对富含有机溶剂的结晶体细则要求更低的温度。但有时温度过低时，由于溶液黏度增大会使结晶速度变慢，这时可在析出晶体后，适当升高温度。另外，通过降温促使结晶时，降温快，则结晶颗粒小；降温慢，则结晶颗粒大。

(6) 搅拌与混合 增大搅拌速率可提高成核和生长速率，但搅拌速率过快会造成晶体的剪切破碎，影响结晶产品质量。为获得较好的混合状态，同时避免结晶的破碎，可采用气提式混合方式，或利用直径或叶片较大的搅拌桨，降低桨的转速。

2. 提高晶体质量的方法

(1) 晶体大小的控制 工业上通常希望得到粗大而均匀的晶体。粗大而均匀的晶体较细小不规则晶体便于过滤与洗涤，在储存过程中不易结块。但对一些抗生素，药用时有些特殊要求。生产上可通过控制溶液的过饱和度、温度、搅拌速度和晶种来控制晶体的大小。

① 过度饱和。过饱和度增加使成核速度和晶体生长速度增快，但成核速度增加更快，尤其过饱和度很高时更为显著。要获得大的晶体，结晶操作应以最大过饱和度为限度。

② 温度。冷却结晶时，如果溶液快速冷却，溶液很快达到较高的过饱和度，生成大量的细小晶体；反之，缓慢冷却常得到较大的晶体。蒸发结晶时，蒸发室内温度不宜过高，防止蒸发速度过快，造成溶液的过饱和度太大，生成大量细小的晶体。

③ 搅拌。搅拌能促进成核和加快扩散，提高晶核长大的速度，但当搅拌强度到一定程度后，再加快搅拌效果就不显著，反而还会打碎晶体。为了避免结晶的破碎，可采用气提式

搅拌方式，或利用直径或叶片较大的搅拌桨，降低桨的速度。

④ 晶种。生物产物的结晶操作主要采用晶种起晶法。特别是对于溶液黏度较大的物质，晶核很难形成，而在高过饱和度下，一旦产生晶核，就会同时出现大量晶核，容易发生聚晶现象。因此，高黏度物系必须采用在压稳区内添加晶种的操作方法，而且要求晶种有一定的形状、大小，并且比较均匀。

(2) 晶体形状的控制 同种物质的晶体，用不同的结晶方法产生，虽然仍属于同一晶体，其外形可以完全不同。通过下列措施可以改变晶体外形。

① 过饱和度。在结晶过程中，对于某些物质来说，过饱和度对其各结晶面的生长度影响不同，所以提高或降低过饱和度有可能使晶体外形受到显著影响。如果只有在过饱和度超过亚稳区的界限后才能得到所要求的晶体外形，则需采用向溶液中加入抑制晶核生长的添加剂。

② 选择不同的溶剂。在不同溶剂中结晶常得到不同的外形，如普鲁卡因青霉素在水溶液中结晶得方形晶体，而在醋酸丁酯中结晶得长棒形晶体；光神霉素在醋酸戊酯中结晶得到微粒晶体，而在丙酮中结晶则得到长柱状晶体。

③ 杂质。杂质存在会影响晶形。例如普鲁卡因青霉素结晶中，作为消泡剂的丁醇存在会影响晶形，醋酸丁酯存在会使晶体变得细长。

另外，晶种形状、结晶温度、溶液pH等也会影响晶体的形状。

(3) 晶体纯度的控制

① 晶体洗涤。结晶过程中，含杂质多的母液是影响产品纯度的一个重要因素。晶体表面具有一定的物理吸附能力，因此表面上有很多母液和杂质黏附在晶体上。晶体愈细小，比表面积愈大，吸附杂质愈多。一般把晶体和溶剂一起放在离心机或过滤机中，搅拌后再离心或抽滤，这样洗涤效果好。边洗涤边过滤的效果较差，因为易形成沟流使有些晶体不能洗到。对非水溶性晶体，常可用水洗涤，如红霉素、麦迪霉素、制霉菌素等。灰黄霉素也是非水溶性抗生素，用丁醇洗涤后，其晶体由黄变白，原因是丁醇将吸附在表面上的色素溶解。

② 重结晶。当结晶速度过大时（如过饱和度较高，冷却速度很快），常发生若干颗晶体聚结成为"晶簇"的现象，此时易将母液等杂质包藏在内；或因晶体对溶剂亲和力大，晶体中常包含溶剂。为防止晶簇产生，在结晶过程中可以进行适度的搅拌。为除去晶格中的有机溶剂只能采用重结晶的方法。

(4) 晶体结块的控制 大气湿度、温度、压力及贮存时间等对结块也有影响。空气湿度高会使结块严重；温度高增大化学反应速率使结块速度加快；晶体受压，一方面使晶粒紧密接触增加接触面，另一方面对其溶解度有影响，因此压力增加导致结块严重；随着贮存时间增长，结块现象趋于严重，这是溶解及重结晶反复次数增多所致。为避免结块，在结晶过程中应控制晶体粒度，保持较窄的粒度分布及良好的晶体外形，还应贮存在干燥、密闭的容器中。

（二）浓缩技术

浓缩是从溶液中除去部分溶剂的单元操作。生化物质制备中往往在提取后和结晶前进行浓缩。浓缩是对液体状态而言，液体体系除含可溶性的溶质外，还含有不可溶性的物质，如番茄汁含纤维（悬浮液）、牛乳含脂肪（乳浊液）等。可溶性物质与不溶性物质称为总固形物。浓缩是指总固形物与溶剂（一般为水分）部分分离的过程，使生物制品原料中水浓度降低到符合工艺要求的过程。此过程常在低温低压下进行，营养成分一般不发生相变。例如，热浓缩过程是使体系中的水分在其沸点时蒸发汽化,并将汽化产生的二次蒸汽不断排除,从而使制品的浓度不断提高,直至达到产品浓度要求。浓缩的主要目的是使生物制品体积减小,但不影响其营养成分。

1. 影响浓缩的因素

液体在任何温度下都可以通过蒸发进行浓缩,而且蒸发现象只发生于液体表面。影响蒸发浓缩的主要因素有以下几个方面:

(1) 液体蒸发面的面积 在一定温度下,单位时间内一定量蒸汽蒸发速度与蒸发面的大小成正比,即蒸发的表面积愈大,蒸发速度愈快。

(2) 液体表面的压力 液体表面压力越大,蒸发浓缩速度越慢。所以,在生产中,可以采用减压浓缩,既可加速浓缩过程,又可避免药物受高温而破坏。

(3) 加热温度与液体温度的温度差 根据热传导与分子动力学理论,汽化是由于分子受热后振动能力超过分子间内聚力而产生的。因此,要加速蒸发浓缩过程,必须使加热温度与液体温度间有一定的温度差,以使溶剂分子获得足够能量而不断汽化。

(4) 液面外蒸汽的浓度 在温度、液面压力、蒸发面积等因素不变的前提下,蒸发浓缩的速度与浓缩时液面上大气中的蒸汽浓度成反比。蒸汽浓度越大,分子越不易逸出,浓缩速度就越慢。因此,在蒸发浓缩的车间里应使用电扇、排风扇等通风设备,及时排除液面的蒸汽,以加速浓缩的进行。

(5) 液面外蒸汽的温度 蒸发浓缩的速度可随着温度的增加而加快,温度愈高,在单位体积的空气内可能含有的水蒸气愈多;反之,如将较高的温度下降或使已饱和的蒸汽重新冷却,则一部分蒸汽又将重新冷凝为液体。因此,工业生产中,为了促进蒸发浓缩,可以在蒸发液的上部通入热风。例如,在片剂包糖衣时可以鼓入热风,从而可加速水分的蒸发。

(6) 搅拌 液体在蒸发浓缩过程中,由于热量的损失,液体的温度下降较快,加之液体的挥发,浓度的增加也较快。液体温度的下降和浓度的升高会造成液面黏滞度增加,因而液面往往产生结膜现象。结膜后不利于传热及蒸发浓缩,而通过经常搅拌可以克服结膜现象,从而提高蒸发浓缩的速度。

2. 常用浓缩技术

生物活性物质提取液在进一步分离、提纯前,常常需要通过浓缩提高其活性物浓度,以利于后一工序的操作。由于各种料液特性不同,生物制品浓缩需要采用不同的浓缩方法来实现。工业生产中,常用浓缩技术如下:

(1) 冷冻浓缩 是将溶液中的部分水分以冰的形式析出,然后将生成的冰从液相中分离出来,而液体得到浓缩的脱水操作技术。冷冻浓缩不是用加热蒸发的方法来排除水分,不会导致溶液沸点上升和黏度增大,而是靠从溶液到冰晶的相间传递来排除水分,一般是在$-7 \sim -3 ℃$的操作温度下进行,所以可以避免因加热或化学反应而导致的目的物分解或挥发损失,因而特别适宜于含挥发性芳香物的热敏性液体生物物料的浓缩。实践证明,对于含芳香物的液体食品,采用冷冻浓缩方法所得到的浓缩物产品质量优于蒸发浓缩与膜过滤浓缩;对于蛋白质溶液的浓缩,冷冻浓缩方法可以使蛋白质不易变性,从而保持蛋白质中固有的成分;对于果汁浓缩,冷冻浓缩方法能够很好地保持其中的色泽、风味、香气和营养成分,从而得到质量好的产品。

(2) 减压浓缩 溶液在减压下加热使溶剂气化而浓缩的操作方法,称为减压浓缩,即通常所指的真空浓缩。减压浓缩是通过降低浓缩液的液面压力,从而使溶液的沸点降低,加快蒸发。减压浓缩通常在常温或低温下进行，因此适用于浓缩受热易变性的物质，例如抗生素溶液、果汁等。

(3) 常压浓缩 常压浓缩即在常压加热使溶剂蒸发，最后溶液被浓缩。水汽化后直接排入大气，蒸发面上为常压。常压浓缩设备结构简单、维修方便，但蒸发速率低。但由于蒸发温度高，仅适用于浓缩耐热物质及溶剂的回收，对于含热敏性物质的溶液则不适用。

(4) 多效浓缩 根据二次蒸汽是否用来作为另一蒸发器的加热蒸汽，蒸发过程可分为单效蒸发浓缩和多效蒸发浓缩。蒸发过程汽化所产生的水蒸气称为二次蒸汽。蒸发过程中将二次蒸汽直接冷凝不再利用者，称为单效蒸发浓缩。而将二次蒸汽引入另一个蒸发器作为热源进行串联蒸发者，称为多效蒸发浓缩，其蒸发器可称为多效蒸发器。

（三）干燥技术

干燥是指从湿物料中除去水分或其他湿分的单元操作。通常是生物产品分离纯化的最后一步。包括原料药的干燥和制成的临床制剂的干燥。干燥的目的是：①提高制品的稳定性；②便于制备各种制剂；③延长贮藏期；④用于某些产品加工过程以改善加工品质；⑤便于商品流通。

1. 影响干燥的因素

干燥速度是指单位时间内被干燥物料所能汽化的水分量，而干燥速率则是指单位时间内于单位干燥面积上所能汽化的水分量。干燥速率受内部条件和外部条件的控制，内部条件主要有物料的结构、性质、形状、湿度和温度等，外部条件主要有干燥操作条件、干燥器的结构型式等。

2. 常用的干燥技术

干燥的质量直接影响产品的质量和价值，干燥技术和方法的选择对于保证产品的质量至关重要。常用的干燥技术和方法有真空干燥、喷雾干燥和冷冻干燥等。

(1) 真空干燥 是将物料置于真空负压条件下，使水的沸点降低，水在一个大气压下的沸点是100℃，在真空负压条件下可使水的沸点降到80℃、60℃、40℃开始蒸发，使物料在较低温度下得到干燥。在真空干燥过程中，干燥室内的压力始终低于大气压力，气体分子数少，密度低，含氧量低，因而能干燥容易氧化变质的物料、易燃易爆的危险品等。对药品、食品和生物制品能起到一定的消毒灭菌作用，可以减少物料染菌的机会或者抑制某些细菌的生长，同时使物料能更好地保持原有的特性，降低品质的损失。

(2) 喷雾干燥 是流化技术用于液态物料干燥的一种较好的技术。它是利用不同的喷雾器，将悬浮液或黏滞的液体喷成雾状，与热空气之间发生热量和质量传递而进行干燥的技术。喷雾干燥过程可分为四个阶段：料液雾化、雾滴与空气接触、雾滴干燥、干燥产品与空气分离。喷雾干燥法通常被用于去除原料中的水分。除此之外，它还有着其他多种用途，例如：改变物质的大小、外形或密度，它能在生产过程中协助添加其他成分，有助于生产质量标准最严格的产品。

(3) 冷冻干燥 是利用升华的原理进行干燥的一种技术，它是将含有大量水分的物质在低温下快速冻结到三相点温度以下，然后在适当的真空环境下，使冻结的固态水分子直接升华成为水蒸气逸出从物品中排出，从而使物品干燥的过程。冷冻干燥得到的产物称作冻干物，该过程称作冻干。在升华时冻结产品内的冰或其他溶剂要吸收热量，引起产品本身温度的下降而减慢升华速度，为了增加升华速度，缩短干燥时间，必须要对产品进行适当加热。

整个干燥是在较低的温度下进行的。冷冻干燥工艺流程包括预冻（冻结）过程、升华干燥（第一阶段干燥）过程、解吸干燥（第二阶段干燥）过程。冷冻干燥在生物材料的制备，如生物工程材料的制备、生物大分子功能材料的制备，新材料的制备如光导纤维、超导材料、微波介质材料、磁粉、催化剂等超微细粉末功能材料等方面都得到了广泛的应用。

【岗位认知】

发酵液提取岗位职责及质量自查

一、发酵液提取岗位职责

文件编号			颁发部门	
SOP-PA-011-01		发酵液提取岗位	总工办	
总页数			执行日期	
2				
编制者		审核者	批准者	
编制日期		审核日期	批准日期	

1. 目的

明确提取岗位的标准操作规程。

2. 范围

提取工序。

3. 责任

车间主任及提取工序操作人员。

4. 内容

（1）检查操作间、设备、工具、容器及输液管道的清洁状况，检查清场合格证，核对有效期，取下标识牌，按生产部标识管理定置管理。

（2）挂本次生产品种批次牌于指定位置，按生产指令填写工作状态。

（3）根据生产指令，接收原料，由班长和外辅岗位操作人员进行核对。投料人员投料前，要求核对原料名称、投料重量等，称量按照称量器具的使用标准操作程序进行操作。

（4）生产中随时注意检查设备运行情况以及蒸气压力、温度、时间、药液、药膏、醇沉浓度、半成品的质量等。设备的操作严格按所使用设备的标准操作程序进行。

（5）出现异常情况，按照异常情况的SOP进行处理，不得擅自处理。

（6）操作完毕，填写批生产记录。

（7）每批操作完毕，取下批次标识牌，依照清场管理规程进行清场。

（8）清场完毕，填写清场记录，上报质检员，检查合格后，挂清场合格证。

5. 培训

（1）培训对象 提取岗位操作人员。

（2）培训时间 三小时。

二、发酵液提取岗位质量自查

文件编号			颁发部门	
SOP-PA-028-01		发酵液提取岗位质量自查	总工办	
总页数			执行日期	
2				
编制者		审核者	批准者	
编制日期		审核日期	批准日期	

1. 目的

明确提取岗位质量自查的标准操作规程。

2. 范围

提取工序质量。

3. 责任

车间主任及提取岗位操作人员。

4. 内容

（1）提取岗位操作人员要加强质量意识，保证提取投料和提取流浸膏的质量。

（2）凡是进入提取工序的所有原料都必须进行自检，项目有：原料名称、原料质量（包括：真伪、虫蛀、霉变、走油等）、原料重量等，并复核与生产指令单是否相符。

（3）生产过程中，要随时检查药液、浸膏、醇沉浓度、半成品的质量等。

（4）各品种浸膏质量要求见表1-7-1（其他品种见工艺规程）。

表1-7-1　各品种浸膏质量要求

品名	相对密度	波美度（热测）
养心氏片	1.21	25
利胆片	1.14	18
苦甘冲剂	1.22～1.25	26

（5）流浸膏检查方法

① 外观。将流浸膏加入烧杯内，自然光下观察，应该细腻、具流动性，无变质、发霉，无异臭。

② 相对密度。将婆美氏比重计插入盛有流浸膏的特制的圆形小桶内，待稳定后立即观察，应符合工艺要求。

③ 溶化性。取相当量的流浸膏加入80℃的热水搅拌5min，立即观察，应全部溶化，无异物或焦屑等出现。

④ 以上三项中，冲剂有一项不合格则视为不合格。片剂符合①和②项，其中有一项不合格则视为不合格。

5. 培训

（1）培训对象　提取岗位操作人员。

(2) 培训时间 一小时。

【项目实施】

任务一　1,6-二磷酸果糖（FDP）的生产

一、任务描述

1,6-二磷酸果糖（FDP）是果糖的1,6-二磷酸酯，其分子形式有游离酸 $FDPH_4$ 与钠盐，如1,6-二磷酸果糖三钠盐（$FDPNa_3H$）等。$FDPNa_3H$ 为白色晶形粉末，无臭，熔点71～74℃，易溶于水，不溶于有机溶剂，4℃时较稳定，久置空气中易吸潮结块，转为微黄色。

FDP是葡萄糖代谢过程中的重要中间产物，是分子水平上的代谢调节剂。FDP具有促进细胞内高能基团的重建、保持红细胞的韧性及向组织释放氧气的能力，是糖代谢的重要促进剂。临床验证表明，FDP是急性心肌梗死、心功能不全、冠心病、心肌缺血发作、休克等症状的急救药物，它有利于改善心力衰竭、肝肾功能衰竭等临床危象，在各类外科手术中可以作为重要辅助治疗药物，对各类肝炎引起的深度黄疸、转氨酶升高及低白蛋白血症者也有较好的治疗作用。

二、任务实施

（一）准备工作

1. 建立工作小组，制订工作计划，确定具体任务，任务分工到个人，并记录到工作表。
2. 收集提取与精制1,6-二磷酸果糖的必要信息，掌握相关知识及操作要点，与指导教师共同确定出一种最佳的工作方案。
3. 完成任务单中实际操作前的各项准备工作。

(1) 材料准备　FDP产生菌种子。

(2) 试剂　麦芽汁、生理盐水、卡拉胶、表面活性剂、KCl、蔗糖、NaH_2PO_4、ATP、$MgCl_2$ 等。

(3) 仪器　小型发酵罐、恒温培养箱、填充柱反应器、DEAE-C阴离子交换柱、冷冻干燥机等。

（二）操作过程

操作流程如图1-7-4所示。

1. FDP产生菌的培养

将啤酒酵母接种于麦芽汁斜面培养基上，26℃培养24h，转入种子培养基中，培养至对数生长期，转种于发酵培养基中，于28℃发酵培养24h，静置1周，离心，收集菌体。

2. 固定化细胞的制备

取活化菌体用等体积生理盐水悬浮，预热至40℃，用4倍量生理盐水加热溶解卡拉胶（卡拉胶用量为3.2g/100mL），两者于45℃混合搅拌10min，倒入成型器皿中，4～10℃冷却30min，加入等量0.3mol/L KCl浸泡硬化4h，切成3mm×3mm×3mm小块。

```
FDP产生菌种子 —[培养]→ FDP产生菌体 —[固定化 卡拉胶]→ 固定化细胞 —[活化]→ 活化固定化细胞

蔗糖,NaH₂PO₄ —[酶促转化 30℃]→ 转化液 —[除蛋白]→ 清液 —[离子交换]→ 树脂吸附物 —[洗脱]→ 洗脱液

CaCl₂ —[成钙盐]→ FDPCa —[转酸 732-树脂]→ FDPH₄ —[成盐 2mol/L NaOH]→ FDPNa₃H —[除菌,除热原 超滤]→ 超滤液

—[冻干]→ 精品 FDPNa₃H
```

图 1-7-4　1,6-二磷酸果糖生产工艺路线

3. 活化固定化细胞

用含底物的表面活性剂于35℃浸泡活化固定化细胞12h，用0.3mol/L KCl洗涤后浸泡于生理盐水中备用。

4. 酶促转化

以活化固定化细胞填充柱反应器，以上行法通入30℃底物溶液（内含8%蔗糖，4% NaH_2PO_4，5mmol/L ATP，30mmol/L $MgCl_2$），收集反应液。

5. 离子交换

反应液经除蛋白澄清过滤，清液通过已处理好的DEAE-C阴离子交换柱，经洗涤、洗脱，收集洗脱液加入适量 $CaCl_2$ 使生成FDPCa沉淀。

6. 转酸

FDPCa悬浮于无菌水中，用732-树脂将其转成 $FDPH_4$，用2mol/L NaOH调pH至5.3～5.8，经活性炭脱色，超滤冻干，得 $FDPNa_3H$ 精品。

（三）结束工作

1. 填好所有操作记录单、任务单、各种评价表。
2. 检查设备仪表是否洁净完好。
3. 清理工作场地与环境卫生。
4. 进行任务总结（小组讨论与汇报、组间互评、教师点评与总结）。

三、任务探究

1. 讨论麦芽汁斜面培养基、种子培养基和发酵培养基的配比优化。
2. 分析固定化细胞制备的影响因素。
3. 分析1,6-二磷酸果糖转酸操作的注意事项。

任务二　头孢霉素发酵液的分离与精制

一、任务描述

头孢霉素是白色或乳黄色结晶性粉末，微臭。在水中微溶，在乙醇、氯仿或乙醚中不

溶。临床上用于呼吸道、泌尿道、皮肤和软组织、生殖器官（包括前列腺）等部位的感染，也常用于中耳炎。头孢霉素生产菌种子周期长达172h，而发酵周期只有（126±4)h，目前，国内外头孢霉素生产一直采取补料分批发酵法，通过改进现行补料工艺，采用补料并定时放料分批发酵（半连续发酵），提高了头孢霉素的生产效率，使发酵指数和罐批产量有了较大幅度的提高。

本次实训重点是通过膜系统处理头孢霉素发酵液，再采用离子交换色谱技术从中分离精制头孢霉素C，利用分光光度计或高效液相色谱仪测定其含量。

二、任务实施

（一）准备工作

1. 建立工作小组，制订工作计划，确定具体任务，任务分工到个人，并记录到工作表。

离心机的参数设置及操作

2. 收集提取与精制头孢霉素的必要信息，掌握相关知识及操作要点，与指导教师共同确定出一种最佳的工作方案。

3. 完成任务单中实际操作前的各项准备工作。

(1) 材料准备 头孢霉素发酵液。

(2) 试剂 XAD-1600吸附剂、丙酮、乙醇、异丙醇、NaOH、H_2SO_4、阴离子交换树脂（Ambedite IRA-68、Ambedite IR-4R等）、乙酸钠、液氮、乙酸锌、乙腈-乙酸钠缓冲液等。

(3) 仪器 离心机、Flow-Cel膜系统、真空泵、分光光度计（或高效液相色谱仪）等。

离心机的使用

（二）操作过程

操作流程如图1-7-5所示。

1. 发酵液酸化

将发酵液pH调至5.0，使部分蛋白质及钙离子沉淀。

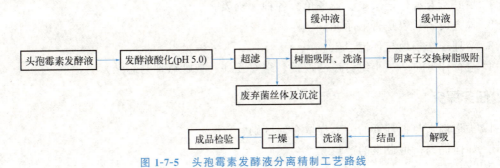

图1-7-5 头孢霉素发酵液分离精制工艺路线

2. 超滤

离心收集，5000r/min离心10min，收集上清液；超滤收集，利用Flow-Cel膜系统超滤发酵液收集滤液，超滤进料压力维持在0.4MPa，透过压力为0.05MPa，每次料液用量为250mL，温度维持在15℃。菌丝体及其他沉淀弃去。

3. 树脂吸附、洗涤

利用XAD-1600吸附滤液中的头孢霉素C。装柱，将滤液上样，用5%、10%、15%、

20%丙酮溶液或乙醇、异丙醇溶液洗脱,收集洗脱液,并在254nm波长处测量吸收峰,保留最大吸收峰的洗脱液。用NaOH、H_2SO_4、乙醇、丙酮等溶剂对树脂进行浸泡、洗脱和再生。

4. 阴离子交换树脂吸附

阴离子交换树脂有Ambedite IRA-68、Ambedite IR-4R等。将上述洗脱液上样阴离子交换树脂至饱和。

5. 解吸

用乙酸钠溶液解吸,乙酸钠溶液浓度从0mmol/L至10mmol/L,按0.5mmol/L级差逐步增加,洗脱。

6. 结晶

用液氮将料液预冷至10℃以下,搅拌,加入部分预冷至0～10℃的丙酮(解吸液体积的0.5倍)。快速加入乙酸锌至结晶液变浑浊。停止搅拌,静置1h。再搅拌,继续加入剩余丙酮,在10℃以下静置4h。

7. 洗涤

将结晶液用真空泵抽滤,用丙酮水、丙酮洗涤两次,再用真空泵将洗液抽净。

8. 干燥

将洗涤后的头孢霉素C锌盐放入干燥箱中,真空干燥。

9. 头孢霉素C含量测定

头孢霉素类药物由于环状部分具有O══C—N══C结构,在260nm波长处有强吸收,故可用分光光度法进行定量分析;头孢霉素类药物在碱性条件下的降解产物可能是二酮哌嗪衍生物,具有荧光性,故可用荧光分光光度法测定血浆中头孢霉素类药物的含量。用HPLC测定,色谱柱为C_{18},4.6mm×25mm,流动相为乙腈-乙酸钠缓冲液(1:50),进样量为20μL,流速为2.0mL/min,检测波长为254nm。

(三)结束工作

1. 填好所有操作记录单、任务单、各种评价表。
2. 检查设备仪表是否洁净完好。
3. 清理工作场地与环境卫生。
4. 进行任务总结(小组讨论与汇报、组间互评、教师点评与总结)。

三、任务探究

1. 头孢霉素与青霉素的分离提取有何区别?
2. 如何提高头孢霉素的产量?

【项目拓展】

药物分离与纯化过程的设计

一、影响药物分离与纯化过程选择的因素

在药物分离与纯化过程的选择与设计中要考虑很多因素,其中主要包括:被分离药物及

其混合物的性质，药物的分离要求，分离费用，产品价值，生产规模，分离剂的选用，对产品或环境的污染等多个方面。此外，一些外界因素如设备、厂房、经济实力等条件，操作者对某些分离方法的熟练程度等也是应考虑的因素。

二、药物分离与纯化过程选择的一般原则及步骤

（一）选择药物分离与纯化过程应遵循的原则

1. 优先采用简单的分离纯化方法。
2. 先分离较易除去的组分。
3. 尽早分离出混合物中特别有害的物质或可能导致副反应的物质。
4. 优先考虑采用机械分离，其次考虑传质分离，尽量少用化学方法。
5. 所选分离与纯化过程，既要技术上可靠，又要经济上可行。

需要注意的是，在选择分离过程时也要对工艺过程、设备的各种因素予以考虑。此外，在确定了分离设备后，对辅助处理装置和液体及固体的输送等也必须考虑，以尽量恰当的配置来适应所选择的分离设备。总之，应全面地从整个工艺过程来考虑分离过程的选择。

（二）分离与纯化过程的步骤选择

1. 了解混合物的特性，明确分离纯化要求及分离过程的特性。
2. 分析所选分离方法是否能适应所处理的物料，能否达到所需纯度或分离要求。
3. 分析分离与纯化过程所需的能量，选择低能耗的分离方法。
4. 根据产品的纯度要求，验证所选择的分离与纯化方法。
5. 分离与纯化设备的分离效率测评。
6. 根据生产规模，评估其经济性。

三、新过程的产生

新分离与纯化技术的选用，可能受到人们已有思想观念的限制，也会受到技术应用的广泛性、成熟度的限制，但人们对新过程的探索是永不停息的。对于分离与纯化过程来说，考察这些方法的所有组合，考虑流程和设备的新结构，考虑新性质差异是否可以作为分离的基础，都可以产生新的分离与纯化过程。在许多情况下，在一种类型的过程中成功的技术革新，可以通过某种形式的技术转移，把它引用到极不相同的类型过程中去，从而实现新过程。

四、分离过程的组合

从理论和实践可知，不同的分离方法在分离能力（如分离效率、处理质量、处理速率）、成本（如投资、能耗）、适应性（如均相、非均相混合物、粒度、浓度、黏度、温度）等各方面往往各不相同，各有优缺点，若进行适当的组合，可提高产品质量和处理量。

组合分离过程是采用不同种类的分离技术进行多级分离的操作，其中多级分离过程是用一种分离技术进行多级分离的操作。对于某一分离与纯化过程，有时可用一种分离方法完成，但需采用多级分离才能完成，如多级膜分离、多级蒸馏等。有时由于分离方法固有的分离不完全性，单种分离操作的多级过程也可能达不到所要求的产品纯度，甚至不能完成分离任务，或分离成本过高。此时，常将多种分离方法有机地结合起来，取长补短，形成一个最

佳的组合分离过程，既能达到分离的质量要求，又能使分离费用降到最低限度。分离过程组合的目的是：提高产品纯度或处理质量；降低分离剂的耗量；提高某一分离操作的性能；延长分离设备的再生周期或使用寿命。

【项目总结】

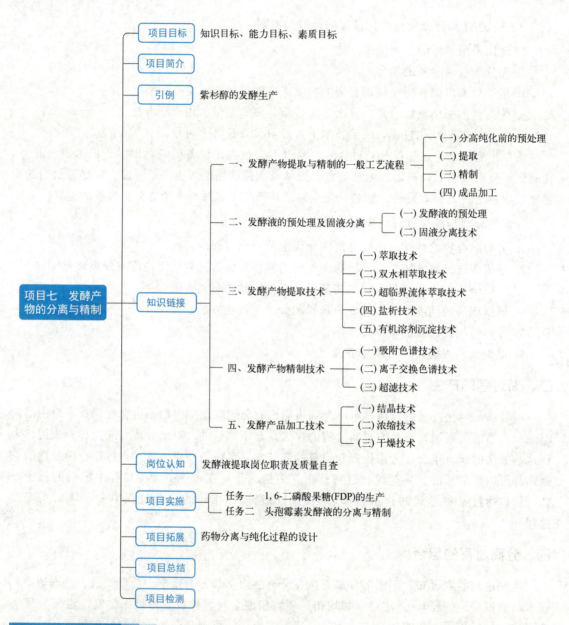

【项目检测】

一、单项选择题

1. 能够除去发酵液中钙、镁、铁离子的方法是（　　）。
   A. 过滤　　　　　　　　　　　　B. 萃取
   C. 加入试剂生成沉淀　　　　　　D. 蒸馏

2. 从四环素发酵液中去除铁离子，可用（   ）。
   A. 草酸酸化　　　　B. 加黄血盐　　　　C. 加硫酸锌　　　　D. 氨水碱化
3. 以硅胶为吸附剂的柱色谱分离极性较弱的物质时，宜选用（   ）。
   A. 极性较强的流动相
   B. 活性较高的吸附剂和极性较弱的流动相
   C. 活性较低的吸附剂和极性较弱的流动相
   D. 活性较高的吸附剂和极性较高的流动相
4. 样品中各组分流出柱的顺序与流动相性质无关的是（   ）。
   A. 离子交换色谱　　B. 聚酰胺色谱　　C. 吸附色谱　　D. 凝胶色谱
5. 不需要提供真空条件进行干燥的技术是（   ）。
   A. 冷冻干燥　　　　B. 真空干燥　　　　C. 喷雾干燥　　　　D. 以上三种都是
6. 干燥介质的湿度越低，干燥速率（   ）。
   A. 越高　　　　　　B. 越低　　　　　　C. 没有影响　　　　D. 不变

二、判断题
1. 过滤物质颗粒的性状、大小、滤饼的紧密度和厚度都会影响过滤效果。通过增加助滤剂来降低滤饼阻力，可提高过滤速度。（   ）
2. 温度高，液体黏度小，所以要趁料液热时进行过滤。（   ）
3. 凝聚和絮凝的原理相同，但是沉淀的状态不同。（   ）
4. 阳离子交换剂一般是 pH 值从低到高洗脱，阴离子交换剂一般是 pH 值从高到低洗脱。（   ）
5. 树脂使用后不可再回收。（   ）
6. 采用凝胶过滤色谱法分离蛋白质主要取决于蛋白质分子的大小，先将蛋白质混合物上柱，然后进行洗脱，小分子的蛋白质由于所受排阻力较小首先被洗脱出来。（   ）

三、填空题
1. 确定生物材料的预处理方法的依据是_____、_____、_____。
2. 高价金属离子的去除常用的方法有：_____、_____等。
3. 常规的固-液分离技术主要有_____和_____等。
4. 溶剂萃取操作过程是_____、_____、_____。
5. 固体可分为_____和_____两种状态。
6. 结晶的前提是_____，结晶的推动力是_____。

四、工艺路线题
绘制生物分离与纯化技术的一般工艺过程。

项目八　发酵罐的使用及放大

【项目目标】

❖ 知识目标

1. 掌握机械搅拌通风发酵罐的结构。
2. 掌握发酵罐的使用与保养方法。
3. 掌握发酵罐放大的理论依据和方法。

❖ 能力目标

1. 能正确操作制药实验室常用发酵罐。
2. 能利用常用的发酵罐对微生物产品进行发酵生产。
3. 具备处理发酵操作突发事件的能力。

❖ 素质目标

培养学生吃苦耐劳、独立思考、自主探究的习惯；树立"安全第一、质量首位、效益最高"的意识；具有良好的职业道德，树立遵守职业守则的意识；培养学生具备工匠精神、家国情怀和社会责任感。

【项目简介】

发酵的主要设备为发酵罐，同时还附有原料（培养基）调制、蒸煮、灭菌和冷却设备，通气调节和除菌设备，以及搅拌器等。发酵罐必须能够提供微生物生命活动和代谢所要求的条件，并便于操作和控制，保证工艺条件的实现，从而获得高产。对于制药工艺来说，发酵罐一般是一个密闭容器，同时附带精密控制系统。目前，发酵罐已广泛用于抗生素、维生素、氨基酸、核酸、多糖、免疫调节剂、药用酶及酶抑制剂等各类药物的生产。

本项目的内容是发酵罐的使用及放大，知识链接介绍了发酵罐的结构与类型，以及机械搅拌通风发酵罐的设计与放大等基本知识，项目实施中结合生产设定了两个具体任务。通过本项目的学习使学生掌握发酵罐的使用与保养方法，为从事发酵行业奠定基础。

 引例

氨基酸的发酵生产

氨基酸的制造是从1820年水解蛋白质开始的，1866年德国的利好生博士利用硫酸水解小麦面筋分解出一种氨基酸，依据原料的取材，将此氨基酸命名为谷氨酸。

随后日本有一位教授在探讨海带汁液的鲜味时，提取了谷氨酸，并在1908年开始制造商品味之素——味精。1910年，日本味之素公司用水解法生产氨基酸，与食盐配合出售。但是这种方法生产氨基酸耗粮太多，成本太高。

第二次世界大战后不久，美国有人提出用发酵法生产谷氨酸的报告，日本也相继开始了研究，1956年日本协和发酵公司分离出一种新的细菌，它可以利用100g葡萄糖转化为40g以上的谷氨酸。1957年发酵法味精正式商业性生产，这标志着氨基酸发酵工业的诞生。

中国于1958年开始研究L-谷氨酸，随后报道了酮戊二酸短杆菌2990-6的L-谷氨酸发酵及其代谢的研究结果。1965年把北京棒状杆菌ASI299和钝齿棒状杆菌ASI542先后应用于L-谷氨酸发酵工业生产，接着在选育其他氨基酸的优良菌株方面也取得一定成果，逐渐形成了中国的氨基酸发酵工业。

目前近20种氨基酸均可用微生物发酵法生产，但是微生物的细菌具有代谢自动调节系统，使氨基酸不能过量积累，如果要在培养基中大量积累氨基酸，就必须解除和突破微生物的代谢调节机制，氨基酸发酵就是人为控制的这种机制所取得的重大成果。

【知识链接】

一、发酵罐的结构与类型

（一）发酵罐的结构

1. 机械搅拌通风发酵罐

发酵罐的构造

机械搅拌通风发酵罐又称为通用式发酵罐，是工业上最常用的一种微生物反应器。它是利用机械搅拌器的作用，使空气和发酵液充分混合，促使氧在发酵液中溶解，以供给微生物生长繁殖、发酵需要的氧气。机械搅拌通风发酵罐主要部件有罐体、搅拌器、挡板、联轴器和轴封、空气分布装置、传动装置、冷却装置、消泡部、人孔、视镜等。大型的机械搅拌发酵罐结构如图1-8-1所示。

(1) 罐体结构 发酵罐的罐体由圆柱体和椭圆形或蝶形封头焊接而成，这种形状有利于受力均匀，死角少，灭菌彻底。材料可用碳钢或不锈钢，制药行业多用不锈钢材料。由于发酵罐需要高温高压灭菌，以及发酵过程需要保持一定的罐压，因而要求罐体必须能承受一定的压力，一般工作压力设计为0.25MPa。小型发酵罐罐顶和罐体采用法兰连接，材料一般为不锈钢。为了便于清洗，小型发酵罐顶部设有清洗用的手孔，中大型发酵罐则装设有快开人孔及清洗用的快开手孔。罐顶还装有试镜及灯镜。

在发酵罐罐顶上设有进料管、补料管、排气管、接种管和压力表接管。

在罐身上的接管有冷却水进出管、进空气管、取样管、温度计管和测控仪表接口。罐体各部分的尺寸有一定的比例，罐的高度与直径之比一般为1.7～4。

发酵罐通常装有两组搅拌器，两组搅拌器间距S约为搅拌器直径的3倍，对于大型发酵罐以及罐体深度较高的，可安装三组或者三组以上的搅拌器。最下面一组搅拌器通常与风管出口较接近为好，与罐底的距离C一般等于搅拌器直径D_1，但不宜小于$0.8D_1$，否则会影响液体的循环。最常用的发酵罐各部分的比例尺寸如图1-8-2所示。

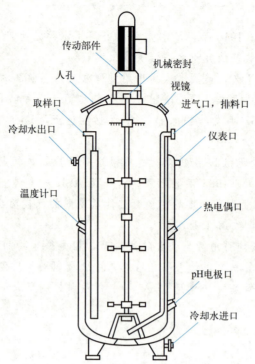

图 1-8-1 机械搅拌发酵罐的结构示意

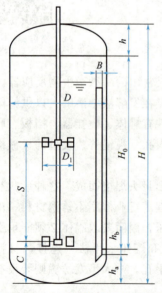

图 1-8-2 机械搅拌通风发酵罐的比例尺寸

D—罐体直径；D_1—搅拌器直径；S—搅拌器间距；C—下搅拌器距底间距；H—罐体高；B—挡板宽；h_a—封头短半轴高度；h_b—封头直边高度

(2) 搅拌器 搅拌器的作用是使通入的空气分散成气泡并与发酵液充分混合，使氧溶解于发酵液中。一般来讲，搅拌器可分为旋桨式搅拌器和涡轮式搅拌器，如图 1-8-3 所示。通用式发酵罐大多采用涡轮式搅拌器，涡轮式搅拌器的叶片有平叶式、弯叶式、箭叶式三种，其作用主要是打碎气泡，加速和提高溶解氧。平叶式功率消耗较大，弯叶式较小，箭叶式又次之。为了拆装方便，大型搅拌器可做成两半形，用螺栓联成整体。搅拌器宜用不锈钢板制成。

相同半径、转速时，功率消耗依次为平叶式搅拌器大于弯叶式搅拌器，弯叶式搅拌器大于箭叶式搅拌器。在相同的搅拌功率下粉碎气泡的能力大小是平叶式搅拌器大于弯叶式搅拌器，弯叶式搅拌器大于箭叶式搅拌器。但其翻动流体的能力则与上述情况相反。即箭叶式搅拌器大于弯叶式搅拌器，弯叶式搅拌器大于平叶式搅拌器。

(3) 挡板 挡板的作用一方面是防止液面中央产生漩涡，促使液体激烈翻动，提高溶解氧。另一方面是防止搅拌过程中漩涡的产生，而导致搅拌器露在料液以上，起不到搅拌作用。挡板宽度约为 (0.1～0.12)D，装设 4～6 块挡板，可满足全挡板条件。所谓"全挡板条件"是指在一定转速下，

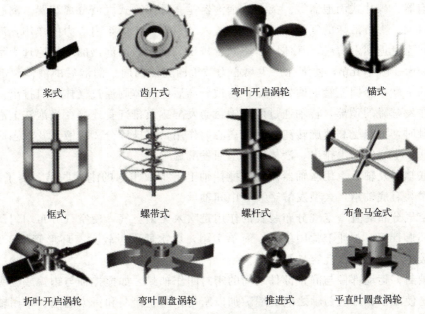

图 1-8-3 常用搅拌器的类型

再增加罐内附件，轴功率仍保持不变。竖立的蛇管、列管也可以起挡板作用。

(4) 消泡器 发酵生产中泡沫形成的原因主要有发酵液中含有蛋白质等发泡物质及由外界引进的气流被机械（通风、搅拌）地分散形成泡沫。泡沫造成的危害主要有以下几点：降低发酵设备的利用率，增加了菌群的非均一性；增加了染菌的机会；导致产物的损失；消泡剂会给后提取工序带来困难。常用的消泡方法有物理消泡法和化学消泡法。物理消泡法是靠机械力引起强烈振动或者压力变化，促使泡沫破裂。消泡器是安装在发酵罐内转动轴的上部或发酵罐排气系统上的，可将泡沫打破，分离成液态和气态两相的装置。化学消泡法则是加入消泡剂，使泡沫失稳，发酵时多用豆油。

安装在罐内的消泡装置是安装在发酵罐内、转动轴的上部，齿面略高于液面，直径为 $(0.8\sim0.9)D$。若其由搅拌轴带动，则转速不高，效果不佳。而如消泡装置为耙式消泡桨，装于搅拌轴上，齿面略高于液面，当少量泡沫上升时，转动的耙齿就可以把泡沫打碎。消泡器的长度约为罐径的 0.65 倍。如图 1-8-4 所示为耙式消泡器。

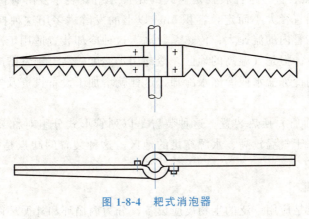

图 1-8-4 耙式消泡器

安装在罐外的消泡装置是接于罐的排气口，如旋风式消泡器。另外还有离心式消泡器、刮板式消泡器、碟片式消泡器等。离心式消泡器是一种离心式气液分离装置。离心式消泡器装于排气口上，夹带液沫的气流以切线方向进入分离器中，由于离心力的作用，液滴被甩向器壁，经回流管返回发酵罐，气体则自中间管排出。刮板式消泡器的工作原理为刮板旋转时转速为 1000~1400r/min，使泡沫产生离心力被甩向壳体四周。消泡后的液体及部分泡沫集中于壳体的下端，经回流管返回发酵罐，而被分离后的气体则通过气体出口排出。碟片式消泡器安装在发酵罐的顶部，转轴通过两个轴封与发酵罐及排气管连接。当泡沫上溢与碟片式消泡器接触时，泡沫受高速旋转离心碟的离心力作用，将破碎分离成液态及气态两相，气相通过通气孔沿空心轴向上排出，液体则被甩回发酵罐中。

(5) 联轴器及轴承 用联轴器使几段搅拌轴上下形成牢固的刚性联结。为了减少震动，中型发酵罐装有底轴承，大型发酵罐装有中间轴承。

(6) 空气分布装置 空气分布装置的作用是吹入无菌空气，使空气分布均匀。分布装置有单管及环形管等。工业上常用单管，简单实用，单次通入量较大。环形管属于多孔管式，空气分布较均匀，但喷气孔容易被堵塞。

(7) 轴封 运动部件与静止部件之间的密封叫作轴封。如搅拌轴与罐盖或罐底之间。轴封的作用是使罐顶或罐底与轴之间的缝隙加以密封，防止泄漏和污染杂菌。常用轴封有填料轴封和端面轴封两种，目前多用端面轴封。

端面轴封又称机械轴封。密封作用是靠弹性元件（弹簧、波纹管等）的压力使垂直于轴线的动环和静环光滑表面紧密地相互贴合，并做相对转动而达到密封效果。动静环材料要有良好的耐磨性，摩擦系数小，导热性能好，结构紧密，且动环的硬度应比静环大。

填料轴封由填料箱体、填料底衬套、填料压盖和压紧螺栓等零件构成，使旋转轴达到密封的效果。缺点为死角多，很难彻底灭菌，易磨损、渗漏。

(8) 变速装置 发酵罐常用的变速装置有三角皮带传动，圆柱或螺旋圆锥齿轮减速装置。其中以三角皮带变速传动较为简单，噪声较小。

(9) 发酵罐的换热装置

① 夹套式换热装置。这种装置多应用于容积较小的发酵罐、种子罐；夹套的高度比静止液面高度稍高即可，无须进行冷却面积的设计。这种装置的优点是结构简单，加工容易，罐内无冷却设备，死角少，容易进行清洁灭菌工作，利于发酵。其缺点是传热壁较厚，冷却水流速低，发酵时降温效果差。

② 竖式蛇管换热装置。这种装置是竖式的蛇管分组安装于发酵罐内，有四组、六组或八组不等，根据管的直径大小而定，容积 $5m^3$ 以上的发酵罐多用这种换热装置。这种装置的优点是：冷却水在管内的流速大；传热系数高。这种冷却装置适用于冷却用水温度较低的地区，水的用量较少。但是气温高的地区，冷却用水温度较高，则发酵时降温困难，影响发酵产率，因此应采用冷冻盐水或冷冻水冷却，这样就增加了设备投资及生产成本。另外，弯曲位置比较容易蚀穿。

③ 竖式列管（排管）换热装置。这种装置是以列管形式分组对称装于发酵罐内。其优点是加工方便，适用于气温较高、水源充足的地区。这种装置的缺点是传热系数较蛇管低，用水量较大。

2. 气升式发酵罐

气升式发酵罐也是应用广泛的生物反应设备，分为内循环和外循环两种。其主要结构包括：罐体、上升管、空气喷嘴。它的原理是把无菌空气通过喷嘴喷射进发酵液中，通过气液混合物的湍流作用使空气泡打碎，同时由于形成的气液混合物密度降低故向上运动，而含气率小的发酵液则下沉，形成循环流动，实现混合与溶解氧传质。其特点是结构简单、不易染菌、溶解氧效率高和耗能低等。气升式反应器不适于高黏度或含大量固体的培养液。

气升式发酵罐是否符合工艺要求及经济指标，应从以下几方面进行考虑：循环周期必须符合菌种发酵的需要；选用适当直径的喷嘴。具有适当直径的喷嘴才能保证气泡分割细碎，与发酵液均匀接触，增加溶氧系数。

3. 自吸式发酵罐

自吸式发酵罐是一种不需要空气压缩机，而在搅拌过程中自动吸入空气的发酵罐。它与通用发酵罐的区别是有一个特殊的搅拌器，没有通气管。缺点为罐为负压，容易染菌；转速较大，会打碎丝状菌。自吸式发酵罐的主体结构包括罐体、自吸搅拌器及导轮、轴封、换热装置、消泡器等。自吸式发酵罐的充气原理为搅拌器由罐底向上伸入的主轴带动，叶轮旋转时叶片不断排开周围的液体使其背侧形成真空，由导气管吸入罐外空气，吸入的空气与发酵液充分混合后在叶轮末端排出，并立即通过导轮向罐壁分散，经挡板折流涌向液面，均匀分布。自吸式发酵罐有以下优点：节约空气净化系统中的空气压缩机、冷却器、油水分离器、总过滤器等设备，减少厂房占地面积；设备便于自动化、连续化，降低劳动强度，可减少劳动力；发酵周期短，发酵液中微生物浓度高，分离微生物后的废液量较少；设备结构简单，溶解氧效果高，操作方便。

（二）发酵罐的类型

发酵罐按微生物生长代谢需要分类，可分为好气性发酵罐（通风发酵罐）和厌气性发酵罐。好气性发酵罐适合于抗生素、酶制剂、酵母、氨基酸、维生素等产品的发酵生产。它们的共同点是需要强烈的通风搅拌，目的是提高氧在发酵液中的传质系数；厌气性发酵罐又称非通风发酵罐，丙酮、丁醇、酒精、啤酒、乳酸等采用厌气性发酵罐，不需要通气。

好气性发酵罐又称通风发酵罐。好气性发酵需要将空气不断通入发酵液中，以供给微生物所消耗的氧。通入发酵液中的气泡越小，气泡与液体的接触面积就越大，液体中的氧的溶解速率也越快。常用通风发酵罐有以下几种类型：机械搅拌发酵罐、气升式发酵罐、自吸式发酵罐、伍式发酵罐、文氏管发酵罐。

1. 机械搅拌发酵罐

机械搅拌发酵罐是指带有通风和机械搅拌装置的发酵罐。无论是用微生物作为生物催化剂，还是酶或动植物细胞作为生物催化剂的生物工程工厂都有此类设备。它占据了发酵罐总数的 70%～80%，是发酵工厂最常用的类型，故又称之为通用式发酵罐。

一个性能优良的机械搅拌通风发酵罐必须满足以下基本要求：①发酵罐应具有适宜的径高比，发酵罐的高度与直径之比一般为 1.7～4，罐身越长，氧气的利用率越高；②发酵罐能承受一定压力；③发酵罐的搅拌通风装置能使气液充分混合，以保证发酵液必需的溶解氧；④发酵罐应具有足够的冷却面积；⑤发酵罐内应尽量减少死角，避免藏垢积污，灭菌要彻底，避免染菌；⑥搅拌器的轴封应严密，尽量避免泄漏。

2. 气升式发酵罐

气升式发酵罐是依靠无菌压缩空气作为液体的提升力使罐内发酵液上下翻动混合。气升式发酵罐的特点有：①冷却面积小，结构简单；②无搅拌传动设备，节省动力约 50%，节省钢材；③操作时无噪声；④料液装料系数达到80%～90%，不需加消泡剂；⑤维修、操作及清洗简便，减小杂菌感染概率。但气升式发酵罐还不能代替耗气量较小的发酵罐，对于黏度较大的发酵液溶氧系数较低。

3. 自吸式发酵罐

自吸式发酵罐是一种不需要空气压缩机，带有中央吸气口的搅拌器，在搅拌过程中自动吸入空气的发酵罐。该设备的耗电量小，能保证发酵所需的空气，并能使气液分离细小、均匀地接触，吸入空气中70%～80%的氧被利用。发酵工业上采用了不同型式及容积的自吸式发酵罐生产葡萄糖酸钙、维生素C、酵母、蛋白酶等，都取得了良好的效果。

4. 伍式发酵罐

伍式发酵罐的主要部件是套筒、搅拌器。其基本通气原理是搅拌时液体沿着套筒外向上升至液面，然后由套筒内返回罐底，形成循环。搅拌器是用六根弯曲的空气管子焊于圆盘上，兼作空气分配器。空气由空心轴导入经过搅拌器的空心管吹出，与被搅拌器甩出的液体相混合。伍式发酵罐的缺点是结构较复杂，清洗套筒比较困难，消耗功率较高。

5. 文氏管发酵罐

文氏管发酵罐的原理是用泵将发酵液压入文氏管中，由于文氏管收缩段中液体的流速增加，形成真空将空气吸入，并使气泡分散与液体混合，增加发酵液中的溶解氧。该设备的优点是吸氧的效率较高，气、液、固三相均匀混合，设备简单，且无须空气压缩机及搅拌器，节省动力消耗。文氏管发酵罐的缺点是气体吸入量与液体循环量之比较低，对于耗氧量较大的微生物发酵不适宜。

二、机械搅拌通风发酵罐的设计与放大

（一）发酵罐设计的基本原则

设计好的发酵罐，在操作时应当是无杂菌的，即保证发酵过程不被污染。发酵罐设计时的基本原则：尽量减少法兰连接，因为设备震动和热膨胀会引起法兰连接处移位，而导致污染。尽可能采用全部焊接结构，所有焊接点必须切实磨光，消除蓄积耐热菌的固体物质的场所。防止死角、裂缝，因为固体物质可在这些地方蓄积，为污染菌提供避开灭菌的绝热环境。

机械搅拌通风发酵罐的设计原则是该发酵罐能否适合于生产工艺的放大要求，能否获得最大的生产效率。在确定发酵罐最大生产能力时，需要考虑两方面的主要因素：①必须考虑微生物生长率和产物转化率；②必须考虑发酵罐传递性能，包括传质效率、传热效率以及混合效果。如果微生物的生长率、转化率低，则设备满足要求。还可通过进一步筛选菌株，获得高产菌株以进一步提高设备的利用率，充分发挥设备潜力。如果微生物的生长率、转化率高，菌株特性比小型罐表达效果差，则表明发酵罐最大设计能力偏低，不符合生产要求，需要进一步提高发酵罐的生产能力，对发酵罐进行合适的放大改良，以满足微生物生长的需要。提高发酵罐的最大生产能力主要就是解决放大过程中出现传递性能下降的问题，即要重点改善发酵罐的传质、传热、混合等效果。

对于高氧耗的微生物发酵工艺来讲，传质有较高的要求，因为随规模扩大，比表面积下降，则体积溶氧系数下降，即同等条件下放大后传氧效率将会下降。对于传热而言，若无合理的冷却装置，热交换性能也会受到放大的限制。因为发酵产热随发酵罐放大体积增加而增

加,而热交换能力仅随发酵罐放大表面积增加而增加,所以随着发酵罐的放大,发酵产热增加超过热交换冷却能力的增加。因此,除了筛选耐高温菌株以适应发酵放大外,改善发酵罐放大后的传热性能就显得十分重要。

(二) 发酵罐设计的基本要求

由于发酵罐需要在无杂菌污染的条件下长期运转,必须保证微生物在发酵罐中正常的生长代谢,并且能最大限度地合成目的产物,所以发酵罐设计必须满足如下要求:

(1) 发酵罐应具有适宜的高径比。发酵罐的高度与直径比约为 2.5~4,因为罐身长,氧的利用率相对较高。

(2) 发酵罐能承受一定的压力。由于发酵罐在灭菌及正常工作时罐内有一定的压力和温度,因此罐体要能承受一定的压力,罐体加工制造好后,必须进行水压试验,水压试验压力应不低于工作压力的 1.5 倍。

(3) 发酵罐的搅拌通气装置要能使气泡破碎并分散良好,气液混合充分,保证发酵液有充足的溶解氧,以利于好氧菌生长代谢的需要。

(4) 发酵罐应具有良好的循环冷却和加热系统。微生物生长代谢过程放出大量的发酵热,过多的热量积累导致发酵液的温度升高,不利于微生物的生长。但也有些微生物需要在较高的温度下生长。为了保持发酵体系中稳定的内环境和控制发酵过程不同阶段所需的最适温度,应装有循环冷却和加热系统,以利于温度的控制。

(5) 发酵罐内壁应抛光到一定精度,尽量减少死角,避免藏污积垢,要易于彻底灭菌,防止杂菌污染。

(6) 搅拌器的轴封应严密,尽量避免泄漏。

(7) 发酵罐传递效率高,能耗低。

(8) 具有机械消泡装置,要求放料、清洗、维修等操作简便。

(9) 根据发酵生产的实际要求,可以为发酵罐安装必要的温度、pH、液位、溶解氧、搅拌转速及通气流量等的传感器及补料控制装置,以提高发酵水平。

(三) 发酵罐放大

微生物发酵产品产业化研究分为三个阶段:实验室小试阶段→中试试验→工厂化生产。各阶段的任务不同:①实验室规模主要是菌种的选育及发酵条件的优化;②中试规模主要是确定放大规律及最佳操作条件;③工厂规模则主要是通过产业化实验,评价经济效益。

通过①、②两个阶段筛选到更好的菌种,以及更有效的培养基和更合适的发酵条件,确定放大规律以便实现产业化,获得更显著的经济效益。在①、②两个阶段的研究成熟之后,就可以在工厂实现大规模生产。因此,微生物发酵能否实现产业化的重要一环就是解决设备及工艺放大问题。

发酵工程的目的和任务是实现生物技术成果走向规模化生产。具体地,就是力求在发酵过程中保证所有规模都有最佳的外部条件,以获得最大生产能力。发酵罐的放大就是为大规模生产获得最大生产能力提供核心设备。所以,发酵罐的性能是以生产能力为评价标准,即发酵罐的放大不能影响实验室阶段和中试阶段所获得的最大生产能力的实现,也就是在放大过程中要遵守"发酵单位相似"原则。而要保持"发酵单位相似",就必须认真考虑放大设计,使不同规模的放大设备其外部条件相似。所谓外部条件,主要包括以下两个方面:①物理条件，如传热、传质能力，混合能力、功率消耗、剪切力等；②化学条件，如基质浓度、pH、前体浓度等，易于人为控制恒定，不受规模限制。

在放大过程中，物理条件会随规模扩大而发生明显变化，必须进行科学设计，才能使放大后的设备满足工艺放大要求。

1. 放大准则

发酵罐的各种物理参数会随着发酵规模的放大而变化，并导致"发酵单位"在规模放大过程中发生相应的改变。因此，要保证规模放大过程中的"发酵单位相似"，就必须遵循一定的放大准则，即参照何种物理条件进行放大，才能使规模放大过程中的发酵单位基本相似，通常采用体积溶氧系数相等，或单位体积功率相等，或末端剪切力相等的原则放大。

发酵罐控制柜的操作系统

放大过程中究竟采用以何种物理参数不变为依据，主要取决于哪种参数对放大过程中的大多数微生物发酵液都属于非牛顿型液体；固-液分离较困难，发酵液的流变特性与很多因素有关，主要取决于菌种和培养条件。"发酵单位"产生影响的程度最大。

2. 放大方法

发酵罐的放大方法分为以下几种。

(1) 经验放大法 它是依靠对已有装置的操作经验所建立起来的认识为主而进行的放大方法。根据经验和实用的原则进行放大设计仍是目前主要的设计方法。

① 几何相似法。即在几何相似的情况下，按照一个准则进行放大设计，如按照体积溶氧系数相等，或单位体积功率相等，或末端剪切力相等进行放大。主要是解决放大后生产罐的空气流量、搅拌转速和功率消耗等问题，即操作参数的放大设计。

② 非几何相似法。即在不采用几何相似的情况下，采用两个甚至多个准则进行放大设计，按非几何放大，以解决传质、混合及对剪切力敏感等问题，达到放大的主要目标，即放大后的发酵单位相似。非几何相似放大通常应用于不耐剪切的发酵过程的放大，如丝状真菌发酵的放大。

(2) 时间常数法 时间常数是指某一变量与其变化率之比。常用时间常数包括传质时间常数、传热时间常数、停留时间常数等。

此外，还有量纲分析法、数学模型放大法。数学模型放大法是根据有关的原理和必要的实验结果，对一实际对象用数学方程的形式加以描述，然后再用计算机进行模拟研究、设计和放大。

随着对微生物细胞代谢过程、产物合成途径中的相关酶及其基因表达的认识不断深入，人们也开始尝试一些新的放大方式。如采用基于放大前后的关键性代谢特征一致的放大方法，即发酵罐放大后微生物代谢途径的关键基因的表达以及产物合成相关的酶的活性与放大前的情况一致。

三、新型生物反应器在发酵过程中的应用

生物反应器指的是利用生物催化剂为细胞培养提供良好的反应环境的设备，是集中了机械、流体、控制和生物等多重学科内容的高新技术产品。生物反应器的控制参数包括温度、溶解氧、pH、流体动力学、营养物质和代谢产物等，其最终目的是高效率地生产出具有医药价值的目标产物如单抗、疫苗等。目前生物反应器的应用广泛，研究方向很多，包括生物

反应器设计制造、反应过程的参数检测和操作监视、自动化控制等。总的来说，生物反应器位于生物药生产的上游，是整个生物药产业链整合的设备端入口，行业重要性显著，投资价值高。

（一）哺乳细胞悬浮培养生物反应器

随着近 20 年来生物医药技术的发展，快速发展起来的一类新型生物反应器，是一种以钢材料为主的刚性结构，但是用高分子材料生产的一次性生物反应器也逐渐得到重视，目前属于生物反应器中的高端设备，我国目前在此领域还不具备规模化生产能力和技术创新实力。其主要发展趋势是小型化，实现多参数在线监测与控制，反应器主体与配件的一次性化，以及反应器的小型化（高通量培养和个体化的 T 细胞治疗）。该类型的生物反应器是国际上生物反应器产业技术的发展热点。主要应用是以治疗性抗体为代表的需要经过转录修饰的蛋白质的生产、病毒疫苗的生产、以临床治疗为目的的细胞的扩增培养（免疫细胞和干细胞）。其主要形式：①以搅拌式（STR）反应器为主要形式；②波浪式生物反应器、灌注式半连续生物反应器也得到广泛应用；③基于个体化细胞肿瘤治疗的生物反应器（CAR-T 细胞生物反应器等）。

（二）哺乳细胞贴壁培养生物反应器

工业规模的贴壁型哺乳细胞生物反应器在我国尚处在起步阶段，但是国际上的搅拌式（STR）微载体细胞培养生物反应器已达到 6000L 的规模。其发展趋势是提高单位体积的细胞培养生产效率，采用一次性生物反应器技术。此外，新型固定床生物反应器和中空纤维生物反应器的创新将推动我国病毒疫苗产业生产方式的改变。该类型的生物反应器是本领域的一个发展重点。

应用：用于需要贴壁生长的动物细胞培养，最主要的培养目的是生产病毒疫苗。

主要反应器形式：①使用球状微载体的搅拌式（STR）反应器。②转瓶式生物反应器，因工艺落后、操作复杂、容易染菌等缺点目前逐渐被淘汰。③中空纤维式生物反应器等。④为提高单位体积内的细胞培养密度，（纸片微载体）固定床式的生物反应器近年来在细胞贴壁培养中也已开发成功。

【岗位认知】

发酵罐操作安全须知

一、发酵车间配料岗位职责

文件编号			颁发部门	
SOP-PA-011-02	配料岗位		总工办	
总页数			执行日期	
3				
编制者	审核者		批准者	
编制日期	审核日期		批准日期	

1. 目的

建立配料岗位标准操作规程，使操作者能进行正确领料、配料。

2. 范围

适用于发酵车间配料岗位。

3. 责任

QA质监员、配料操作人员。

4. 内容

(1) 一、二级种子罐培养基备料

① 准备。

a. 接到化验室发放的配方单，双方人员签字确认。

b. 接到消毒进罐时间通知单，核实罐号，查看有无该罐配方单（如没有及时联系化验室，取配方，双方签字确认），岗位人员根据进罐时间自己确定备料时间（夜班需要上的发酵罐，培养基需要在白班配制完毕）。

c. 穿戴防护用品：操作人员戴好防尘口罩和防护手套。

② 原料准备。

a. 备料：按照配方单清点所需物料数量，若不够，则开领料单到原料库领料。

b. 物料的称取：葡萄糖、硫酸镁、玉米粉、豆粕粉、玉米浆干粉、消泡剂、大豆油等，如需零称，将物料放在台秤旁，解开编织袋口，准备空袋，用电子秤称取所需量到空袋内。

称取方法为取出电子秤，放置平稳处，打开开关开启电子秤，静置1min，使其显示数据归零，将干净空桶放到电子秤台面上，按去皮按钮，然后用取样杯舀取物料放到编织袋内，直到电子秤显示达到工艺要求。剩余物料扎口放置指定位置。称取完毕，关闭电子秤开关。用干净的抹布擦拭清理电子秤，将电子秤放回指定位置。

c. 将配备好的原料整齐码放到托盘上，填写好配料单，并将配料单用曲别针别到配好原料的包装袋上。

③ 将备好的原料过货运电梯，运至发酵车间指定位置。

(2) 发酵罐基础料配制

配料罐为1台。

① 准备。

a. 接到化验室发放的配方单，双方签字确认。

b. 接到消毒打料时间通知，核实罐号，查看有无该品种配方单（如没有及时联系化验室），双方签字确认，岗位人员根据打料时间自己确定配罐时间（一般提前5小时）。

c. 穿戴防护用品：操作人员戴好防尘口罩和防护手套。

d. 安全检查：检查确认配料罐罐口安全筐完好无破损。

② 配前检查。配料前将配料罐清洗干净，目视无物料，无杂物，冲罐水无颜色；检查确认配料罐罐底阀门，蒸汽阀门，泵前、泵后阀门关闭。确认计量工具的准确性，无偏差，并在检验期内。

③ 配料罐加水。开启配料罐工艺水阀门，随时观察，当工艺水加到上搅拌叶，关闭一次水阀门，停止加水。

注意事项：加水过程中要及时巡检，防止加水过多，溢料。

④ 原料准备。

a. 备料：按照配方单清点所需物料数量，若不够，则开领料单到原料库领料。

b. 物料的称取：葡萄糖、硫酸镁、玉米粉、豆粕粉、玉米浆干粉、消泡剂、大豆油等，如需零称，将物料放在台秤旁，解开编织袋口，准备空袋，用电子秤称取所需量到空袋内。

称取方法为取出电子秤，放置平稳处，打开开关开启电子秤，静置 1min，使其显示数据归零，将干净空桶放到电子秤台面上，按去皮按钮，然后用取样杯舀取物料放到编织袋内，直到电子秤显示达到工艺要求。剩余物料扎口放置指定位置。称取完毕，关闭电子秤开关。用干净的抹布擦拭清理电子秤，将电子秤放回指定位置。

⑤ 投放固体料。

a. 准备物料：将配好的物料整齐堆放到配料罐口。

b. 开搅拌：按绿色启动按钮开启搅拌。

c. 投放物料：罐口两侧各站一人，一人用壁纸刀将放有物料的编织袋划开，一人将物料全部倒入罐中（编织袋中的物料要投放干净，减少浪费）。将编织袋放在空地上。按照此方法按先后顺序依次将所需物料全部投入罐中。投料过程中要防止编织袋掉入罐中，以免堵塞管道。

d. 投放完毕：将地上的空编织袋捆绑好放置指定位置。清理地面上洒落的物料，将其收集后倒入罐中。

e. 清理卫生：用扫把和墩布清理现场卫生使地面和罐面无料渍。

f. 填写配方单：填写配制日期、时间，将投料数量、批号、单位对应填写在配料单上。

⑥ 加热。打开蒸汽阀门（加热时要及时巡检，禁止超温加热，造成跑料或高温影响培养基质量），待温度（50℃±5℃）达到工艺要求后，关闭蒸汽阀门，观察原辅料是否全部溶解，等待打料。

⑦ 打料前准备。收到消毒岗位人员打料通知后，检查打料泵进出管路上所接压力表在零位；戴好防护手套，用手转动泵轴盘车检查泵能正常工作（第一次使用，或维修后第一次使用）；检查确认防护罩完好无破损，螺丝紧固；泵体底座螺栓紧固；阀门检查：检查确认罐底阀门、泵前、泵后阀是否处于关闭状态；过滤器检查：过滤器要定期清洗检查。防止堵塞，影响打料。

⑧ 打料。

a. 开阀门：打开罐底阀门，泵前阀门，将泵内注满料液。

b. 开泵打料：按绿色启动按钮，开启打料泵，缓慢开启泵后阀门，观察压力表压力升至 0.4MPa，打料正常。

悬挂标识牌：将打料所用泵的停止运转状态标识牌更换为正在运转标识牌。

注意事项：打料过程中要有专人监护，并观察罐内料液液位，防止罐内无料液，泵空转对泵造成损坏，或者泵机封损坏漏料。

异常处理：如有管道泄漏、电机过热等异常，应通知有关人员进行处理。

⑨ 停止打料。收到消毒岗位人员通知后结束打料，操作人员关闭泵后阀门，迅速按红色停止按钮停打料泵。停泵后，关闭泵前阀门、罐底阀门，将正在运转标识牌更换为停止运转。

⑩ 放掉管道内余水。确认消毒岗位将打料软管从发酵罐抽出后,打开打料管道排污阀将管道内的水排入废水池,打料结束后,对配料罐进行冲洗,打开配料罐及过滤器排污阀将废水排入废水池,并打开过滤器进行清理。

(3) 注意事项

① 严禁使用污染变质或者规格不符的原辅料、浑浊的水配料。

② 配制酸碱等具有腐蚀性物料时,应戴好防护面罩、乳胶手套、皮围等防护用品,严禁打赤膊、穿短裤、拖鞋上岗。

③ 投料前操作人员必须对所有计量器具、度量衡器进行检查和校正;对生产用的测定、测试仪器、仪表进行必要的调试;对设备情况进行严格的检查。调试及检查结果要有相关人员签名记录。

④ 配料罐每周下罐清理一次,清除料垢和杂物,检查各部位连接是否牢固。集水池必须及时清理。

⑤ 栏式过滤器每次泵完料后,必须清理。

⑥ 排废水时注意观察排污泵是否能正常开启并往外打废水。

5. 培训

(1) 培训对象　发酵间配料岗位操作人员。

(2) 培训时间　三小时。

二、发酵车间看罐岗位职责

文件编号				颁发部门	
SOP-PA-011-03		看罐岗位		总工办	
总页数				执行日期	
3					
编制者		审核者		批准者	
编制日期		审核日期		批准日期	

1. 目的

建立看罐岗位标准操作规程,使在岗的人员操作规范化、标准化,确保生产顺利进行。

2. 范围

适用于发酵看罐岗位。

3. 责任

车间班组长、操作人员。

4. 内容

(1) 移种进罐前的准备工作　经过实消以后的发酵罐(种子罐),看罐人员必须认真检查阀门,做好保压降温工作,严防培养基倒流,为此罐压应控制得比精过滤器低 0.05MPa 左右。

(2) 移种后操作

① 填写设备标牌:规范书写设备状态标识卡并粘贴。

② 开搅拌:单击开启搅拌,并输入相应搅拌转速。

③ 调罐压、流量:按工艺要求调整罐压、流量。

④ 取样：在接种完成后或在发酵中途要取样检查时，须通过取样口取样镜检分析。取样前，关闭相近的窗户，提前 30min 消毒取样口；打开取样蒸汽阀，打开取样二阀，消毒 30min。消毒完毕，依次关闭取样二阀、蒸汽阀。打开取样一阀使料液在罐压作用下流出，适当打开取样二阀，适当放掉部分物料再取样。取样试管在接近取样口 1cm 处缓慢旋开硅胶塞，塞子不得离开试管，达到取样量后迅速塞上塞子，取样操作迅速准确、无误，并迅速关闭取样一阀，打开取样保护蒸汽，开关几次取样二阀，将三通内余料吹除后，灭菌 5min，关闭取样二阀和蒸汽阀。

⑤ 整理看罐岗位批生产记录：在看罐岗位批生产记录中填写品种、产品批号、罐号、日期等内容，并在备注栏内填写移种时间及其他事项。

(3) 发酵罐生产过程中工艺控制 在培养过程中，按照工艺要求，正确控制各罐的温度、压力、通风量、液位等工艺参数。

① 调整罐压、空气流量。对罐上空气的进排气阀门进行调节，控制空气流量及罐压直至达到工艺要求。

a. 流量调整：当需要增大或减小空气流量时，首先开或关进气阀门，将流量调整到接近工艺要求的范围，然后开或关排气使罐压调整到工艺点，重复前面操作直至到达调整目标。

b. 罐压调整：当需要增大或减小空气罐压时，首先关或开排气阀门将流量调整到接近工艺要求的范围，然后开或关进气使罐压调整到工艺点，重复前面操作直至到达调整目标。

② 罐温调节。整个发酵罐培养过程温度要求恒温控制，当罐温高（低）不能进行温度自控时开大（关小）冷却水系统的回水阀门进行适当调节，若温度仍不能控制，再开大（关小）上水阀门，直至罐温达到工艺要求。

③ 泡沫控制。严格控制空气流量及罐压，加强巡检，及时观察各罐液面，发现起泡并有扩大趋势后，需通过消泡罐流加入适量的消泡剂。若泡沫太多，应迅速关小排气阀，升罐压将泡沫压破，但不得超出空气主管压力，防止发酵液倒流入空气管道。若泡沫实在较多无法控制，消泡剂应提前在消泡罐内灭菌，加入前，流加管道须事先灭菌，加入时通过压差打入相应的发酵罐。

④ 填写生产记录。每 2 小时记录一次罐温、罐压、空气流量、转速，操作过程中的异常情况要简明扼要地备注。

(4) 停罐操作 以菌数的最终浓度（根据具体菌种来定标准）为标准，确定放罐时间及放罐标准。待检测合格后，停止发酵罐搅拌，关闭进排气阀，保持罐压在 (0.05 ± 0.01) MPa，关闭温度自控，用手动对发酵液进行降温，待罐温降到 25℃ 以下时关闭上回阀门。

(5) 注意事项

① 发酵过程中突然停空气、停电等突发事故，处理不及时会造成罐压掉零、物料倒流、染菌大面积出现等恶性事故的发生。为防止停空气、停电造成损失，除及时上报主管领导、记录停电原因和时间外，操作上应加强以下几点。

a. 只停空气不停电时，应及时关闭所有罐的电机，防止电机烧坏。停电时，此操作省略。

b. 停空气立即关闭罐上的排气阀，与此同时迅速关闭罐上空气阀门，保持罐内压力，同时防止发酵液倒流。

c. 检查所有管路及连接点有无倒流现象。

② 待恢复送空气及送电时，应进行如下操作。

a. 空气总管路各排气口应充分排气，将管内外界空气及残留物充分排尽。

b. 逐渐缓慢地打开发酵罐空气进气阀、排气阀，调整罐压及空气流量。

c. 待罐上进气正常后，逐一打开发酵罐搅拌电机。

d. 发酵罐如有掉零的现象，应及时做到放罐或其他处理。

e. 停空气时间较长，应对精过滤进行重新灭菌。

③ 在发酵过程中严禁将过滤器的排水阀突然打开而引起发酵液倒流，不要让罐内压力大于管道压力。

④ 遇机械设备发生故障或者工艺条件无法正确控制时，必须及时报告，并记录在当班记录上。

5. 培训

（1）培训对象　发酵间看罐岗位操作人员。

（2）培训时间　四小时。

【项目实施】

任务一　发酵罐的安装与使用

一、任务描述

安装发酵罐的房间必须密闭，最好设有缓冲间，发酵室内必须配备蒸汽管道、无菌空气管道、上下水、电源、紫外灯等，地面最好为水磨石材质，墙壁顶棚宜采用光滑材料，便于清理。

发酵罐的安装调试方法：首先对发酵罐进行简单的检查，确定发酵罐没有太严重的变形或者零件脱落等情况之后，再进行具体的安装步骤，如果发生相应的情况，则需要采取相应的措施及时处理，以免耽误工期；发酵罐在安装的时候需要进行固定，尽量通过地下埋螺栓的方式进行固定，以保证发酵罐足够稳固；固定好发酵罐之后，就是进行其他配件的安装，主要是保证电气设备能够正常使用，同时保证发酵罐的相关管路保持畅通；最后就是对发酵罐的仪表进行检查，确保能够正常使用，以避免一些危险情况的发生。

安装好后进行试运行，对一些需要特别注意的地方进行调整，保证发酵罐能够正常、稳定地运行，才能够投料进行正式的搅拌工作。

二、任务实施

（一）准备工作

1. 建立工作小组，制订工作计划，确定具体任务，任务分工到个人，并记录到工作表。
2. 完成任务单中实际操作前的各项准备工作。

（二）操作过程

1. 空气过滤器的灭菌操作

（1）启动蒸汽发生器　将自来水引入水处理装置进行除杂、软化处理，处理后流入贮水罐，然后开启自动控制开关进行加热，蒸汽压力达到 0.2～0.3MPa 时可供使用。

(2) 启动冷冻机 将自来水引入冷冻机，开启冷水机电源开关制冷。当冷水温度达到10℃时，可供空气预处理使用。

(3) 启动空气压缩机 启动前，先关闭空气管路上所有阀门，然后打开空气压缩机电源开关，启动空气压缩机。当空气压缩机的压力达到0.25MPa左右时，依次打开管路上阀门，将空气引入冷冻机、油水分离器，经过冷却、除油水后进入贮气罐，待用。

2. 发酵罐的空消

发酵罐空消前，必须首先检查并关闭发酵罐夹套的进水阀门，然后启动计算机，按照操作程序进入显示发酵罐温度的界面，以便观察温度变化。

空消时，先打开夹套的冷凝水排出阀，以便夹套中残留的水排出，然后从两路管道将蒸汽引入发酵罐：一路是发酵罐的通风管，另一路是发酵罐的放料管。每一路进蒸汽时，都是按照"由远处到近处"依次打开各个阀门。两路蒸汽都进入发酵罐后，适当打开所有能够排气的阀门充分排气，如管路上的小排气阀、取样阀、发酵罐的排气阀等，以便消除灭菌的死角。灭菌过程中，密切注意发酵罐温度以及压力的变化情况，及时调节各个进蒸汽阀门以及各个排气阀门的开度，确保灭菌温度在（121±1）℃，维持30min，即可达到灭菌效果。

灭菌完毕，先关闭各个小排气阀，然后按照"由近处到远处"依次关闭两路管道上各个阀门。待罐压降至0.05MPa左右时，关闭发酵罐的排气阀，迅速打开精过滤器后的空气阀，将无菌空气引入发酵罐，利用无菌空气压力将管内的冷凝水从放料阀排出。最后，关闭放料阀，适当打开发酵罐的排气阀，并调节进空气阀门开度，使罐压维持在0.1MPa左右，保压，备用。

3. 培养基的实消

培养基实消前，关闭进空气阀门并打开发酵罐的排气阀，排出发酵罐内空气，使罐压为0，再次检查并关闭发酵罐夹套的进水阀门、发酵罐放料阀。将事先校正好的pH电极、DO电极以及消沫电极等插进发酵罐，并密封、固定好。然后，拧开接种孔的不锈钢塞，将配制好的培养基从接种孔倒入发酵罐。启动计算机，按照操作程序进入显示温度、pH、DO、转速等参数的界面，以便观察各种参数的变化。同时，启动搅拌，调节转速为100r/min左右。

实消时，先打开夹套的进蒸汽阀以及冷凝水排出阀，利用夹套蒸汽间接加热，至80℃左右，为了节约蒸汽，可关闭夹套的进蒸汽阀，但必须保留冷凝水排出阀处于打开状态。然后，按照空消的操作，从通风管和放料管两路进蒸汽直接加热培养基。实消过程中，所有能够排气的阀门应适当打开并充分排气，根据温度变化及时调节各个进蒸汽阀门以及各个排气阀门的开度，确保灭菌温度和灭菌时间达到灭菌要求（不同培养基灭菌要求不一样）。

灭菌完毕，先关闭各个小排气阀，然后关闭放料阀，并按照"由近处到远处"依次关闭两路管道上的各个阀门。待罐压降至0.05MPa左右时，迅速打开精过滤器后的空气阀，将无菌空气引入发酵罐，调节进空气阀门以及发酵罐排气阀的开度，使罐压维持在0.1MPa左右，进行保压。最后，关闭夹套冷凝水排除阀，打开夹套进冷却水阀门以及夹套出水阀，进冷却水降温，这时，启动冷却水降温自动控制，当温度降低至设定值自动停止进水。自始至终，搅拌转速保持为100r/min左右，无菌空气保压为0.1MPa左右，降温完毕，备用。

4. 接种操作

接种前，调节进空气阀门以及发酵罐排气阀门的开度，使罐压为 $0.01\sim0.02\mathrm{MPa}$。用酒精棉球围绕接种孔并点燃。在酒精火焰区域内，用铁钳拧开接种孔的不锈钢塞，同时，迅速解开摇瓶种子的纱布，将种子液倒入发酵罐内。

接种后，用铁钳取不锈钢塞，在火焰上灼烧片刻，然后迅速盖在接种孔上并拧紧。

最后，将发酵罐的进气以及排气的手动阀门开大，在计算机上设定发酵初始通气量以及罐压，通过电动阀门控制发酵通气量以及罐压，使达到控制要求。

5. 发酵过程的操作

(1) 参数控制 发酵过程中在线检测参数可通过计算机显示，通气量、pH、温度、搅拌转速和罐压等许多参数，可按照控制软件的操作程序进行设定，只要调节机构在线，通过计算机控制调节机构可实现在线控制。

(2) 流加控制 流加时，在火焰区域内揭开不锈钢插针的包扎，并将插针迅速插穿流加孔的硅胶塞，同时，将硅胶罐装入蠕动泵的挤压轮中，启动蠕动泵，挤压轮转动可以将流加液压进发酵罐。通过计算机可以设定开始流加的时间、挤压轮的转速，从而可以自动流加以及自动控制流加速度。

(3) 取样操作 取样时，可调节罐底的三向阀门至取样位置，利用发酵罐内压力排出发酵液，用试管或烧杯接收。取样完毕，关闭三向阀门，打开与之连接的蒸汽，对取样口灭菌几分钟。

(4) 放料操作 发酵结束后，先停止搅拌，然后关闭发酵罐的排气阀门，调节罐底的三向阀门至放料位置，利用发酵罐内压力排出发酵液，用容器接收发酵液。

6. 发酵罐的清洗与维护

放料结束后，先关闭放料阀以及发酵罐进空气阀门，打开排气阀门排出罐内空气，使罐压为0。然后，拆卸安装在罐上的pH、DO等电极以及流加孔上的不锈钢插针，并在电极插空和流加孔上拧不锈钢塞。接着，从接种孔加入 70L 左右的清水，启动搅拌，转速为 100r/min 左右，用蒸汽加热清水至121℃左右，搅拌30min左右，以此清洗发酵罐。清洗完毕，利用空气压力排出洗水，并用空气吹干发酵罐。

停用蒸汽时，切断蒸汽发生器的电源，通过发酵罐的各个蒸汽管道的排气阀排出残余蒸汽，直至蒸汽发生器上的压力表显示为0。停用空气时，切断空气压缩机的电源，通过空气管道的排气阀排出残余空气，直至贮气罐上压力表显示为0。最后，关闭所有的阀门以及计算机。

7. pH 电极的使用与维护

在pH电极装上发酵罐之前，须对pH电极进行两点校正。pH电极与计算机连接后接通电源，将pH电极分别浸泡在两种不同pH的标准缓冲溶液中进行校正，检查测定值的两点斜率，一般要求斜率≥90%，方可使用。

8. DO 电极的使用与维护

使用前，DO电极与计算机连接并接通电源，将DO电极浸泡在饱和的亚硫酸钠溶液中；此时的测量指标定为0。发酵培养基灭菌并冷却至初始发酵温度充分通风搅拌（一般以发酵过程的最大通风和搅拌转速条件下氧饱和为标准）时，DO电极的测量指标定为100%。

9. 折叠膜过滤芯的维护

折叠膜过滤芯，其锁扣、外筒、端盖以及密封胶圈虽然都是热稳定材料，但耐高温有一定限度。灭菌时，必须严格控制灭菌温度和灭菌时间，若灭菌温度过高、灭菌时间过长，容易造成损坏。同时，灭菌后必须用空气吹干才能使用，否则过滤效率降低或失效。不使用时，必须保持干燥，以免霉腐。

10. 蒸汽发生器的维护

用于蒸汽发生器的水必须经过软化、除杂等处理，以免蒸汽发生器加热管结垢，影响产生蒸汽的能力。使用时，必须保证供水，使水位达到规定高度，否则会出现"干管"现象造成损坏。蒸汽发生器的电气控制部分必须能够正常工作，达到设置压力时能够自动切断电源。蒸汽发生器上的安全阀与压力表须定期校对，能够正常工作。每次使用后，先切断电源，排除压力后，停止供水，并将蒸汽发生器内的水排空。

（三）结束工作

1. 填好所有操作记录单、任务单、各种评价表。
2. 检查设备仪表是否洁净完好。
3. 清理工作场地与环境卫生。
4. 进行任务总结（小组讨论与汇报、组间互评、教师点评与总结）。

三、任务探究

1. 发酵罐如何进行补料操作？
2. 发酵罐如何进行日常维护？

任务二　酵母菌的扩大培养

一、任务描述

酵母菌扩大培养关键在于：第一，选择优良的单一细胞出芽菌株；第二，在整个扩大培养中保证酵母菌种的强壮、无污染。近代由于发酵规模越来越大，对接种酵母要求越来越严。各药厂扩大培养方式和顺序大致相同，而扩培的结果及种酵母的纯度、强壮情况、污染情况却差异很大，其原因在于是否有一个科学、无菌的扩培技术管理。

二、任务实施

（一）准备工作

1. 建立工作小组，制订工作计划，确定具体任务，任务分工到个人，并记录到工作表。
2. 收集酵母菌扩大培养的必要信息，掌握相关知识及操作要点，与指导教师共同确定出一种最佳的工作方案。
3. 完成任务单中实际操作前的各项准备工作。

（1）**材料准备**　酵母菌。

（2）**试剂**（培养基）

① 酵母斜面培养基：10Bx 麦芽汁固体斜面，pH 5.0。
② 酵母摇瓶种子培养基：10Bx 麦芽汁，pH 5.0，或葡萄糖 10%，玉米浆 1%，尿素 0.2%，pH 5.0。
③ 酵母分批发酵培养基：玉米粉经液化、糖化，折合葡萄糖浓度为 10%，玉米浆 1%，硫酸铵 0.4%，pH 5.5。
④ 酵母分批补料发酵培养基：补料培养基配比与分批发酵培养基相同。

(3) 仪器 25L 发酵罐，一套空气除菌系统，检查无菌用的肉汤培养基和装置，摇瓶机或摇床，超净工作台，离心机，显微镜，分光光度计，500mL 三角瓶，接种铲，高压灭菌锅，总糖测定用手提糖量计，pH 测定用 pH 计等。

（二）操作过程

以下介绍发酵罐培养（分批培养）。

在 25L 发酵罐中装入 15L 发酵培养基，冷却至 30℃，将培养好的摇瓶种子接入发酵罐（接种量 2%～3%）进行发酵，发酵条件为：28℃，搅拌转速 400r/min，通风量 1VVM。

1. 发酵罐培养基配制与灭菌

基础料发酵一般按发酵罐容积的 30% 配制，如 1L 发酵罐配 300mL 培养基。25L 发酵罐装入 15L 发酵培养基，发酵罐和培养基一起放进卧式高压灭菌器中 121℃灭菌 20min。

2. 接种与发酵

(1) 接种 接种在发酵罐顶部接种口进行。取生长良好的无杂菌污染的种子摇瓶培养液，适当降低通风量，在接种口四周缠绕上经酒精浸泡的脱脂棉，用火焰圈罩住发酵罐接种口，降低发酵罐进气压力，戴上石棉手套，迅速打开接种口，将冷却至 30℃的培养好的摇瓶种子接入发酵罐中，接种量为 2%～3%，整个操作要连贯严谨。然后立即将接种口盖子在火焰中灭菌后盖好，开无菌空气，撤火圈，开搅拌，开始培养发酵。

(2) 发酵 发酵条件为 28℃，搅拌转速 400r/min，通风量 1VVM。

3. 培养初始阶段应注意的事项

培养初始阶段是最易出现故障的阶段，因此在这段时间里有必要再次确认并保证发酵罐及相关装置的正常运行。特别注意接种前后所取样品的分析，以及 pH、温度和气泡等的变化。

4. 培养中的注意点

要注意蠕动泵运转中由于硅胶管的弯曲折叠出现的阻塞现象以及水的渗漏等问题。特别需要注意，在一定的阶段泡沫有可能大量生成，每次取样有必要进行检查。

5. 发酵终点的判定

正常发酵周期一般为 3 天左右，当菌体玻片染色颜色渐浅，菌体形态不清晰时，则停止发酵。

6. 培养完成时的操作

培养完成时，除取出足够量的培养液作为样品外，剩余培养液要经过灭菌处理。此时发酵罐所装的电极可一同经灭菌处理。如果培养液为无害物质，可将电极单独取出处理。

7. 过程监控

0h，取样测定总糖和还原糖；4～24h，每隔 4h 取样镜检，测定还原糖、菌体浓度。

8. 取样方法

自培养操作开始起，每4h取1次样。取样时将取样管口流出的最初15mL左右培养液作为废液，取随后流出的培养液10mL进行分析和测定。

9. 实验分析项目和方法

(1) 酵母镜检 观察菌体着色的深浅以及菌体的形态等。

(2) 酵母浓度测定 吸取5mL菌液，2500r/min离心5min，去上清液，称量菌体湿重（湿重法）。也可以在OD_{550}下测定吸光度，所得数值基于已制得的菌体量与吸光度之间的关系曲线，换算出菌体浓度。

(3) 还原糖浓度 采用快速法测定。

(4) 生物效价测定 方法同上。

(5) 发酵活力的测定（选做） 称取0.26g鲜酵母，加5g在30℃下保温1h的面粉制成面团。置于30℃水中。测定面团从水底浮出的时间。浮起时间在15min内认为样品合格。

10. 注意事项

(1) 发酵罐内可进行清洗的任何部分都应认真清洗，否则都可能成为杂菌的滋生地。易被忽略而未能充分清洗的地方有喷嘴内部、取样管内以及罐顶等处。

(2) 由于操作过程要用到水，故发酵罐线路连接一定要注意安全，要特别注意防止漏电。

(3) 培养完成时，如果培养液为无害物质，最好将电极单独取出处理，以利于延长电极使用寿命。

(4) 取样时应将取样管口流出的最初15mL左右培养液作为废液弃掉后再取。

（三）结束工作

1. 填好所有操作记录单、任务单、各种评价表。
2. 检查设备仪表是否洁净完好。
3. 清理工作场地与环境卫生。
4. 进行任务总结（小组讨论与汇报、组间互评、教师点评与总结）。

三、任务探究

1. 酵母如何接种？
2. 发酵条件如何控制？

【项目拓展】

全自动发酵罐简介

全自动发酵罐是一种利用生物反应器内微生物的代谢活动进行物质转化的设备，它以现代生物技术为基础，采用自动控制系统和仪表控制，操作简便。全自动发酵罐是用于工业生产中的液态食品或固态产品的搅拌与混合的设备。其工作原理是利用生物反应器的内循环和外循环系统使罐体内的物料不断被微生物降解而达到灭菌的目的。由于在无菌状态下进行，因此可以有效地防止杂菌的生长繁殖，同时也可以降低能耗和物料的损耗；另外还可以避免人工投料时带来的误差问题。

一、全自动发酵罐的概念与特点

（一）全自动发酵罐的概念

全自动发酵罐是一种利用生物反应器内微生物的代谢活动进行物质转化的设备，它以现代生物技术为理论基础，采用自动化控制装置和计算机程序控制进行工作。

（二）全自动发酵罐的特点

全自动发酵罐的特点可归纳如下：①自动化程度高，整个工艺过程由计算机自动控制运行；②占地面积小，结构简单，安装方便；③操作简单，无须专人值守；④适应性强，对各种原料均可处理；⑤易于实现机械化、连续化生产和扩大规模生产；⑥便于实现清洁生产和环境保护。

二、结构与工作原理

（一）基本结构和分类

根据不同的用途可分为以下几类：
① 按功能划分：有液体发酵设备和固体颗粒类两种类型。
② 按形式划分：有固定式和移动式两种。
③ 按安装方式划分：可分为卧式和立式两大类。
④ 按照材质不同划分：碳钢、不锈钢及玻璃钢等几种。

（二）各部分名称及其作用

(1) 搅拌机　主要作用是保证浆液充分搅拌均匀。
(2) 杀菌机　主要是为了杀死物料中可能存在的致病菌。
(3) 发酵槽　是将待处理的物料放置于其中并进行培养的过程，其内部设有温度计以及pH计来监测和控制溶液的温度以及pH的变化情况。
(4) 温度调节仪　用于调节进入恒温槽内的水温以保证溶液的温度符合要求。
(5) pH测量仪　用于测量溶液中酸碱度是否满足要求。
(6) 加压泵　将水从进水口加压到一定压力后通过管道输送到各个需要加水的位置。
(7) 出水管　将水从出水口排出。

（8）电磁阀 控制蒸汽的产生。
（9）进气阀 控制空气的来源。
（10）水位表 用来指示水位的情况。
（11）排渣管 从排渣口排出废料。

【项目总结】

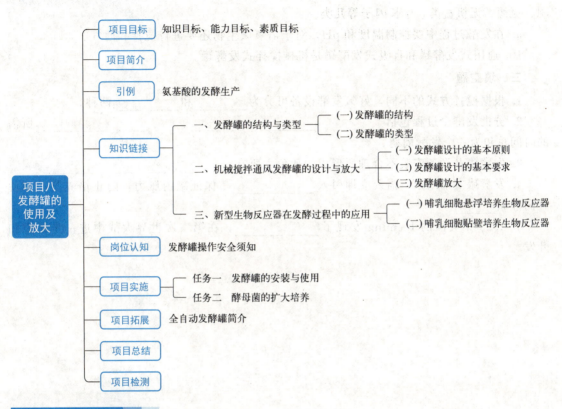

【项目检测】

一、单项选择题

1. 发酵罐锥底设计成一定角度，这是因为（   ）。
   A. 材料最节约   B. 加工方便
   C. 有利于降温   D. 有利于酵母泥的排放与收集

2. 细菌通常的接种量为（   ）。
   A. 20％～25％   B. 5％～10％   C. 7％～15％   D. 1％～5％

3. 发酵是利用（   ）使培养物质转变成产品的生物化学反应。
   A. 化学物质   B. 物理催化剂   C. 化学催化剂   D. 生物催化剂

二、判断题

1. 在发酵罐中加入消泡剂的目的是防止产生过多的气泡，使菌种缺氧。（   ）
2. 在液体发酵中发酵菌种时，为了使菌种不缺氧，要通无菌气体。（   ）
3. 种子罐的作用主要是使种子发芽，生长繁殖成菌（丝）体，接入发酵罐能迅速生长，达到一定的菌体量，以利于产物的合成。（   ）

4. 分批发酵又称为半连续发酵。　　　　　　　　　　　　　　　　（　　）
5. 青霉素是由放线菌产生的。　　　　　　　　　　　　　　　　　（　　）
6. 培养基的连续灭菌称为空消。　　　　　　　　　　　　　　　　（　　）
7. 目前，人们把利用微生物在有氧和无氧条件下的生命活动来制备微生物菌体或其代谢产物的过程称为发酵。　　　　　　　　　　　　　　　　　　　　　（　　）
8. 发酵培养基的组成和配比由于菌种不同、设备和工艺不同等有所差异，但都包括碳源、氮源、无机盐类、生长因子等几类。　　　　　　　　　　　　　　（　　）
9. 在发酵过程中要控制温度和 pH，对于需氧微生物还要进行搅拌和通气。（　　）
10. 通用式发酵罐和自吸式发酵罐是机械搅拌式发酵罐。　　　　　　（　　）

三、填空题

1. 根据搅拌方式的不同，好氧发酵设备可分为_____和_____两种。
2. 分批发酵全过程包括_____、_____、_____、_____、_____，所需的时间总和为一个发酵周期。
3. 发酵罐及设备安装不合理所形成的死角主要有_____、_____、_____。
4. 发酵罐实消结束，需要立即引入_____，保证罐内压力，防止培养基冷却使罐内形成_____。
5. 1928 年英国的 Fleming 发现了_____，在第二次世界大战中进一步研究和开发。

项目九　安全生产与环境保护

【项目目标】

❖ **知识目标**

1. 了解发酵工业安全风险来源及其消除风险的基本要求。
2. 了解发酵工业"三废"治理的不同技术特征、缺点及其使用范围。
3. 熟悉并理解发酵工业安全生产的重要性。
4. 熟悉发酵工业的污染情况。
5. 掌握发酵工业的常见安全类型及其预防。
6. 掌握发酵工业的"三废"治理原则及治理措施。

❖ **能力目标**

1. 能分析确认发酵工业中的安全风险情况,制订相应的风险管控措施,并加以实施。
2. 能分析确认发酵工业中的"三废"污染情况,制订相应的环保治理措施,并执行。
3. 具备从事发酵工业岗位安全管理、安全操作和"三废"治理操作能力。

❖ **素质目标**

培养学生具有吃苦耐劳、独立思考、团结协作、勇于创新的精神和诚实守信的优良品质,树立"以人为本,安全第一、环保优先"的 EHS 理念与意识;具有良好的职业道德,树立遵守职业守则的意识;能够遵守 EHS 相关法规及其管理规范和标准操作程序(SOP)等;具备家国情怀、社会责任感和工匠精神等。

【项目简介】

发酵工业在抗生素和维生素的获得中占据十分重要的地位,通过发酵生产的抗生素类品种有上百种,如青霉素 G 钾(钠)盐、头孢菌素 C、红霉素、利福霉素、他克莫司等;维生素 C、维生素 E 等维生素也主要通过发酵生产来获得。制药发酵工业属医药化工类,工业生产需要的溶剂种类多、量大,周期长、操作烦琐;产物浓度低,废弃物(如废菌渣、废水和废气等)较多,存在一些安全风险和环境污染问题。

本项目的内容是发酵工业的安全生产与环境保护,知识链接介绍了发酵工业的安全生产和环境保护的基本知识,岗位认知为岗位安全生产与环境保护职责、项目实施结合发酵工业的工况实际设定了两个参观实习类任务。通过项目的学习使学生掌握发酵工业的安全生产与"三废"治理知识和基本技能与要求,为今后工作奠定基础。

> **引例**
>
> **发酵企业中毒致人死亡安全事故及恶臭污染扰民环保事故**
>
> 某抗生素发酵生产企业2名工人在清洗污水处理站厌氧池时,发生中毒死亡。据现场调查和临床资料,确认该起事故系急性职业中毒事故,为高浓度硫化氢气体急性中毒导致呼吸麻痹而死亡,是一起典型的安全管理责任事故。该起安全事故给企业带来了重大的经济损失,损害了人民群众的生命财产安全与健康。
>
> 某地有三家较大型的发酵类制药企业,主要生产泰乐菌素、泰妙菌素、红霉素、盐酸四环素和氨基酸等发酵类产品,在发酵生产、菌渣处理和污水处理过程中产生硫化氢、氨等无机气体和甲硫醚、丙酮等有机气体(VOCs),这些气体无组织挥发,散发恶臭异味,影响当地居民及商家的生产生活,引发异味投诉上千件,立案处罚10余起,罚款230多万元。
>
> 各企业通过一系列的整治改造,花费数亿元,虽取得了一定成效,但异味扰民问题依然突出。为此,地方环保监管部门提出严监管、禁改(扩)建、易地搬迁等意见,以图根本解决问题。该起环保污染事故极大地影响了当地居民和商家的生产生活,限制了这几家企业的发展,制约了地方经济建设,在社会上造成严重不良影响。
>
> 以上案例说明,发酵工业安全生产与环境保护是企业生存与发展的决定性制约因素,是地方经济健康发展与国家长治久安、绿色发展不可逾越的底线。

【知识链接】

一、安全生产知识

(一)安全生产的重要性

20世纪90年代左右,一些跨国公司和大型的现代化企业为强化自己的社会关注力和控制损失的需要,基于"以人为本"的理念,结合工业安全,开始建立自律性的职业健康与安全的管理制度,并逐步发展形成了比较完善的管理体系。企业的职业健康与安全管理方针是企业职业健康与安全行为的总的指导方向和行动原则,是企业最高管理者对职业健康与安全行为的总承诺。

随着全球经济一体化加速发展及信息技术大革命,企业发展职业健康与安全管理体系已成为世界性的潮流与主题。建立和持续改进职业健康与安全管理体系已成为现代企业管理大趋势,该体系充分体现了"以人为本"的核心管理思想。安全事故通常是因技术或/和人为因素造成,人为因素占80%以上,有些错误或事故甚至是操作者故意违规所致。安全事故的发生,往往给受害员工的健康带来伤害,给员工的家人带来痛苦,甚至使受害员工失去生命;同时也给企业自身利益带来诸如经济受损、员工士气低落、客户或订单流失、形象受损等一系列不良影响。世界上许多大公司在安全管理上推行"以人为本"的管理模式,大大减少了人为因素所致的安全事故,从而保证安全生产。

目前,职业健康与安全管理体系审核已向标准化迈进。在制药工业中,跨国大型制药企业的供应商审计率先完成的即有职业健康与安全审计,且审计结果具有先决性意义。我国于

2000年前后率先由石油石化企业引入职业健康与安全管理体系并践行,一些大型制药企业,尤其是具有国际视野的大型制药企业亦不断跟进,均取得了不错的效果。随着社会的进步和人类认知的不断提高,国家、社会和人民对职业健康、安全提出了更高的要求,产品质量、节约资源、保护环境、保障劳工安全健康既是企业可持续发展的战略需要,也是全人类的共鸣。我国亦出台了系列有关职业健康与安全方面的法律法规,加之制药企业国际化发展需求,健康与安全在制药工业中愈发重要。

(二)发酵工业常见安全问题及预防

发酵是指通过微生物或其离体的酶分解糖类,产生目标物的过程。发酵工程技术在医药领域应用十分广泛,开发出种类繁多的药品,如抗生素、维生素、氨基酸等类别的药品,经过数十年的发展,现在已形成了比较完整的工业体系。传统发酵工业的一般生产流程如下:菌种选育→菌种保藏→种子制备→主发酵→发酵液预处理与固液分离→提取纯化→成品加工。

1. 发酵工业常见安全问题

发酵工业在生产运行中存在诸多安全风险,具体安全风险(包括但不限于)主要表现在:

(1) 生物安全风险 发酵工业中,其菌种选育、冷冻保存、菌种复壮、接种等环节,生产场所较封闭,环境条件要求较高,既要避免菌种污染,又要防范微生物对人员的危害,存在生物安全风险。通常在独立的生产场所里的生物安全柜内由经过培训与授权的操作人员进行选育、复壮、接种等操作,菌种应存放于配有较好安全措施如安全密码或锁等的低温设备里,由经过授权的人员进行存放与取出等操作,其转运过程应使用生物安全隔离设备进行隔离转运。

(2) 职业健康危害风险 部分高致敏如青霉素类、头孢菌素类或高生物活性如他克莫司、西罗莫司等品种则需要使用独立车间或厂房进行生产,生产设施设备应专用;操作人员作业时应穿戴隔离服,含有高致敏或高活性物质的物料应存放于密闭容器或设备里,隔离操作;人、物流通道应与其他品种的分开,产品应专库储存,并与其他品种的库房有效隔离;产生的粉尘及尾气应收集并灭活等无害化处理,废水废液应先灭活,再交由处置单位或部门处置。

(3) 中毒或窒息等风险 发酵用设备大且多,工业场所设备布局拥挤;管道管径粗,管路布局复杂;物料种类多,量大,建有较多储物仓库;用水量大,建有较大的储水塔,加之场所内沟、槽、池密布,使得仓库、发酵车间、污水处理站等这些场所相对密闭、狭窄、通风较差,照明差,隐蔽,逃生通道不畅通,成为受限作业空间。这些场所易产生二氧化碳、硫化氢等气体的高浓度聚集,存在中毒或窒息等安全风险,且事故发生后不易被发现,施救困难。同时,在溶剂装卸、输送、取样、使用、浓缩、回收、干燥、设备清洗等作业时,也存在有毒有害物质无组织挥发而中毒的安全风险。

(4) 腐蚀或燃爆等风险 作业环境温度较低,蒸汽和水用量大,作业场所湿度大;酸碱用量大,设施设备锈蚀严重,存在因"跑冒滴漏"引发的腐蚀或燃烧等安全风险。发酵生产用物料如淀粉、溶剂等用量大,在溶剂装卸、储存、使用、蒸馏时,存在因泄漏等引发的燃爆等安全风险;在粉料装卸、投料、粉碎、干燥等产尘作业时,存在因火花或静电引发的燃爆等安全风险。

(5) 噪声、漏电、短路、触电等风险 电气设备多，运行噪声大；泵、鼓风机等电气设备移动性大，在潮湿、污染较严重的作业场所，存在噪声、漏电、短路、触电等安全风险。

(6) 挤压、砸伤等风险 发酵工业生产规模大，劳动强度较大，在物质物料机械提升、转运、发酵液挤压过滤等作业时，存在挤压、砸伤等安全风险。

(7) 烫伤、烧伤等风险 发酵工业设备或系统在高温灭菌、烘烤、高温碱液消洗，物料带温带压输送等作业时，存在蒸汽泄漏、高热体（如热料液、设备或物体、气体等）引起的烫伤、烧伤等安全风险。

(8) 爆炸或压瘪等风险 压力容器或设备，如溶剂储罐、压缩空气储罐、发酵罐、浓缩罐、氧气储罐或钢瓶、乙炔钢瓶、液氨储罐等，在溶剂灌装、压缩气体充装、设备破空等加压作业时，存在超压引起的压力爆炸等安全风险；在真空浓缩、减压投料或干燥、溶剂储罐卸料等负压作业时，存在压力容器或设备压瘪的安全风险。

2. 发酵工业常见安全风险的预防

发酵工业具有化工工业的一般特征，除有生物安全风险外，烫伤、挤压、触电、腐蚀、中毒或窒息、燃烧、爆炸等是其主要的安全风险。医药化工生产的基本要素为人、机、料、法、环等，发生安全事故往往是由人的不安全行为、不稳定的机器或/和物料、错误或不恰当的安全生产技术规范、不利的生产环境，以及安全管理缺陷等因素所引起。因此，发酵工业的安全生产主要应做好以下五方面预防工作：

(1) 消除人的不安全行为

消除人的不安全行为主要有以下方面：

① 对新上岗从业人员进行公司级、车间或部门级、班组级等"三级"安全教育，未经安全生产教育和培训合格的，不得上岗作业。

消除人的不安全行为

② 新工艺、新技术、新材料、新设备等"四新"投入使用前，对相关从业人员进行专门的安全教育和培训。

③ 从事电工、焊接与热切割、高处、制冷与空调、重点监管危险化工工艺、化工自动化控制仪表等特种作业人员持证上岗，并定期接受复审。

④ 对进入企业从事服务和作业活动的承包商、供应商的作业人员及其他临时作业人员，如实习生、施工人员等，进行入厂安全教育培训和安全告知，并妥善保存记录，同时提供必要的劳动防护用品，安排专人带领。

(2) 消除不稳定的机器和物料

① 隐患排查与消除

a. 结合生产实际，组织开展隐患排查，隐患排查覆盖所有与生产经营相关的场所、人员、设备设施和生产过程活动，包括承包商和供应商等相关服务范围。

b. 重点开展物料的确认、储存、转运、使用、转化、处理等单元操作过程，清洗、开停车、产品变化，共线产品设备的确认、清洗、置换、开停车和检维修等方面的隐患排查及治理。

c. 隔离排查出来的隐患，整治以消除隐患。

② 物料存储与使用

a. 根据危险化学品的物理、化学性质，分类、分区、分库储存，不得超量、超品种储存；相互禁配物质不得混放、混存，如氧化剂与还原剂、强酸与强碱等。

b. 危险品储罐防雷防静电接地，安装温度、液位、压力和可燃/有毒气体泄漏报警装置；必要时，安装喷淋降温设施、阻火器、氮封和紧急释放装置等。

c. 专用仓库储存剧毒品、易制爆化学品，并安装与公安机关联网的视频监控系统。

d. 尽量采用工程密闭或隔离控制措施使用剧毒品、易制爆化学品，避免人员直接接触剧毒品，应急防护采用配备有空气呼吸器的全身式防护。

e. 分类收集，分类处理废弃危险化学品；单独收集剧毒品、易制爆化学品废弃物，并进行无害化处理。

③ 主要危险源

a. 重大危险源设置不间断采集、监测系统，系统应具备可燃、有毒有害气体泄漏检测报警功能。

b. 化工生产装置设置满足安全生产的自动化控制系统，一、二级重大危险源具备紧急停车功能。

c. 毒性气体、剧毒液体和易燃气体等重点设施设置紧急切断装置，毒性气体的设施设置泄漏物紧急处置装置；一、二级重大危险源配备独立的安全仪表系统（SIS）。

d. 有机溶剂的蒸馏回收系统的液位、温度、压力、残氧量等参数进行自动化监控，并设置生产过程自动化控制系统。

④ 设备设施

a. 关键安全设备设施配备在线监测系统及联动处置装置，如超限报警、安全联锁、事故停车、压力容器或设备的防爆泄压、低压真空密闭、防止火焰传播的隔绝、电气设备的过载保护、机械运转部分的防护、火灾报警、灭火以及气体自动检测、事故照明疏散设施、静电和避雷防护等装置或系统，并定期检测、检验、维护、保养。

b. 作业场所内的设备设施应设置泄漏、逸散物料的收集和处置设施。

c. 不得采购和使用国家明令禁止和已经报废的危及生产安全的设备设施。

⑤ 安全隐患标识

a. 安全隐患作业现场按要求设置 EHS 标识，标识设置符合安全标志、安全色等标准规范要求。标识设在最易看见的地方，且具有足够的尺寸，与背景色对比明显。

b. 运输危险物质时正确标识容器内物料信息（品名、数量、危险特性和发货人及其联系信息、发货文件等），同时检查运输危险物质的包装物和容器（体积、性质、完好性、防护性能等）。

c. 危险物质作业现场存放物质安全技术说明书（MSDS/SDS），以便现场人员了解该化学品的危害性质、防范措施和应急措施等。

d. 建立化学品相容性及禁忌矩阵，并在危险物质作业场所张贴，以规范化学品的使用和存储。

e. 在化工管道上标明物料信息，在包装容器上标注危险警告信息等。

f. 在重大危险源所在场所设置安全警示标志，写明应急处置办法。

g. 生产设备设施有状态标识，标明当前使用状态，有较大危险的设置安全警示标志。

h. 生产操作及车间物料有生产状态标识和物料状态标识，标明其当前状态及注意事项。

i. 停用、报废的设施设备应有醒目的停用或报废标志，禁用物质物料有效隔离，并有醒目的禁用标志。

(3) 制订并不断完善安全生产制度与安全生产操作规程，并确保有效执行

① 建立并完善安全生产管理制度和安全生产信息管理制度。

② 开发安全可靠的安全生产技术或方法，对生产全过程（包括开停车）开展危险与可操作性（HAZOP）分析，形成分析报告，以指导安全生产技术开发、项目设计和安全生产。

③ 全面收集生产过程涉及的化学品危害信息、工艺技术信息、工艺设备信息等，建立物料与工艺安全信息资料档案，并及时更新。

④ 编制并不断完善各类技术指导文件如安全生产标准操作程序、设备安全使用标准操作程序、设备维修维护标准操作程序、异常情况处置程序、安全生产工艺卡（或作业书）、安全生产培训手册和技术手册、化学品安全相容矩阵表等，以指导生产。

⑤ 每年对操作规程类指导性文件进行适应性和有效性确认，至少每3年对操作规程进行审核修订；当工艺技术、设备发生重大变更时，及时审核修订。

⑥ 化学品的装卸与取样操作时，对装卸设施设备及取样器等进行静电消除，防止料液飞溅产生静电。

⑦ 严禁采取急剧改变温度或压力（升温或降温、正压或负压等）的操作方式，如急速升温或降温、快速加压或减压，以免发生冲料、爆炸、压瘪等安全事故。

⑧ 不得使用国家明令禁止和已经淘汰的危及生产安全的生产工艺。

（4）改善生产环境

① 根据火灾危险性差异，对作业场所进行防火分区，并设置相应的防爆墙、泄爆墙、防爆门斗等设施以及报警灭火系统等。

② 在易燃易爆化学物品的建筑场所安装防雷保护设施，使用与防爆类型和等级相适应的生产设备与电气设备，在易燃易爆作业场所和易产生静电的生产设备与装置上设置静电导除设施，并定期检查与检测。

③ 使用新材料或新工艺消除或降低粉尘、有毒有害气体量；尽量以低毒或无毒原料代替高毒或剧毒化学品。

④ 对产生粉尘、毒物的生产工艺与设备，宜采用机械化、自动化、密闭化操作，避免人工操作。

⑤ 使用设备捕尘或通风降低粉尘、可燃或爆炸性气体浓度，使用设施设备保持作业场所空气畅通，减少危险物聚集；根据粉尘的燃爆特性，采用密闭、通风或清扫除尘，消除火源，使用抑爆、隔爆、泄爆、防爆电气设备，提高设备耐压力等控制措施，减小粉尘初始爆炸引起的破坏，并有效防止粉尘二次爆炸的产生。

⑥ 易燃易爆作业场所作业严禁明火，有减少静电产生和积聚的措施，如静电接地、静电屏蔽、防静电添加剂、人体静电防护、液体流速控制、惰性气体保护（如氮气保护）等，并有针对性控制不同形式的静电释放（火花放电、人体放电、电晕放电等）。

⑦ 使用真空、压力、压力-真空联合、虹吸、吹扫等方式进行惰化处理，使氧气浓度降低至爆炸极限浓度（LOC）以下，以抑燃抑爆。常用惰性气体主要有氮气、水蒸气、二氧化碳等。

⑧ 配备合适且足量的劳动保护用品如静电防护服、静电工作服、防砸劳保鞋、防静电劳保鞋、耐酸或耐碱围裙（手套）、防刺手套、护目镜、防毒面罩等。

（5）消除管理缺陷

① 设置安全管理（含职业健康）机构或配备专职安全生产管理人员。专职安全生产管理人员应具备中级及以上化工专业技术职称或取得化工安全类注册安全工程师资格。

② 建立健全安全生产责任制，明确全员安全生产职责，并定期对安全生产责任制的落实情况进行考核。

③ 按规定提取和使用安全生产费用，并建立使用台账。

④ 确立本企业的安全生产理念及行为准则，并教育、引导全体人员贯彻执行。

⑤ 动火、登高、起重吊装、受限空间作业、盲板抽堵、动土、设备检维修安全作业、临时用电、断路等特殊危险作业应办理许可作业证，凭证作业，作业现场有专人管理。严禁无证特殊危险作业。

二、环境保护知识

（一）发酵生产中的污染问题

发酵工业因其生产特点，其生产过程中产生的菌渣量大，且含有活性物质；恶臭，VOCs 种类较多、浓度高；发酵工业废水排水点多、间歇排放、酸碱度及温度变化大，污染物浓度波动大、碳氮比低、含氮量高（主要为有机氮和 NH_3 及其盐）、硫酸盐含量高、色度高，废水中含微生物难降解或抑制降解作用的物质，存在较严重的发酵工业"三废"治理难问题。

（二）发酵工业的"三废"治理

1. 废水治理

（1）废水来源 发酵工业废水主要是生产过程中产生的含化学污染物的废水，包括生产废水（如冷却、浓缩、真空等辅助过程排水、设施设备冲洗水等）和工艺废水，其中工艺废水的化学需氧量（COD）贡献大。废水的主要特点为：排水点多、间歇排放、废水量波动大、酸碱度及温度变化大、硫酸盐含量高、污染物种类多、成分复杂、污染物浓度波动大、含氮量高（主要为有机氮和氨气及其盐）、BOD/COD 比低、可生化性差、色度高，废水中含微生物难降解或抑制降解作用的物质等。

（2）废水减量 废水减量分为废水排放量减少和废水污染物排量减少两种。废水减排主要通过节约用水、合理用水，控制生产操作度，废水循环利用，淘汰高耗能、高耗水等落后工艺和设备等方式实现；废水污染物减排主要通过提高成品转化率，降低有机物单耗，使用无毒/无害或低毒/低害的原辅料，减少有毒/有害原辅料的使用及其用量，采用先进、高效的生产工艺和设备，淘汰高污染、低效率的落后工艺和设备等方式实现。

（3）废水输送 根据废水污染物浓度高低，是否含盐、重金属及高生物活性物质等情况，经明管/沟分类收集至废水收集池，经分类预处理，再通过高架管路或明管输送至污水处理站处理达标排放。

（4）废水预处理 根据废水成分分类收集，分类预处理。通常在进入污水处理系统前，含高盐废水需除盐处理（如蒸发浓缩结晶法、焚烧结晶法等）；含高生物活性物质废水需灭活处理（如强酸强碱水解灭活、氧化灭活、焚烧灭活等）；含重金属废水需进行降低重金属含量处理（如物理絮凝沉淀法、化学絮凝沉淀法、电解法等）；含难生化降解或抑制物质的高浓度废水需采用高级氧化预处理方式或其他降低抑制物浓度的方法（如电解、芬顿氧化、臭氧氧化等）。

① 电解处理。电解处理是使用安装有阳极和阴极的电解池（槽），使废水在阳极和阴极分别发生氧化和还原反应，除去有害物质的一种废水处理方式，如废水中的氰化物电解转化

为稳定无毒的无机物氮气，铬化物电解转化为 Cr^{3+}，在碱性条件下生成 $Cr(OH)_3$ 沉淀等。工业废水常用的 Fe-C 微电解处理，即属于电解处理。

电解用极板通常由普通钢板制成，安装有一定间距，以便较少地消耗电能、安装方便、易于运行、维护等。根据所接电源方式的不同，极板可分为单极性和双极性两种。因双极性极板较单极性极板更安全、耗电量更少、安装也更简便，现多用双极性极板。

因电解处理废水会产生大量电解铁泥等较难处理的二次污染物，故电解处理方式适用于含少量有害物质废水的预处理。因电解处理可产生易燃易爆的氢气及低级烷烃气体等物质，其电解装置需特别注意防爆。近年来推出的改良型 Fe-C 微电解装置很好地解决了电解铁泥及防爆安全问题，在难降解型工业废水治理工程上值得推广。

② 芬顿氧化。芬顿氧化是利用芬顿试剂（由 Fe^{2+} 与 H_2O_2 组成）中的强氧化性羟基自由基来强力氧化分解水中难降解的有机物，生成有机自由基的一种废水处理方式。能有效降解破坏苯环类污染物，脱色、除臭效果明显。适用于含有芳香族化合物等有机物的废水，以及废水脱色、除恶臭等处理。

当废水污染成分复杂时，常采用多种预处理方法如电解＋芬顿氧化（或＋臭氧氧化）等方式进行预处理。当然，也可使用燃烧法进行废水终极处理，不过处理成本较高；若废水可燃污染物浓度较高，使用分类燃烧法进行终极处理，并循环利用燃烧产生的结晶盐和气凝水，则比较经济合算。

(5) 废水处理 根据废水水质、水量及其变化幅度、排水要求等特点设计废水处理设施，优化处理工艺和流程，采用合理的、有针对性的废水处理手段，减少污染物排放。预处理后的高浓度废水建议采用厌氧生化处理或水解（酸化），以有效降解难降解的有机物，提高废水的可生化性，与低浓度废水混合，再进行好氧生化处理及深度处理。

建议发酵工业废水治理工艺流程：废水分类收集→分类预处理→酸碱调节→厌氧生化处理或水解（酸化）处理→高、低浓度调节→好氧生化处理→沉淀→深度处理→排水。

① 厌氧生化处理。厌氧生化处理是在厌氧条件下形成厌氧微生物所需要的营养条件和环境条件，通过厌氧菌和兼性菌的代谢作用，对有机物进行生化降解的过程，又名厌氧消化处理。按微生物的凝聚形态可分为厌氧活性污泥法和厌氧生物膜法两种。

具有无须搅拌和供氧、动力消耗少、能产生循环利用的沼气（发电、燃料等）、可高浓度进水等优点；但存在处理后的废水污泥浓度高，温度要求较高，对毒性物质敏感、易遭破坏，首次启动或恢复启动时间长等缺点，所以，经厌氧生化处理后的废水即使有机物负荷达到标准，也不可排放，仍需要进一步处理，适用于废水的前处理。

厌氧反应器发展至今已发展了三代，十数种，国内常见的有接触式厌氧工艺反应器（ACP）、升流式厌氧污泥床反应器（UASB）、厌氧流化床和膨胀床反应器（AFBR）、厌氧颗粒污泥膨胀床反应器（EGSB）、厌氧生物滤池（AF）、内循环厌氧反应器（IC）和上流式污泥床过滤器（UBF）等。

每一种反应器都有其优缺点，各企业具体使用什么样的反应器，应根据企业的实际废水工况条件分析确定。发酵工业废水的厌氧生化处理工艺流程现多联用两种及以上的厌氧反应处理，如接触式厌氧工艺反应器（ACP）＋升流式厌氧污泥床反应器（UASB）或厌氧＋水解（酸化）等，处理效果比较理想。

② 水解（酸化）处理。水解（酸化）处理是在水解池中利用水解和产酸微生物（主要是兼性菌），将废水中固体、大分子和不易生物降解的有机物水解成易于生物降解的小分子

有机物（低浓度有机酸），方便后续好氧阶段的有效处理的一种废水处理方法。

　　a. 优点：结构简单、一池多用，投资较少、运行和维护成本较低，可生化性高、降低后续好氧生化处理难度，耐进水负荷冲击、运行环境宽松、易于管理与控制，产污泥量较少，可取代传统的厌氧消化处理等。

　　b. 使用范围：适用于易于生物降解的城市生活污水及含有难于生物降解的有机物的工业废水的处理。

　　废水治理的厌氧生化处理或水解（酸化）处理阶段会产生硫化氢及甲烷（沼气）等有机气体（VOCs），是整个废水治理流程中主要的恶臭产生环节，应有防止中毒的特别措施。同时，根据大气防治要求，这部分装置或设施需要设置集气设施设备，将产生的硫化氢及其他易燃易爆有机气体（VOCs）收集，经生物法或等离子法或光微波催化或燃烧等除臭降解处理后，达标排放。

　　③ 好氧生化处理。好氧生化处理是利用好氧微生物（包括兼性微生物）在游离氧（分子氧）存在的条件下，进行生物代谢以降解有机物，使其稳定、无害化的处理方法。好氧生化处理的反应速度较快，所需反应时间较短，在整个反应过程中，散发的臭气较少，较干净。适用于 BOD/COD>0.5，且中、低浓度的有机废水或 BOD 浓度在 600mg/L 以下的有机废水的生化处理。好氧生化处理有活性污泥法和生物膜法两类。

　　a. 活性污泥法。活性污泥法是以废水中的有机污染物为培养基，在分子氧存在下，连续培养活性污泥，再利用其吸附凝聚和氧化分解作用净化废水中的有机污染物。

　　工艺过程：废水→曝气→产生微生物絮凝体（活性污泥）→活性污泥吸附及粘连污染物→合成细胞物质→好氧分解代谢→沉淀→达标排放。

　　工艺条件：废水 BOD/COD>0.5，可生化性好；pH 值以 6~9 为宜，不含有毒有害物质；必要时，应补充微生物生长所需的氮、磷等营养元素；环境温度及水温以 20~35℃ 为宜。

　　系统主要由曝气池、二沉淀池、回流系统、剩余污泥和供氧系统等五个子系统组成。

　　活性污泥法主要有序批式活性污泥法（SBR）、推流式活性污泥法、周期循环活性污泥法（CASS）、完全混合活性污泥法、吸附-生物降解活性污泥法（AB法）、曝气（分段、延时、深井、纯氧）活性污泥法、氧化沟工艺活性污泥法等。

　　工业上主要用序批式活性污泥法（SBR）和周期循环活性污泥法（CASS）两种。

　　b. 生物膜法。生物膜法是以生物膜吸附废水中的有机污染物，由好氧菌进行好氧分解，再进行厌气分解，老化的生物膜由流动水层冲掉以生长新的生物膜，从而达到净化废水的目的的一种废水好氧生化处理方法。

　　工艺过程：废水→初沉淀池（预先去除废水中的悬浮物）→生物膜反应器（生物氧化去除有机物）→二沉淀池（去除脱落入废水的生物膜）→达标排放。

　　具有抗水质变化冲击能力较强，可承受较高的有机负荷；生物相多样化，能降解大分子和难降解物质；工艺设计上可分成多段（级），充分发挥微生物代谢功能；食物链长，污泥量比好氧活性污泥法低 1/4；无污泥膨胀现象，运管方便；没有强烈搅拌，能耗少等优点。但也存在一次性投资较大、填料容易堵塞等缺点。

　　生物膜法主要有生物滤池法、生物接触氧化法、生物流化床法和生物转盘法等。

　　(6) 废水排放　　经处理的废水通过安装有联网的 COD 等主要污染物在线监测装置的污水排放口达标排放。企业循环再利用废水须符合相关废水再生利用系列标准规定的使用水质标准。年排放污水量和主要污染物排放量应符合环保部门批准的总量控制指标。

2. 废气治理

（1）**废气来源** 发酵工业废气主要包括发酵生产、锅炉燃烧、污水处理等环节产生的如二氧化碳、硫化氢、氮氧化物等无机废气；提取、浓缩、纯化、精制、干燥、包装等生产环节所产生的各类含大量挥发性有机物（VOCs）和物料粉尘的有机废气。这些废气因成分复杂，通常散发出恶臭。

（2）**废气减量** 废气减量常通过如下措施实现。

① 工艺改进与革新，使用无毒、低毒的原辅料，减少有毒、有害废气及VOCs排放。

② 生产尾气如含有毒有害气体、粉尘、VOCs等应密闭操作，避免开放式操作。

③ 开放操作（如收料、放料等操作）或开口部位（如反应釜投料口、热风循环干燥设备出风口、真空泵排风口、储罐呼吸器等）应设置集气罩，以减少无组织排放。

④ 投料操作宜采用泵送、压料或重力流加上料，以减少VOCs及粉尘的无组织排放。

⑤ 使用真空上料或干燥的，应在真空管路上增加冷凝装置，以减少有机溶剂的排放。

⑥ 易挥发物质贮存设施，应有防止挥发物质逸出的措施。

⑦ 尽量采用电、天然气、轻质柴油等清洁燃料，减少燃煤与焚烧产生的烟气排放。

（3）**废气处理** 综合分析废气的产生量、组分和性质、温度、压力等因素选择废气治理工艺。生产车间优选冷凝、吸附、吸收等工艺回收有机溶剂废气，不能回收的用焚烧、降解等方式处理；车间、污水处理站、动物房等废气通过集气设施设备集气，经生物法或等离子法或光微波催化或燃烧等除臭处理后，达标排放；高毒、高致敏、高活性物质的区域，应设置独立的通风系统并对废气进行灭活处理后排放。

这里简单介绍三种新型废气除臭技术。

① 生物除臭法。生物除臭是通过微生物的生理代谢将具有臭味的物质氧化分解成无毒无害的CO_2、H_2O、SO_2、NO_2等无机物质，使污染物被有效分解去除，以达到除恶臭的治理目的。

a. 工艺流程：废气→废气收集→溶解成水溶液→吸附、吸收，转移至微生物体内→胞内酶催化氧化分解→达标排放等。

b. 优点：生物菌种类型多，接种时间短；无须额外添加药剂，无二次污染；处理种类多，处理废气浓度 $[(3\sim1500)\times10^{-6}]$ 范围宽；除臭效率（95%以上）高，时间（5～10s即可）短；系统使用寿命长，一次挂膜，全生命周期可用；建设及运行成本低等。

c. 适用范围：广泛应用于制药、食品、饲料、塑料、橡胶工业、垃圾处理厂（站）及城市综合污水处理厂（站）的恶臭处理。

② 等离子除臭法。等离子除臭技术是利用高能等离子轰击恶臭污染物，使其氧化分解成单质或转化为无毒物质，从而实现除臭目的。有高温等离子和低温等离子两种除臭技术，现多用低温等离子除臭技术。

a. 工艺流程：废气→气体收集系统→预处理喷淋洗涤系统→等离子除臭装置→深度气体吸附催化系统→达标排放等。

b. 优点：氧化降解无选择性，治理种类多，除臭效率高（95%以上）；分解速度极快，短暂停留即可完成净化；投资费用低，操作简便等。

c. 适用范围：已广泛应用于制药、食品、饲料、塑料、橡胶工业、垃圾处理厂（站）及城市综合污水处理厂（站）的废气处理工程中。近年来，等离子除臭技术在处理废气尤其是处理多组分混合易燃易爆废气过程中发生多起爆炸安全事故，其在环保治理上的应用受到一定的限制。

③ 光微波催化除臭法。光微波催化除臭技术是利用高能紫外光束分解空气中的氧分子产生游离氧（即活性氧），游离氧与 O_2 结合，产生 O_3，O_3 在固态金属氧化物催化剂的催化作用下，与恶臭气体分子作用，发生强力氧化分解反应，使恶臭气体分子降解生成如 CO_2、H_2O 等无害化小分子化合物，实现除臭目的。能高效去除挥发性有机物（VOCs）、H_2S、NH_3、有机胺、硫醇类等主要污染物及其他各种恶臭异味。

a. 工艺流程：废气→气体收集系统→（预处理喷淋洗涤系统）→光微波催化装置→达标排放等。

b. 优点：强氧化作用，无选择，处理种类多，除臭效率（99％以上）高；分解彻底，无须深度处理即可无害化达标排放；无须添加任何物质，无须进行加温、加湿等预处理，安全环保，无二次污染；可适用于高浓度、大气量的恶臭气体的除臭净化处理；可长时间持续工作，运行稳定、可靠；建设及运行成本低，操作简单，管理方便（仅需定期检查即可）等。

c. 适用范围：已广泛应用于制药、炼油、橡胶、化工、污水处理厂（站）和垃圾转运站等废气及恶臭气体的除臭净化处理工程中。因其安全、高效、裂解彻底、适用范围广、投资及运维成本低、管理方便等优点，光微波催化除臭技术应用于制药工业的废气及恶臭治理会越来越多。

(4) 废气排放 经治理的废气通过安装有联网的主要废气污染物在线监测设施的排气筒达标排放。废气污染物排放总量应符合环保部门批准的总量控制要求。

3. 废渣治理

(1) 固废来源 固废分为一般固废和危险固废两种，一般固废主要有生活及办公垃圾、一般废旧包装材料、煤渣、营养性菌渣、一般污泥等。危险固废主要有含有危险化学品的发酵菌渣、釜残、废药品、报废固体化学试剂、过期固体原辅料、废吸附剂、废催化剂、废活性炭、危险污泥、沾染危险化学品的废包装材料、废滤芯（膜）、实验材料等。

(2) 固废减量 固废治理应遵循"分类收集、分类治理、循环利用、资源化"的原则。固体废物应按其性质和特点进行分类收集、分类处理，能回收及综合利用的则回收循环使用，无回收利用价值的则无害化堆置或焚烧等无害化处理，不得以任何方式排入自然水体或任意抛弃。

(3) 固废存放 固废的装卸、转运、存放等应有防止污染环境的措施。用坚固容器密闭储运含水量大的废渣和高浓釜残；用密闭和增湿方式装卸和转运有毒有害废渣及易扬尘废渣，以防污染和中毒。固废包装应按规定贴好环保专用标签。固废（临时）堆场应有防雨、防水、防渗漏及防扬散等措施，必要时应设置堆场雨水、渗出液的收集处理和采样监测设施。一般固废和危险废物应分开贮存。

(4) 固废处理 生活、办公垃圾应委托有资质的市容环卫部门处理；一般废旧包装材料、煤渣、一般污泥等一般固废应委托正规公司处理，并签订委托处理合同。

发酵菌渣应根据菌渣的危害情况分析，采取不同处理方式：①氨基酸类等营养型发酵菌渣可按一般固废处理，可做成饲料或肥料利用；②含有危险化学品的发酵菌渣，有回收利用价值的，可经回收提取有用成分［如麦角固（甾）醇等］后，再经无害化处理做成肥料使用；③无回收价值的，则按危险固废处理，交由有资质的处置单位进行无害化堆置或焚烧等无害化处理。

危险固废应委托持有有效《危险废弃物经营许可证》的处置单位处理，易燃易爆、遇水反应、剧毒、遇空气自燃、腐蚀性、强氧化性等危险废物应先预处理，再交有资质的处理单位处理。

涉生物安全风险的固废须焚烧等无害化处置。

【岗位认知】

岗位安全生产与环境保护职责

岗位安全生产和环境保护职责

一、生产类岗位的安全生产和环境保护职责

文件编号		生产类岗位	颁发部门	
SOP-PA-148-01			总工办	
总页数			执行日期	
编制者		审核者		批准者
编制日期		审核日期		批准日期

1. 目的

明确生产类岗位的安全生产和环境保护标准操作程序。

2. 范围

公司生产类岗位。

3. 责任

生产类岗位全体员工。

4. 内容

（1）安全生产职责（包括但不限于）

① 检查生产作业现场电气设备是否符合防爆要求，仪器/设备和操作台等应接地、惰性气体保护、人体静电导除装置等防静电措施。

② 检查生产作业现场设备、工具，压力、温度等仪器仪表，容器，管道，阀门等是否完好、可用；检查水、电、气等能源是否正常等。

③ 检查生产作业现场消防器材、消防设施设备是否完好、可用；检查灭火器适用范围与作业安全风险属性是否一致，压力是否在正常压力范围（绿色区）等；消防通道及应急逃生通道是否畅通。

④ 检查安全防护用具是否配备，数量是否充足，是否到位等；穿戴好工作服、护目镜等个人防护用品。

⑤ 检查物质物料是否分类、分区、分库存放，禁配物料如强氧化剂与强还原剂、强酸与强碱是否混放。

⑥ 检查生产作业现场生产自控系统及安全自控或控制系统是否正常、可用。

⑦ 检查设备状态标识，管路标识，物料流向标识，生产状态标识，物料状态标识，安

全提示、警示、禁止等安全标识是否齐全、清晰、完好无破损。

⑧ 检查生产指令、安全作业书、批准的岗位安全生产标准操作程序（SOP）、设备安全使用或维修维护标准操作程序（SOP）、物质安全说明书（MSDS）、异常情况应急处置程序等作业指导性文件是否在现场。

⑨ 按作业安全风险等级及性质划定安全作业区域，设置安全作业警戒隔离带。

⑩ 检查特殊作业是否办理特殊作业证，作业人员是否持有上岗作业证，是否制订了应急措施，及应急措施是否到位，安全监管人员是否到场等。

⑪ 检查确认作业人员是否经过安全生产培训，是否持有安全作业上岗证；必要时，检查确认作业人员的生理及心理健康状况等，并进行积极健康干预。

⑫ 严格按规章制度领取与使用易制毒、易制爆和剧毒品，填写使用台账。

⑬ 严格按已批准的岗位安全生产标准操作程序、物质安全说明书（MSDS）、设备安全使用或维修维护标准操作程序或安全作业书等安全生产指导文件规定生产作业。

⑭ 作业运行过程中随时注意检查设备运行情况以及蒸气压力、设备内及夹套压力和温度变化情况，如有异常，按已批准的异常情况应急处置程序处置。

⑮ 严禁采取急剧改变温度或压力（升温或降温、正压或负压等）的操作方式如急速升温或降温、快速加压或减压，以免发生冲料、爆炸、压瘪等安全事故。

⑯ 严禁食品、饮料、私人用品进入作业现场。

⑰ 按制订的安全防护措施及其应急处理办法执行，按编制的安全事故应急处理程序或预案定期组织演练。

⑱ 岗位其他安全生产职责。

（2）环境保护职责（包括但不限于）

① 检查生产作业现场环保设施设备、管路、阀门、照明、排风系统等是否完好、有无锈蚀等。

② 检查环境保护用具，废弃物临时盛放容器、包装容器，转移工具等是否完好、坚固耐用。

③ 检查废弃物暂存场所、环保设施设备、环保用管路（如废水、废气等收集及排放管路）等是否有环保标识，是否分区存放，是否有防雨、防晒、防渗设施，照明和排风设备是否完好，可用。

④ 检查已批准的环保处理设施设备的管理制度及标准操作程序或工作手册是否在现场，检查环保专用标签与废弃物类别是否一致，数量是否足够，是否已到位现场等。

⑤ 按已批准的废气处理标准操作程序或工作手册等文件规定操作废气（含危废堆场和污水处理站厌氧处理单元产生的废气）治理系统，并及时填写废气处理操作记录等。

⑥ 按已批准的生产作业标准操作程序或工作手册等指导性文件中有关废水、废液的收集和排放等规定或要求进行分类收集，分类输送至废水、废液处置部门处置，并及时填写废水废液处置台账。

⑦ 按已批准的固体废物分类处置标准操作程序规定进行分类收集固体废物，危险废物分类收集包装完好后，粘贴环保专用标签，称重或计数后转运至危险废物暂存场所暂存，填写危险废物处置台账。

⑧ 含剧毒废弃物单独收集、单独处理，填写剧毒废弃物处置记录及台账。

⑨ 生产作业结束后，及时清理、清洁作业现场，分类规整一般固体废物，称重或计数

后交行政后勤部门处理。

⑩ 按制订的环保防护措施及其应急处理办法执行，按编制的环保事故应急处理程序或预案定期组织演练。

⑪ 岗位其他环境保护职责。

（3）岗位员工是所在岗位安全生产与环境保护的直接责任人。

5. 培训

（1）培训对象　生产类岗位全体员工。

（2）培训时间　4个学时。

二、实验室岗位的安全生产和环境保护职责

文件编号			颁发部门	
SOP-PA-149-01		实验室岗位	总工办	
总页数			执行日期	
编制者		审核者		批准者
编制日期		审核日期		批准日期

1. 目的

明确实验室岗位的安全生产和环境保护标准操作程序。

2. 范围

公司实验室岗位。

3. 责任

实验室岗位全体员工。

4. 内容

（1）安全生产职责（包括但不限于）

① 检查电气实验设备是否符合防爆要求，仪器/设备和操作台等应接地、惰性气体保护、有人体静电导除装置等防静电措施。

② 检查实验室仪器、设备、器具，压力、温度等仪器仪表，容器、门、窗等是否完好、可用；检查水、电、气等能源是否正常等。

③ 检查实验室消防器材、消防设施设备是否完好、可用，检查灭火器适用范围与作业安全风险属性是否一致，压力是否在正常压力范围（绿色区）等；消防通道及应急逃生通道是否畅通。

④ 检查安全防护用具是否配备，数量是否充足、是否到位等；穿戴好工作服、护目镜等个人防护用品。

⑤ 分区存放，禁配物料如强氧化剂与强还原剂、强酸与强碱不得混放，须分库存放。

⑥ 严格按规章制度领取与使用易制毒、易制爆和剧毒品，填写使用台账。

⑦ 保持实验室内空气流通，现场张贴安全标识。

⑧ 检查设备运行状态标识，安全提示、警示、禁止等安全标识是否齐全、完好、无破损。

⑨ 检查已批准的设备安全使用标准操作程序（SOP）、实验常用物质的物质安全说明书（MSDS/SDS）、试验方案或检验标准操作程序（SOP）、应急预案等作业指导性文件是否在现场。

⑩ 熟悉所使用的实验和试剂的危险特性及其安全操作程序；初始实验时，应从最小量开始。

⑪ 会正确操作气体钢瓶，能辨识各种气体钢瓶的颜色和熟悉各种气体的性质。

⑫ 严禁实验人员在加热、加压、蒸馏等操作时离开现场，确需暂时离开时，应终止实验或委托他人照看。

⑬ 严禁使用无标签试剂试药，并严格履行试剂试药领用登记审批手续。

⑭ 严禁在冰箱中存放易燃易爆挥发性有机溶剂，确需存放，应有防爆措施。

⑮ 实验室内不宜贮存大量危险物品，禁止存放剧毒试剂试药。

⑯ 严禁食品、饮料、私人用品进入作业现场。

⑰ 按制订的危险实验的防护措施及其应急处理办法如设置洗眼器等执行，按编制的实验室安全事故应急处理程序或预案定期组织演练。

⑱ 岗位其他安全生产职责。

（2）环境保护职责（包括但不限于）

① 在通风橱内进行易散发有害物质的加热及易产生恶臭和污染环境气体的实验操作。

② 不得敞口存放试剂试药，液体试剂存放必须有二级防泄漏措施。

③ 实验废液应按化学性质分类收集，粘贴环保专用标签存放，严禁倒入下水道；废液暂存处应有防渗围堰。

④ 实验废弃物应及时转移至环保处理部门，填写废弃物处置台账。

⑤ 按已批准的实验废气处理标准操作程序或实验手册等文件规定操作废气治理系统，并及时填写操作记录等。

⑥ 实验产生的危险废弃物分类收集，包装完好后，粘贴环保专用标签，称重或计数后转移至危险废物暂存场所暂存，填写危险废弃物处置台账。

⑦ 实验结束后，及时清理、清洁实验现场，一般固体废物分类规整后，交行政后勤部门处理。

⑧ 按制订的实验室环保应急处理办法执行，按编制的实验室环保事故应急处理程序或预案定期组织演练。

⑨ 岗位其他环境保护职责。

（3）岗位员工是所在岗位安全生产与环境保护的直接责任人。

5. 培训

（1）培训对象 实验室岗位全体员工。

（2）培训时间 4个学时。

【项目实施】

任务一 发酵工业废水的生化处理技术

一、任务描述

某发酵制药生产企业地处边远地区，占地1000余亩，主要发酵生产硫氰酸红霉素、头孢中间体、青霉素中间体等，总产能达 10000t/a 以上，年产生发酵类废水数千万吨，废水色度深、悬浮物含量高、有恶臭异味，部分废水含有较高浓度的发酵产生的成分复杂的有机污染物，包括残留在废水中的提取溶剂，且废水中含有大量生物活性污染物等，企业水污染问题突出。经技术攻关，企业采用以下废水治理工艺：将经预处理灭活的高浓度废水用稀盐酸和稀氢氧化钠水溶液调节废水 pH 后，经厌氧接触工艺反应器（ACP）和中温升流式厌氧污泥床反应器（UASB）二级硝化处理，硝化处理后的废水与低浓度废水如生活废水等进行高、低浓度调节，调节后的废水通过周期循环活性污泥法（CASS）好氧生化处理，沉淀池沉淀，中水用 MVR 蒸发深度处理。该工艺蒸发水冷凝后，回用于生产冷却等环节，大幅减少了生产用水量和排水量，基本解决企业发酵废水治理问题。

本次实训重点主要是通过到发酵生产企业的废水生化处理岗位参观实习或通过发酵工业废水生化处理模拟系统进行学习，了解并熟悉发酵工业废水生化处理系统［包括厌氧生化处理系统或水解（酸化）处理系统和好氧生化处理系统］的组成、工艺特点，掌握系统运行操作要点及其注意事项等。

二、任务实施

（一）准备工作

1. 建立工作小组，制订工作计划，确定具体任务，任务分工到个人，并记录到工作表。
2. 收集发酵废水生化处理系统的相关信息，了解并熟悉发酵工业废水的实际工况，不同类型的生化处理系统的优缺点、使用范围等，掌握系统运行操作要点及注意事项。与指导教师共同制订任务实施方案等。
3. 完成任务实施前的各项准备工作。

(1) 材料准备 任务实施方案，企业发酵工业废水的实际工况资料，所采用的废水生化处理工艺流程图，使用的生化处理系统类型及其技术特点、系统组成、工艺优缺点及其应对措施、系统运行标准操作程序（SOP）或手册等资料。

(2) 试剂 无。

(3) 仪器 无。

（二）操作过程

发酵工业废水生化处理工艺流程（以 ACP 和 UASB 二级厌氧及 CASS 好氧为例）如图 1-9-1 所示。

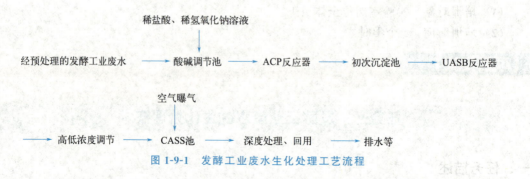

图 1-9-1　发酵工业废水生化处理工艺流程

每班上班前，应先查看交接班记录和现场，有无故障及显示；检查各系统是否完好、试机运转是否正常，管路连接牢固、无渗漏等。

1. 厌氧生化处理（以 ACP 和 UASB 二级厌氧为例）

(1) 酸碱调节 用 1mol/L 稀盐酸和 1mol/L 氢氧化钠溶液调节预处理后的发酵工业废水 pH 至 6.5～7.8，最佳适宜 pH 控制在 6.8～7.2。

注意事项：用于厌氧反应的水解菌与产酸菌通常在 pH 为 5.0～8.5 之间生长良好，其中甲烷菌最适合在 pH 为 6.5～7.8 之间生长。当 pH 低于 6.3 或高于 7.8 时，甲烷菌受到抑制，甲烷产量降低，COD 上升；尤其是 pH 降低，甚至低于 5.0 时，甲烷菌抑制加剧，厌氧反应各阶段失去平衡，抑制产酸菌活动，最终使整个厌氧反应停滞，需要花较长时间和大量的人力物力才能恢复。如废水 pH 短暂超过 8.5，只需将其降至中性，系统即可快速恢复。

(2) 进水 打开废水来水阀门，开启进水泵；进水泵运行稳定后，依次打开 UASB 出水阀门和进水阀门，ACP 出水阀门和进水阀门，并调节进水阀门，控制进水负荷至系统平稳运行设计进水负荷；调节 UASB 进水阀门，使反应器内的上升流速大于 $0.5m^3/h$；开启进水管路加热器，使进水温度达到工艺设计温度，调节加热速度，使水温波动控制在 ±2℃。

注意事项：①污水进水浓度 COD 应控制在 1000～5000mg/L，浓度超过 5000mg/L，应出水循环或稀释后进水。②污水原水不得含对厌氧菌有毒害的物质如硫酸盐、硫化物、甲醛、单宁化合物、芳香氨基酸、抗生素、氯仿、重金属离子等，否则应停止进水。③新系统进水负荷应控制在 $0.2～0.5kgCOD/(m^3·d)$（进水量＝进水负荷/废水浓度），间歇进水，间隔时间要长；3～4h 进水一次，每次 5～10min；生物降解率大于 80% 才可逐渐增加进水负荷。④厌氧运行温度有低温（15～25℃）、中温（30～45℃）和高温（45～60℃）三种运行温度，其中常用中温（30～45℃），中温最佳运行温度为 35～40℃。⑤厌氧反应器应保温，运行温度应稳定，温度波动范围不超 ±5℃；温度过高，微生物失去活性，系统失去降解能力；过低，微生物则处于休眠状态，回升温度即可恢复活性。⑥水力停留时间影响厌氧反应效果，较高的进水流速可在进水区产生较好的扰流，使污水有机物与生物污泥充分接触，提高厌氧降解效率。

(3) 运行 运行期，每班工作包含如下内容：①定时巡查关注各反应器出水 COD、温度、pH、挥发性脂肪酸（VFA）等指标的在线监测值变化情况；②不定时关注储气囊充盈情况或集气浮顶高度，及时导出沼气等气体至恶臭及废气处理单元进行处理；③不定时检查反应器顶部出水情况如出水浊度、色度等，防止跑泥，并不定时清理溢流堰口的堵塞物；④不定时检查反应器污泥层高度，维持反应器内污泥层在出水口下 1.5～0.5m，当污泥层高于 0.5m 时，应排泥操作；⑤不定时检查进水泵运行情况，防止空转、损坏；⑥检查流量计读数，保持进水平稳；⑦检查加热器进出水温，控制进水温度稳定；⑧不定期检查进水水质、pH、进水水温以及进水负荷等，以免对系统产生较大冲击，影响厌氧生化处理效果；⑨定期检查水封水位，保持水位高度，并经常从水封底部放出少量水，防止底部淤泥沉积；⑩定期对毒性物质进行检测，并根据检测结果进行调整；⑪定期对系统补充尿素、葡萄糖及磷酸盐等营养物质；⑫定期清捞反应器内悬浮物，捞出来的悬浮物经过滤、挤压、高温干燥灭活后，包装并标识，交固废处置部门或单位处置；⑬定期检测沉淀池，如水质较浑浊、污泥较多，应开启沉淀池污泥回流系统，将部分污泥回流至污水原水，剩余污泥及从沉淀池清理出来的淤泥经过滤、挤压、高温干燥灭活后，包装并标识，交固废处置部门或单位处置；⑭定期开启反应器的搅拌 15～30min，以增加污水中的有机物与活性污泥的接触，提高厌氧生化处理效率。

注意事项：①搅拌不要太剧烈，时间不宜太久，以免污泥颗粒破碎，影响厌氧生化处理效果。②定期在进水口、出水口及反应池中取水检测主要水质指标如COD、BOD、pH、污泥颗粒性状及活性、色度、固体悬浮物含量、微量营养元素等，计算系统清除率，以便调整运行操作。

(4) 停车　出现下列情形之一应停车：①当废水预处理效果未达设计标准；②厌氧生化处理效果未达设计标准，降解去除率低于50%；③反应器出水水质差或带泥较多。

注意事项：①停车时，应注意反应器内温度变化，若降温超过5℃，则恢复时，应升温至设计工作温度。②长时间停车，停车期，保持反应池温度在2～20℃为宜。

2. 好氧生化处理（以CASS好氧为例）

一般情况下，CASS系统的电动阀门、滗水器、鼓风机、水泵等电气设备均设置有"自动"和"手动"两种操作模式。多数情况选择"自动"操作模式，"手动"操作模式作为应急使用。操作控制系统既可远程集成在控制室控制，也可现场控制箱控制。

(1) 进水-曝气及污泥回流　开启电动阀门和进水泵，调节进水量，连续进水并使池内水位保持工艺设计最适宜水位（进水水位一般不超5.0m）；检查曝气系统，开启鼓风机，待风机运行平稳后，打开曝气阀门，调节气量，曝气；同步启动污泥回流泵，回流污泥；进水-曝气及污泥回流结束，关闭电动阀门和进水泵，关闭曝气阀门、鼓风机及污泥回流泵。

注意事项：①控制好氧原水BOD/COD＞0.5，以保持其可生化性。②进水pH控制在6～9，pH(＜6)过低，易导致丝状菌或纤毛长虫大量繁殖生长，污泥发白。③进水温度宜控制在20～35℃；低温天气影响好氧菌活力，必要时，应加温或保温。④曝气量过大，曝气过于剧烈，活性污泥易老化，影响反硝化作用，浪费能源；曝气量过小，有机物与污泥混合不均匀，影响消化作用和有机物降解能力下降。⑤CASS工艺运行周期一般为4h（进水-曝气2h、沉淀1h、滗水-出水1h），沉淀和滗水-出水应停止进水和曝气，进水-曝气2h后应停止进水-曝气。⑥曝气阶段，溶解氧宜控制在2～4mg/L；溶氧过低，易产生H_2S和FeS使曝气池发臭、污泥发黑。⑦污泥浓度应控制在最佳工艺设计值，不同工艺其污泥浓度最适宜值差异大，一般在2～5mg/L之间。⑧进水BOD负荷过低，可采取先进水0.5h，再进水-曝气1.5h的低负荷运行模式。

(2) 滗水-出水及剩余污泥排放　沉淀结束后，启动自动升降滗水器，滗水-出水运行1h；同步自动启动剩余污泥排放泵，排放剩余污泥；滗水-出水及污泥排放结束，关闭滗水器和污泥排放泵。

注意事项：①定期从好氧进水口、各处理单元及出水口取水检测主要水质指标，如COD、BOD、pH、污泥颗粒性状及活性、色度、固体悬浮物含量、微量营养元素等，计算系统清除率，以便调整操作；②营养元素宜控制在C：N：P≈100：5：1，必要时应补充营养元素葡萄糖、尿素、磷酸盐等；③污泥中毒或负荷高，降解清除率降低，易导致出水水质变差，如COD、BOD升高；④曝气过头，易致污泥解絮，改变污泥性状，出水色度及浊度变差；⑤有机负荷过高，降解不充分，产生大量黏稠、不易破裂的泡沫，降低有机负荷不能消除泡沫时，应用消泡剂消泡；⑥氨基酸及抗生素发酵废水的好氧生化处理易产生泡沫，可喷淋水消泡。

3. 操作结束，应及时填写操作及运行记录，异常情况及其处置记录

4. 发酵工业废水生化处理系统特别注意事项

(1) 在低矮的沟渠池等受限空间作业如停车清理池中淤泥时，应防止中毒、窒息等事故

发生；须先进行空气置换，经检测，池中无有毒有害气体（如 H_2S、VOCs、CO_2 等）残留时，方可佩戴自给式空呼装置进行作业，作业现场应有专门的安全监管人员及照明、强力排风和鼓风设备、输氧设备、异常警示措施等应急措施，并设置受限作业空间作业警示牌。

（2）电气设备检维修时，须断电作业，悬挂"正在检（维）修、严禁合闸"警示标识，现场应有专人进行安全作业监管。

（3）系统应对主要水质指标设置警戒限、行动限及其应对处置措施。

（4）系统应设置超标排水报警系统。

（5）详细的废水处理工艺流程及说明应上墙公示。

（三）结束工作

1. 填好所有操作记录单、任务单、各种评价表。
2. 检查设备仪表是否洁净完好。
3. 清理工作场地与环境卫生。
4. 进行任务总结（小组讨论与汇报、组间互评、教师点评与总结）。

三、任务探究

怎样才能有效治理发酵工业废水？

任务二　废菌渣的处理

一、任务描述

某公司年产他克莫司 200kg，产生废菌渣近百吨，废菌渣除含有未提取完全的他克莫司［OEB（药物职业暴露分级）为 5 级］和其他成分复杂的有机化合物外，还含有少量发酵副产物子囊霉素，但因企业废菌渣量不大，子囊霉素回收量少，回收价值低，企业无开发回收提取他克莫司废菌渣中子囊霉素的必要，故其他克莫司发酵废菌渣交由有资质的第三方进行焚烧等无害化处理。

本次实训重点主要是通过到发酵生产企业的废菌渣处理岗位参观实习，培养学生能根据发酵工业废菌渣工况实际，制订有针对性的废菌渣处理方案和操作流程，掌握废菌渣处理操作要点及注意事项等。

二、任务实施

（一）准备工作

1. 建立工作小组，制订工作计划，确定具体任务，任务分工到个人，并记录到工作表。
2. 收集发酵工业废菌渣的实际工况，拟定废菌渣处理方案和操作流程、处理操作要点及注意事项。与指导教师共同制订任务实施方案等。
3. 完成任务实施前的各项准备工作。

(1) 材料准备　任务实施方案，企业发酵工业废菌渣的实际工况资料，所采用的废菌渣处理方案和流程，废菌渣收集、转运等标准操作程序（SOP）或工作手册等资料。

(2) 试剂　无。

(3) 仪器　无。

（二）操作过程

1. 操作

提取过滤结束，从滤器上卸下菌渣，装入双层薄膜袋；用扎带扎紧薄膜袋，密封；称重，计数；填写废菌渣环保专用标签（由环保部门定制）；在薄膜外带粘贴环保专用标签（不干胶型）；将密封扎紧的废菌渣放入带密封盖的坚固防渗漏容器中；密封，盖盖；在坚固外包装容器上粘贴环保专用标签（不干胶型）；联系环保部门，转运废菌渣至工厂废菌渣专用暂存场所；填写废菌渣场内转移单，一式两联，生产部门和环保部门各保留一联；废菌渣积累至一定量后，专车专人向第三方机构转运，填写废菌渣转运联单，一式三联，企业和第三方机构各保留一联，第三联交地方环保监管部门备案。

2. 处置完毕，应及时填写废菌渣处置记录及台账。

3. 注意事项

（1）含有高活性、剧毒、高致敏性和放射性化学物质的废弃物（含废菌渣）应使用专门的容器，密闭盛放、转移（运）、贮存。

（2）因菌渣未烘干，储存容器应坚固，防破损、渗漏。

（3）操作人员应按公司规定穿戴好防护服装，隔离操作。

（4）含有危险化学物质的废菌渣，未经特殊处理，一般按危险废弃物管理处置。

（5）废菌渣储存场所应有防雨、防晒、防渗漏、防盗等措施，外墙应按规定粘贴环保警示标识等。

（6）公司危险固体废物（含菌渣）的处置程序应上墙公示。

（三）结束工作

1. 填好所有操作记录单、任务单、各种评价表。
2. 检查设备仪表是否洁净完好。
3. 清理工作场地与环境卫生。
4. 进行任务总结（小组讨论与汇报、组间互评、教师点评与总结）。

三、任务探究

如何根据废菌渣工况实际，制订处理措施及操作流程或工作手册？

【项目拓展】

发酵工业的职业健康管理

20世纪90年代，一些跨国公司和大型的现代化企业基于"以人为本"的理念，结合工业安全，开始建立自律性的职业健康与安全的管理制度，并逐步发展形成了比较完善的管理体系。它与ISO 9000和ISO 14000等标准体系一并被称为"后工业化时代的管理方法"。

"公平竞争"是世界贸易组织（WTO）的最基本原则，其中包含环境和职业健康安全问题。我国于2001年12月11日加入WTO，自此，在国际贸易活动中，享有与其他成员国相同的待遇。职业健康安全问题也成了我国社会与经济发展的重大影响因素。因此，我国须积极主动推广职业健康安全管理体系，企业必须采用现代化的管理模式，使包括职业健康管理在内的所有生产经营活动科学化、规范化和法治化。

一、职业危害因素辨识与评估

企业必须建立完善的职业健康风险评估系统，识别出生产经营活动中的职业危害因素，进行风险评估并形成书面记录，采取控制措施将风险控制在可接受范围。每三年需对现有职业健康控制措施、历史的评价结果、检测、监测资料等进行再评价。

二、职业危害因素检测

企业需建立工作场所职业病危害因素监测评价制度，落实专人负责其日常监测，定期（每年至少一次）对工作场所进行职业病危害因素检测，检测结果须存入员工职业卫生档案，并告知员工和报告管理部门。

企业在开展职业危害因素检测时应选取承受最高暴露风险的员工，并按相关原则选取样本；应定点检测和个体采样以检测空气中的危害因子，取样时段应考虑短时容许浓度和加权容许浓度的数据获取；企业应据检测结果制订合适的检测周期，超限项目，至少每月检测一次。

三、原料药及其活性中间体职业暴露分级管理

企业应据药物或中间体的职业接触限值（OEL）采用药物职业暴露分级（OEB）管理制度。药物职业暴露分级（OEB）通常分五级：

OEB 1：$OEL \geqslant 1000 \mu g/m^3$；
OEB 2：$1000 \mu g/m^3 > OEL \geqslant 100 \mu g/m^3$；
OEB 3：$100 \mu g/m^3 > OEL \geqslant 10 \mu g/m^3$；
OEB 4：$10 \mu g/m^3 > OEL \geqslant 1 \mu g/m^3$；
OEB 5：$OEL < 1 \mu g/m^3$。

OEB 4~5 级的产品线，应采用全密闭设施设备，如隔离器、隔离服、手套箱、αβ 阀、袋进袋出等。

OEB 3 级的产品线，应尽可能采用密闭设施设备，如层流罩、带局部通风装置（LEV）的独立操作隔间、通风橱等。

OEB 1~2 级的产品线，应设置局部引风设施，如暴露点局部通风。

这些控制措施必须经验证后方可投运，验证常以乳糖为替代物进行模拟操作，采样检测，并开展风险评估，以确认控制措施的有效性。

建立员工呼吸防护用品选择、使用、维护保养的培训和职业健康监护等信息的档案；首次使用应做密封性测试，以后每年至少做一次，并做好记录。

四、职业卫生工程控制

对于职业健康评价等级为严重职业健康危害企业，应根据相关工业卫生设计指南，结合药品生产特点，在工程设计阶段，须做职业健康设施设备设计专篇。设计专篇通常需考虑：

（1）《药品生产质量管理规范》（GMP）有关人流、物流、更衣、生产、清洗、沐浴等方面的要求。

（2）降低有毒、有害物料的使用量，操作区应安装有效的通风或隔离装置。

（3）生产区应配置通风空调系统（HVAC），高毒/高活性产品室内空气经高效颗粒空气（HEPA）过滤器过滤灭活后排放。

（4）产尘工作区须设置直排通风系统及防尘装置，并经布袋收集除尘，使用封闭式系统转移物料。

（5）合理规划工艺路线，避免交叉污染带来的职业卫生隐患，特别是高活性药物，尤其注意人、物流通道暴露浓度的变化所带来的隐患及需要采取的洗消措施等。

（6）采用个人防护用品（PPE）控制职业危害的，宜分别设置出入口，出口应设置有洗消设施，更换的被污染的操作服和PPE应密闭收集和处理。

（7）清洁时，应使用带有HEPA过滤器的真空吸尘设备和湿抹布清理药物粉尘，严禁在干燥情况下清扫或用压缩空气进行吹扫。

五、劳动防护用品管理

劳动防护用品是从业人员为防护物理、化学、生物等因素伤害所需要的各种防护用品的总称，包括头盔、耳塞、面罩、护目镜、空气呼吸服、手套、隔离服、劳保鞋、防坠网等。

企业针对生产经营活动中存在的实际危害，应优先单独或组合配置劳动保护措施，如消除、替代、隔离、工程控制和管理措施等，将劳动防护用品作为人员防护的最后一道防线，并建立管理程序，对劳动防护用品的评估、选择、采购、保管、发放、使用、维护、更换等工作进行管理。

六、噪声和听力管理

企业应建立噪声和听力管理程序，指定人员负责，并开展符合性检查；作业人员须接受培训并定期复训。

七、其他

（一）高温管理

高温作业是指有高气温或有强烈的热辐射或伴有高湿气（相对湿度≥80%RH）相结合的异常作业条件、湿球黑球温度指数（WBGT）超过规定限值的作业。企业应当进行日常高温监测，并对高温危害进行检测与评价，通过合理安排作业时间、轮换作业、适当增加高温作业人员休息时间和减轻劳动强度等措施来降低高温危害。

（二）放射卫生管理

企业应建立、健全射线装置相关管理制度，规范放射源装置的使用。辐射设备及作业应取得相关安全许可证，作业人员持证上岗。现场需张贴"当心电离辐射"等警示标识，设置安全连锁、屏蔽装置等。作业人员须佩戴个人剂量计，定期体检和保健休假等。

八、职业健康监护

职业健康监护主要包括职业健康检查和职业健康监护档案管理等内容。职业健康检查包括岗前、在岗期间、离岗时的健康检查和离岗后医学随访以及应急健康检查。

> **榜样力量**
>
> 　　陈薇，中国工程院院士，"人民英雄"国家荣誉称号获得者。她历经阻击"非典"、汶川救灾、奥运安保、"援非抗埃"等重大任务，主持建成创新体系和转化基地，成功研发出首个军队病毒防治生物新药、战略储备重组疫苗、阻击"非典"药物——重组人干扰素ω和全球首个新基因型埃博拉疫苗等。
>
> 　　陈薇院士曾带领科研人员开展病原学、免疫学、空气动力学等研究，快速建立了"核酸检测—抗体筛查—多重病原检测"的鉴定链条，精准诊断临床患者感染类型，有效提高了临床诊断准确率和治愈率。
>
> 　　"中国的疫苗，必须由中国自主研发。"陈薇率领团队与北京后方科研基地协同作战，集中力量展开疫苗研制应急攻关。历经340余天的磨炼，陈薇院士领衔研制的腺病毒载体疫苗即获得国家药品监督管理局附条件紧急批准上市。该疫苗在优先保障国内的前提下，还供应给巴基斯坦、墨西哥等多个国家紧急使用。
>
> 　　前行，不负使命；创新，从未停歇。面对未来生物安全领域的风险挑战，陈薇院士正带领团队不断攀登新的高峰。

【项目总结】

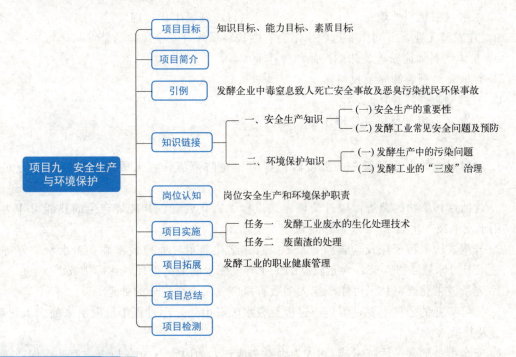

【项目检测】

一、单项选择题

1. 下列不属于发酵工业常见安全风险的是（　　）。

A. 中毒　　　　　　B. 燃烧　　　　　　C. 恶臭　　　　　　D. 爆炸

2. 发酵工业中急剧改变温度及压力的操作，常带来（　　）安全风险。

A. 腐蚀　　　　　　B. 爆炸　　　　　　C. 中毒　　　　　　D. 摔伤

3. 下列不属于废气及恶臭治理方法的是（　　）。

A. 芬顿氧化　　　　B. 生物法　　　　　C. 等离子降解法　　D. 光微波催化法

4. 下列属于发酵工业废水常用的厌氧生化处理方法（或装置）的是（　　）。

A. 序批式活性污泥法（SBR）　　　　　B. 周期循环活性污泥法（CASS）
C. 推流式活性污泥法　　　　　　　　　D. 上流式污泥床过滤器（UBF）

5. 可用于发酵工业废水最终治理的处理技术是（　　）。

A. 电解处理　　　　　　　　　　　　　B. 厌氧生化处理
C. 水解（酸化）处理　　　　　　　　　D. 好氧生化处理

6. 不可用于发酵工业废弃菌渣处理的技术是（　　）。

A. 燃烧　　　　　　B. 直接填埋　　　　C. 做成肥料　　　　D. 做成饲料

7. 发酵工业特有的安全风险是（　　）。

A. 爆炸　　　　　　B. 二氧化硫中毒　　C. 感染致病菌　　　D. 燃烧

8. 一般不作为发酵工业含重金属离子废水的预处理技术是（　　）。

A. 电解法　　　　　B. 物理絮凝沉淀法　C. 化学絮凝沉淀法　D. 浓缩蒸馏法

9. 可不经预处理直接作为高含盐青霉素发酵工艺废水处理技术的是（　　）。

A. 焚烧　　　　　　　　　　　　　　　B. 厌氧生化处理
C. 水解（酸化）处理　　　　　　　　　D. 好氧生化处理

10. 在发酵工业，下列作业过程中不会有燃烧、爆炸等安全风险的是（　　）。

A. 粉体物料如淀粉等装卸或产品粉碎作业
B. 提取用溶剂装卸料及投料作业
C. 发酵罐曝气搅拌作业
D. 发酵工业废气及恶臭处理作业

二、判断题

1. 发酵工业的作业场所一般温度较低，应注意防范冻伤，无烫伤或高温烧伤等安全风险。（　　）

2. 含活性污染物的菌渣可通过焚烧方式进行无害化处置，其焚烧产生的热能可作为能源，用于发电或产生热水（或蒸汽），供生产生活用。（　　）

3. 升流式厌氧污泥床反应器（UASB）因其结构简单、处理效率高、出水水质好等特点，适用于固体悬浮物（SS）含量较高的工业有机废水的最终处理，达标排放。（　　）

4. 光微波催化除臭技术可用于绝大多数有机废气及恶臭气体的处理。（　　）

5. 发酵工业的恶臭主要是因生产过程及废水厌氧生化处理过程中散发出来的二氧化碳、硫化氢及其他 VOCs。（　　）

6. 安全事故通常是因技术或/和人为因素造成，人为因素占 80% 以上，有些错误或事故甚至是操作者故意违规所致。（　　）

7. 发酵工业的仓库、发酵车间、污水处理站等受限作业空间易产生二氧化碳、硫化氢等气体的高浓度聚集，存在中毒或窒息等安全风险，且事故发生后不易被发现，施救困难。（　　）

三、填空题

1. 企业的职业健康与安全管理方针是企业职业健康与安全行为的总的_____和_____，是企业最高管理者对_____的总承诺。

2. 发酵工业作业环境温度较低，蒸汽和水用量大，作业场所湿度大；酸碱用量大，设施设备锈蚀严重，存在因_____引发的腐蚀或燃烧等安全风险；电气设备多，运行噪声大；泵、鼓风机等电气设备移动性大，在潮湿、污染较严重的作业场所，存在_____、漏电、短路、_____等安全风险。

3. 发酵工业中，菌种选育、冷冻保存、菌种复壮、接种等环节，其生产场所较封闭，环境条件要求较高，既要避免_____，又要防范微生物对人员的危害，存在_____风险。

4. 高致敏性品种需要使用_____车间或厂房来进行生产，其生产设施设备应_____。

5. 发酵工业具有化工工业的一般特征，除有生物安全风险外，_____、挤压、触电、_____、中毒或窒息、_____、_____等是其主要的安全风险。

6. 发酵工业生产的基本要素为人、机、料、法、环等，发生安全事故往往是由_____、不稳定的机器或/和物料、错误或不恰当的安全生产技术规范、_____，以及_____等因素所引起。

7. 通常发酵工业废水在进入污水处理系统前，应根据废水成分_____、_____。

8. 固废治理应遵循"_____、_____、_____、_____"的原则。

9. 发酵工业生产车间优选_____、_____、_____等工艺回收有机溶剂废气，不能回收的用_____、_____等方式处理。

四、工艺路线题

绘制发酵工业废水治理的工艺流程。

模块二
>>> 综合实训 <<<

实训一　青霉素的发酵生产

一、任务目标

1. 了解青霉素的理化性质和结构。
2. 掌握微生物发酵制备青霉素的基本原理、方法和基本操作技能。

二、任务实施前准备

（一）查找资料，了解青霉素基础知识

青霉素（benzylpenicillin，penicillin）又称盘尼西林、配尼西林，包括青霉素 G、青霉素钠、苄青霉素钠、青霉素钾、苄青霉素钾。青霉素是一种抗生素，分子中含有青霉烷，是从青霉菌培养液中提取的、能破坏细菌的细胞壁并在细菌细胞的繁殖期起杀菌作用的一类抗生素。青霉素类抗生素是 β-内酰胺类中一大类抗生素的总称。最初的青霉素生产菌是野生型青霉菌，生产能力只有几十个单位，不能满足工业需要。随后找到了适合于深层培养的橄榄形青霉菌，即产黄青霉，生产能力为 100U/mL。经过 X 射线、紫外线诱变，生产能力达到 1000～1500U/mL。随后经过诱变，得到不产生色素的变种，目前生产能力可达 66000～70000U/mL。

青霉素生产多数采用绿色丝状菌，形成绿色孢子和黄色孢子的两种产黄青霉菌株，深层培养中菌丝形态为球状和丝状两种，我国生产上采用的是丝状。菌落平坦或皱褶，圆形，边沿整齐或锯齿或扇形。气生菌丝形成大小梗，上生分生孢子，排列呈链状，似毛笔，称为青霉穗。孢子黄绿色至棕灰色，圆形或圆柱形。产黄青霉菌的生长分为三个代谢阶段，这三个阶段又细分为 7 个不同的时期：第一阶段，菌丝生长繁殖期，这个时期培养基中糖及含氮物质被迅速吸收，丝状菌孢子发芽长出菌丝，菌丝浓度增加很快，此时青霉素分泌量很少。第 1 期：分生孢子萌发，形成芽管，原生质未分化，具有小泡，分支旺盛。第 2 期：菌丝繁殖，原生质体具有嗜碱性，类脂肪小颗粒。第 3 期：形成脂肪包含体，积累储藏物，没有空泡，嗜碱性很强。第二阶段，青霉素分泌期，这个时期菌丝生长趋势减弱，间隙添加葡萄糖作为碳源和花生饼粉，尿素作为氮源，并加入前体，此期间丝状菌要求 pH 6.2～6.4，青霉素分泌旺盛。第 4 期：脂肪包含体形成小滴并减少，形成中小空泡，原生质体嗜碱性减弱，开始产生抗生素。第 5 期：形成大空泡，有中性染色大颗粒，菌丝呈桶状，脂肪包含体消失，青霉素产量最高。第三阶段，菌丝自溶期，此时丝状菌的大型空泡增加并逐渐扩大自溶。第6期：出现个别自溶细胞，细胞内无颗粒，仍然呈桶状，释放游离氨，pH上升。第7期：菌丝完全自溶，仅有空细胞壁。按显微镜检查菌丝形态变化或根据发酵过程中生化曲线测定进行补糖，这样既可以调节pH，又可以提高和延长青霉素发酵单位。除补糖外，氮源的补加也可以提高发酵单位，控制发酵。1～3期为菌丝生长期，3期的菌体适宜作为种子。4～5期为生产期，生产能力最强，通过工程措施延长此期，以获得高产。在第6期到来之前结束发酵。

青霉素问世以来，临床上主要用于控制敏感金黄色葡萄球菌、链球菌、肺炎双球菌、淋球菌、脑膜炎双球菌、螺旋体等引起的感染，对大多数革兰氏阳性菌（如金黄色葡萄球菌）和某些革兰氏阴性菌及螺旋体有抗菌作用。

（二）确定生产技术、生产原料和工艺路线

1. 确定生产技术：微生物发酵技术。
2. 确定生产原料：产黄青霉。
3. 确定青霉素的发酵生产工艺流程，如图2-1-1所示。

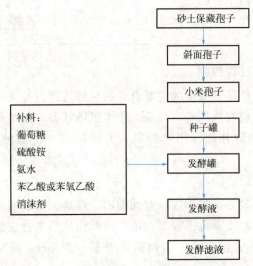

图 2-1-1　青霉素的发酵生产工艺流程

（三）器材与试剂

1. 器材：试管、烧杯、冰箱、高压灭菌锅、恒温培养箱、离心机、小型发酵罐等。
2. 试剂：产黄青霉、甘油、葡萄糖、蛋白胨、铵盐、$CaCO_3$、苯乙酸、天然油脂（如玉米油）、化学消泡剂等。

三、任务实施

（一）菌种培养

1. 生产孢子的制备

接种过程

将砂土保藏的孢子用甘油、葡萄糖、蛋白胨组成的培养基进行斜面培养，经传代活化。最适生长温度在25～26℃，培养6～8d，得单菌落，再转斜面，培养7～9d，得斜面孢子。

移植到优质小米（或大米）固体培养基上，25℃生长6～7d，制得小米孢子。

2. 种子罐和发酵罐培养工艺

青霉素大规模生产时采用三级发酵。一级发酵通常在小罐中进行，将生产孢子按一定接种量移入种子罐内，25℃培养40～45h，菌丝浓度达40%（体积分数）以上，菌丝形态正常，即移入繁殖罐内，此阶段主要是让孢子萌芽形成菌丝，制备大量种子供发酵用。二级发酵主要是在一级发酵的基础上使青霉菌菌丝体继续大量繁殖，通常在25℃培养13～15h，菌丝浓度达40%以上，残糖在1.0%左右，无菌检查合格便可作为种子，按30%接种量移入发酵罐，此时的发酵为三级发酵，除继续大量繁殖菌丝外主要是生产青霉素。产黄青霉菌发酵条件见表2-1-1。

表 2-1-1 产黄青霉菌发酵条件

发酵级别	主要培养条件	通气量/[L/(L·min)]	搅拌速度/(r/min)	培养时间/h	pH	培养温度/℃
一级	葡萄糖、乳糖、玉米浆等	0.333	300～350	40～50	自然pH	25±1
二级	玉米浆、葡萄糖	0.667～1	250～280	13～15	自然pH	25±1
三级	花生饼粉、葡萄糖、尿素、硝酸铵、硫代硫酸钠、苯乙酸铵、CaCO$_3$	0.556～1.429	150～200	按青霉素产生趋势决定停止发酵	前60h左右6.7～7.2，以后6.7	前60h左右26，以后24

（二）青霉素的发酵过程控制

在青霉素的生产中，让培养基中的主要营养物只够维持青霉菌在前40h生长，而在40h后，靠低速连续补加葡萄糖和氮源等，使菌处于半饥饿状态，延长青霉素的合成期，可大大提高产量。所需营养物限量补加常用来控制营养缺陷型突变菌种，使代谢产物积累到最大量。

1. 培养基

青霉素发酵中采用补料分批操作法，对葡萄糖、铵盐、苯乙酸进行缓慢流加，维持一定的最适浓度。葡萄糖流加时波动范围较窄，浓度过低使抗生素合成速率减小或停止，过高则导致呼吸活性下降，甚至引起自溶。葡萄糖浓度是根据pH、溶解氧或CO_2释放率予以调节。

(1) 碳源的选择 生产菌能利用多种碳源，如乳糖、蔗糖、葡萄糖、阿拉伯糖、甘露糖、淀粉和天然油脂。葡萄糖、乳糖结合能力强，而且随时间延长而增加，所以通常采用葡萄糖和乳糖。可根据形态变化滴加葡萄糖。

(2) 氮源 玉米浆是最好的氮源，含有多种氨基酸及其前体苯乙酸和衍生物。玉米浆质量不稳定，可用花生饼粉或棉籽饼粉取代。可补加无机氮源。

(3) 无机盐 需要硫、磷、镁、钾等。铁有毒，控制浓度在30μg/mL以下。

(4) 流加控制 补糖：根据残糖、pH、尾气中CO_2和O_2含量控制。残糖在0.6%左右，pH开始升高时加糖。补氮：流加硫酸铵、氨水、尿素，控制氨基氮浓度在0.05%。添加前体：在合成阶段，苯乙酸及其衍生物、苯乙酰胺、苯乙胺、苯乙酰甘氨酸等均可为青霉素侧链的前体，直接掺入青霉素分子中，也具有刺激青霉素合成的作用，但浓度大于0.19%时对细胞和合成有毒性，还能被细胞氧化。措施是流加低浓度前体，一次加入量低于0.1%，保持供应速率略大于生物合成的需要。

2. 温度

生长适宜温度为30℃，分泌青霉素温度为20℃。20℃下青霉素破坏少，周期很长。生产中采用变温控制，不同阶段采用不同温度。前期控制在25～26℃，后期降温到23℃。过高则会降低发酵产率，增加葡萄糖的维持消耗量，降低葡萄糖至青霉素的转化得率。有的发酵过程在菌丝生长阶段采用较高的温度，以缩短生长时间，生产阶段适当降低温度，以利于青霉素合成。

3. pH

青霉素合成的适宜pH为6.4～6.6，避免超过7.0，因为青霉素在碱性条件下不稳定，易水解。缓冲能力弱的培养基中，pH降低，则意味着加糖率过高而造成酸性中间产物积累；pH上升，说明加糖率过低，不足以中和蛋白质产生的氨或其他生理碱性物质。前期pH控制在5.7～6.3，中后期pH控制在6.3～6.6，通过补加氨水进行调节。pH较低时，加入$CaCO_3$、通氨调节或提高通气量。pH上升时，加糖或天然油脂。一般直接加酸或碱自动控制，流加葡萄糖控制。

4. 溶解氧

溶解氧低于30%饱和度时，产率急剧下降，低于10%饱和度时，则造成不可逆的损害。所以溶解氧浓度不能低于30%饱和度。通气量（指每分钟通气体积与料液体积的比值）一般为1.25L/(L·min)。溶解氧过高，菌丝生长不良或加糖率过低，呼吸强度下降，影响生产能力的发挥。维持适宜搅拌速度，保证气液混合，提高溶解氧，根据各阶段的生长和耗氧量不同，调整搅拌转速。

5. 菌丝生长速率与形态、浓度

对于每个有固定通气和搅拌条件的发酵罐内进行的特定好氧过程，都有一个使氧传递速率（OTR）和氧消耗速率（OUR）在某一溶解氧水平上达到平衡的临界菌丝浓度，超过此浓度，OUR>OTR，溶解氧水平下降，发酵产率下降。在发酵稳定期，湿菌可达15%～20%，丝状菌干重约为3%，球状菌干重在5%左右。

6. 消泡

发酵过程泡沫较多，需补入消泡剂，包括天然油脂（如玉米油）、化学消泡剂。少量多次。前期不宜多加入，以免影响呼吸代谢。

（三）青霉素的提取工艺过程

青霉素不稳定，发酵液预处理、提取和精制过程要条件温和、快速，防止降解，提取工艺流程如图2-1-2所示。从发酵液中提取青霉素，早期曾使用过活性炭吸附法，目前多采用溶剂萃取法。由于青霉素性质不稳定，整个提取过程应在低温、快速、严格控制pH条件下进行，注意对设备清洗消毒时减少污染，尽量避免或减少青霉素效价的破坏损失。

1. 预处理

发酵液在萃取之前需预处理。发酵液加少量絮凝剂沉淀蛋白质，然后经转鼓真空过滤或板框过滤，除掉菌丝体及部分蛋白质。青霉素易降解，发酵液及滤液应冷至10℃以下，过滤收率一般在90%左右。

2. 过滤

菌丝体粗长（10μm），采用转鼓真空过滤机过滤，滤渣形成紧密饼状，容易从滤布上刮

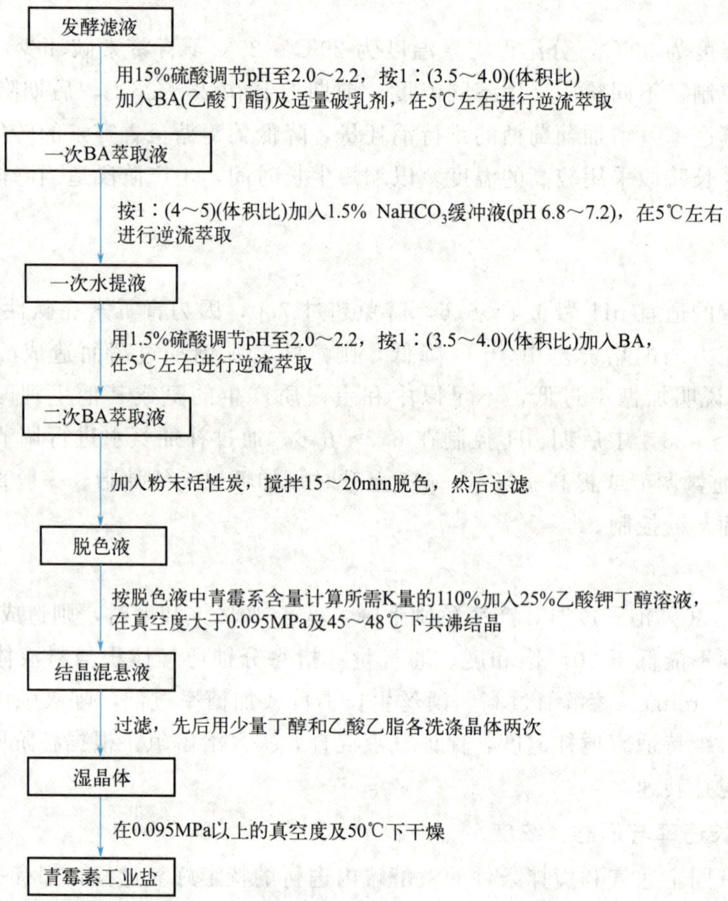

```
┌─────────────┐
│  发酵滤液    │
└──────┬──────┘
       │ 用15%硫酸调节pH至2.0~2.2，按1:(3.5~4.0)(体积比)
       │ 加入BA(乙酸丁酯)及适量破乳剂，在5℃左右进行逆流萃取
┌──────┴──────┐
│ 一次BA萃取液 │
└──────┬──────┘
       │ 按1:(4~5)(体积比)加入1.5% NaHCO₃缓冲液(pH 6.8~7.2)，在5℃左右
       │ 进行逆流萃取
┌──────┴──────┐
│  一次水提液  │
└──────┬──────┘
       │ 用1.5%硫酸调节pH至2.0~2.2，按1:(3.5~4.0)(体积比)加入BA，
       │ 在5℃左右进行逆流萃取
┌──────┴──────┐
│ 二次BA萃取液 │
└──────┬──────┘
       │ 加入粉末活性炭，搅拌15~20min脱色，然后过滤
┌──────┴──────┐
│   脱色液     │
└──────┬──────┘
       │ 按脱色液中青霉系含量计算所需K量的110%加入25%乙酸钾丁醇溶液，
       │ 在真空度大于0.095MPa及45~48℃下共沸结晶
┌──────┴──────┐
│  结晶混悬液  │
└──────┬──────┘
       │ 过滤，先后用少量丁醇和乙酸乙脂各洗涤晶体两次
┌──────┴──────┐
│   湿晶体     │
└──────┬──────┘
       │ 在0.095MPa以上的真空度及50℃下干燥
┌──────┴──────┐
│ 青霉素工业盐 │
└─────────────┘
```

图 2-1-2　青霉素的提取工艺流程

下。滤液 pH 至 6.2~7.2，蛋白质含量为 0.05%~0.2%。需要进一步除去蛋白质。

3. 萃取

(1) 一次 BA（乙酸丁酯）萃取　用 1.5% 硫酸调节 pH 至 2.0~2.2，按 1:(3.5~4.0)（体积比）加入 BA 及适量破乳剂，在 5℃ 左右进行逆流萃取。

(2) 一次水提取　按 1:(4~5)（体积比）加入 1.5% NaHCO₃ 缓冲液（pH 6.8~7.2），5℃ 左右进行逆流萃取。

(3) 二次 BA 萃取　用 1.5% 硫酸调节 pH 至 2.0~2.2，按 1:(3.5~4.0)（体积比）加入 BA 及适量破乳剂，在 5℃ 左右进行逆流萃取。

4. 脱色

每升萃取液中加入 150~250g 活性炭，搅拌 15~20min，过滤。

5. 结晶

加 25% 乙酸钾丁醇溶液，真空度大于 0.095MPa、温度为 45~48℃，共沸蒸馏结晶，得到青霉素钾盐，水和丁醇形成共沸物而蒸出，盐结晶析出。晶体经过洗涤、干燥后，得到青霉素产品。

（四）结束工作

1. 填好所有操作记录单、任务单、各种评价表。

2. 检查设备仪表是否洁净完好。

3. 清理工作场地与环境卫生。

4. 进行任务总结（小组讨论与汇报、组间互评、教师点评与总结）。

四、任务探究

1. 探讨青霉素发酵工艺的优化。

2. 本实训采用补料分批操作法制备青霉素的优点有哪些？

实训二 链霉素的发酵生产

一、任务目标

1. 了解链霉素类抗生素发酵生产的一般过程。
2. 掌握链霉素类抗生素药物的检验过程。

二、任务实施前准备

(一) 查找资料，了解链霉素基础知识

1944年Waksman发现的来自链霉菌的链霉素（streptomycin）是第一种氨基糖苷类抗生素。此后，从土壤微生物中陆续筛选出很多氨基糖苷类抗生素。据不完全统计，已发现的这类天然抗生素已达百种以上。将它们按分子结构可分为三种，即链霉胺（streptamine）衍生物组、2-去氧链霉胺（2-deoxystreptamine）衍生物组和其他氨基环醇衍生物组。临床上较常用的包括链霉素、卡那霉素、庆大霉素、新霉素等。

链霉素游离碱为白色粉末，其盐多为白色或微带黄色粉末或结晶，无臭，微苦，有吸湿性，易潮解。链霉素是一种高极性并有很强亲水性的有机碱，整个分子成为一个三价盐基强碱。链霉素在水溶液中随pH不同而以四种形式存在，当pH很高时，成游离碱的形式，当pH降低时可逐渐解离成一价正离子、二价正离子，在中性及酸性溶液中就成为三价正离子。其盐以三价正离子形式存在于溶液中。链霉素易溶于水，难溶于有机溶剂。干燥的链霉素相当稳定，其水溶液随温度升高失活加剧，pH在1～10时较稳定。链霉素可通过氢化反应直接还原成双氢链霉素，被溴水氧化生成链霉素酸。

(二) 确定生产技术、生产原料和工艺路线

1. 确定生产技术：微生物发酵制药技术。
2. 确定生产原料：灰色链霉菌。
3. 确定链霉素的生产工艺流程，如图2-2-1所示。

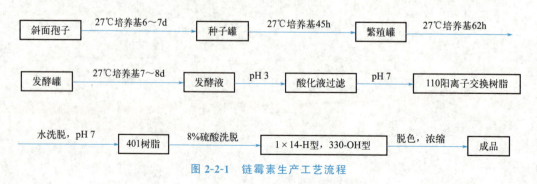

图2-2-1 链霉素生产工艺流程

(三) 器材与试剂

1. 器材：试管、烧杯、冰箱、高压灭菌锅、恒温培养箱、离心机、小型发酵罐等。

2. 试剂：灰色链霉菌、酵母膏、$MgSO_4 \cdot 7H_2O$、磷酸氢二钾、葡萄糖、琼脂黄豆饼粉等。

三、任务实施

（一）菌种培养

1. 生物学特性

链霉素生产菌是灰色链霉菌，目前生产上常用的菌株生长在琼脂孢子斜面上，气生菌丝和孢子都呈白色，菌落丰满，梅花形或馒头形隆起，组织细致，不易脱落，直径3~4mm，基质菌丝透明，斜面背后产生淡棕色色素。菌株退化后菌落为光秃型，很少产生或不产生气生菌丝。生产上，为了防止菌株变异，通常采取以下措施：

（1）菌种用冷冻干燥法或砂土管法保存，并严格限制有效使用期。

（2）生产用菌种或斜面都保存于低温（0~4℃）冷冻库内，并限制其使用期限。

（3）严格控制生产菌落在琼脂斜面上的传代次数，一般以3次为限，并采用新鲜斜面。

（4）定期进行纯化筛选，淘汰低单位的退化菌落。

（5）不断选育出高单位的新菌种。

2. 斜面培养基和培养条件

培养基成分为酵母膏2%、$MgSO_4 \cdot 7H_2O$ 0.05%、磷酸氢二钾0.05%、葡萄糖1%、琼脂1.5%~2.5%，pH为7.8，培养温度为30℃，培养7d。

3. 生产孢子的制备

由砂土管接种于斜面培养基上，培养基主要含葡萄糖、蛋白胨和豌豆浸汁，接种后于27℃下培养6~7d，要求长成的菌落为白色丰满的梅花形或馒头形，背面为淡棕色色素，排除各种杂型菌落，经过两次传代，可以达到纯化的目的，排除变异的菌株。

（二）链霉素的发酵工艺过程

链霉素的发酵生产工艺采用沉没培养法，在通气搅拌下，菌种在适宜的培养基内经过2~3次的种子扩大培养，进行发酵生产。其过程包括斜面孢子培养、摇瓶种子培养、种子罐培养和发酵培养等，培养温度为26.5~28℃，发酵过程中进行代谢控制和中间补料。

1. 种子罐和发酵罐培养工艺

斜面孢子还要经摇瓶培养后再接种到种子罐。种子摇瓶可以直接接种到种子罐，也可以扩大摇瓶培养一次，用子瓶来接种。培养基成分为黄豆饼粉、葡萄糖、硫酸铵、碳酸钙等，摇瓶种子质量以发酵单位、菌丝阶段、菌丝黏度或浓度、糖氮代谢、种子液色泽和无菌检查为指标。

待斜面长满孢子后，制成悬液接入装有培养基的摇瓶中，于27℃下培养45~48h；菌丝生长旺盛后，取若干个摇瓶，合并其中的培养液，将其接种于种子罐内已灭菌的培养基中，通入无菌空气搅拌，在27℃罐温下培养62~63h，然后接入发酵罐内已灭菌的培养基中，通入无菌空气，搅拌培养，罐温为27℃，发酵7~8d。

种子罐扩大培养用以扩大种子量，可为2~3级，取决于发酵罐的体积和接种数量。2~3级种子罐的接种量约为10%，最后接种到发酵罐的接种量要求大一些，约为20%，以使前期菌丝迅速长好，从而稳定发酵。在种子罐培养过程中必须严格控制罐温、通气、搅拌、菌丝生长和消泡情况，防止闷罐或倒罐以保证种子正常供应。

2. 发酵过程控制

发酵培养是链霉素生物合成的最后一步，灰色链霉菌发酵培养基主要由葡萄糖、黄豆饼粉、硫酸铵、玉米浆、磷酸盐和碳酸钙等组成。灰色链霉菌对温度敏感，其较合适的培养温度为26.5~28℃，超过29℃培养过久，则发酵单位下降。适合于菌丝生长的pH为6.5~7.0，适合于链霉素合成的pH为6.8~7.3，pH低于6.0或高于7.5，都对链霉素的生物合成不利。

灰色链霉菌是一种高度需氧菌，且其利用葡萄糖的主要代谢途径是酵解途径及单磷酸己糖途径，葡萄糖的代谢速率受氧传递速率和磷酸盐浓度的调节，高浓度的磷酸盐可加速葡萄糖的利用，合成大量菌丝并抑制链霉素的生物合成，通气受限制时也会增加葡萄糖的降解速率，造成乳酸和丙酮酸在培养基内的积累，因此链霉素发酵需要在高氧传递水平和适当低无机磷酸盐浓度的条件下进行。链霉菌的临界氧浓度约为 10^{-3} mol/mL，溶氧在此值以上，则细胞的摄氧率达最大限度，也能保证有较高的发酵单位。

为了延长发酵周期，提高产量，链霉素发酵采用中间补料，通常补加葡萄糖、硫酸铵和氨水，其中补糖次数和补糖量根据耗糖速率而定，而硫酸铵和氨水的补加量以培养基的pH和氨基氮的含量高低为准。

（三）链霉素的提取工艺过程

目前国内外多采用离子交换法提取链霉素。其提取程序包括发酵液的过滤及预处理、吸附和洗脱、精制及干燥等。发酵终了时，链霉菌所产生的链霉素有一部分是与菌丝体相结合的。用酸、碱或盐短时间处理以后，与菌丝体相结合的大部分链霉素就能释放出来，工业上常用草酸或磷酸等酸化处理。

链霉素在中性溶液中是三价的阳离子，可用阳离子交换树脂吸附，生产上一般用羧酸树脂（钠型）来提取链霉素，国外广泛采用一种大网格羧酸阳离子交换树脂。将待洗脱的罐先用软水彻底洗涤，然后进行洗脱。为了提高洗脱液的浓度，可采用三罐串联解吸，并控制好解吸的速度。

洗脱液中通常含有一些无机和有机杂质，这些杂质对产品的质量影响很大，特别是与链霉素理化性质近似的一些有机阳离子杂质毒性较大，可以通过高交链度的氢型磺酸阳离子交换树脂将它们除去。酸性精制液用羟基阴离子交换树脂中和除酸，最后得到纯度高、杂质少的链霉素精制液。精制液中仍有残余色素、热原、蛋白质、Fe^{3+}等，还要进一步用活性炭脱色，脱色后以$Ba(OH)_2$或$Ca(OH)_2$调pH至4.0~4.5（此pH范围内链霉素较稳定），过滤后进行薄膜蒸发浓缩。浓缩温度一般控制在35℃以下，浓缩液浓度应达到每毫升33万~36万单位，以适应喷雾干燥的要求。所得浓缩液中仍会含有色素、热原及蒸发过程中产生的其他杂质，因此，需进行第二次脱色，以改善成品色级和稳定性。成品浓缩液中，加入枸橼酸钠、亚硫酸钠等稳定剂，经无菌过滤，即得水针剂。如欲制成粉针剂，将水针剂浓缩经无菌过滤干燥后，即可制得成品。

（四）结束工作

1. 填好所有操作记录单、任务单、各种评价表。
2. 检查设备仪表是否洁净完好。

3. 清理工作场地与环境卫生。
4. 进行任务总结(小组讨论与汇报、组间互评、教师点评与总结)。

四、任务探究

1. 探讨链霉素发酵工艺的优化。
2. 本实训采用补料分批操作法制备链霉素的优点有哪些?

实训三　赖氨酸的发酵生产

一、任务目标

1. 了解赖氨酸的理化性质和结构。
2. 掌握微生物发酵制备赖氨酸的基本原理、方法和基本操作技能。

二、任务实施前准备

（一）查找资料，了解赖氨酸基础知识

赖氨酸学名2,6-二氨基己酸，分子式为$C_6H_{14}N_2O_2$，是蛋白质中唯一带有侧链伯氨基的氨基酸。L-赖氨酸是组成蛋白质的常见20种氨基酸中的一种碱性氨基酸，是哺乳动物的必需氨基酸和生酮氨基酸。在蛋白质中的赖氨酸可以被修饰为多种形式的衍生物。它是人体必需氨基酸之一，能促进人体发育、增强免疫功能，并有提高中枢神经组织功能的作用。由于谷物食品中的赖氨酸含量甚低，且在加工过程中易被破坏而缺乏，故称为第一限制性氨基酸。它必须通过日常饮食和营养补品获得。生活中赖氨酸缺乏症是比较常见的。通常情况下吃素的人发生率较高，一些运动员如果没有采取适当的饮食也会出现赖氨酸缺乏的问题。蛋白质摄入量低（如豆类植物、豌豆、小扁豆等）也可能导致赖氨酸摄入量低。

（二）确定生产技术、生产原料和工艺路线

1. 确定生产技术：微生物发酵技术。
2. 确定生产原料：北京棒杆菌AS1.563或钝齿棒杆菌Pl-3-2。
3. 确定赖氨酸的生产工艺流程，如图2-3-1所示。

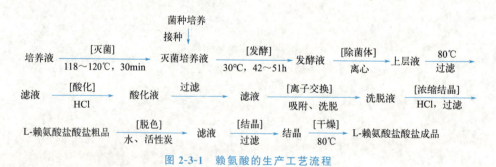

图2-3-1　赖氨酸的生产工艺流程

（三）器材与试剂

1. 器材：试管、烧杯、摇瓶、冰箱、高压灭菌锅、恒温培养箱、离心机、铵型732离子交换柱、干燥箱、小型发酵罐等。
2. 试剂：北京棒杆菌AS1.563或钝齿棒杆菌Pl-3-2、牛肉膏、蛋白胨、葡萄糖、琼脂、

K_2HPO_4、玉米浆、豆饼水解液、$MgSO_4 \cdot 7H_2O$、尿素等。

三、任务实施

（一）菌种培养

1. 菌种培养

摇床培养（企业）

菌种为北京棒杆菌 ASI.563 或钝齿棒杆菌 Pl-3-2。菌种产酸水平为 7～8g/L，转化率 25%～35%，较国外低。

2. 菌种扩大培养

根据接种量及发酵罐规模采用二级或三级种子培养。

(1) **斜面种子培养基**　牛肉膏 10%，蛋白胨 1%，NaCl 0.5%，葡萄糖 0.5%（保藏斜面不加），琼脂 2%，pH 7.0～7.2，经 0.1MPa、30min 灭菌，在 30℃ 保温 24h，检查无菌，放冰箱备用。

(2) **一级种子培养基**　葡萄糖 2.0%，$(NH_4)_2SO_4$ 0.4%，K_2HPO_4 0.1%，玉米浆 1%～2%，豆饼水解液 1%～2%，$MgSO_4 \cdot 7H_2O$ 0.04%～0.05%，尿素 0.1%，pH 7.0～7.2，经 0.1MPa 灭菌 15min，接种量约为 5%～10%。

(3) **培养条件**　在 1000mL 的三角瓶中装 200mL 一级种子培养基，高压灭菌，冷却后接种，在 30～32℃ 振荡培养 15～16h，转速 100～120r/min。

(4) **二级种子培养基**　除以淀粉水解糖代替葡萄糖外，其余成分与一级种子相同。

(5) **培养条件**　温度 30～32℃，通风比 1∶0.2 $m^3/(m^3 \cdot min)$，搅拌转速 200r/min，培养时间 8～11h。

根据发酵规模，必要时可采用三级培养，其培养基和培养条件基本上与二级种子相同。

(6) **发酵工艺控制要点**　发酵过程分为两个阶段，发酵前期（0～12h）为菌体生长期，主要是菌体生长繁殖，很少产酸。当菌体生长一定时间后，转入产酸期，要根据两个阶段进行不同的工艺控制。

（二）赖氨酸的发酵过程控制

1. 发酵培养基组成

不同菌种，发酵培养基的组成不完全相同，如棒杆菌 1563 [糖蜜 10%，玉米浆 0.6%，豆饼水解液 0.5%，$(NH_4)_2SO_4$ 2.0%，$CaCO_3$ 1%，K_2HPO_4 0.1%，$MgSO_4$ 0.05%，铁 20mg，锰 20mg，pH 7.2。发酵时间 60h，产 L-赖氨酸盐酸盐 26mg/mL]。

2. 发酵控制工艺要点

(1) **温度**　在发酵前期，提高温度，控制在 32℃，中后期 30℃。

(2) **pH**　最适 pH 为 6.5～7.0，范围在 6.5～7.5。在整个发酵过程中应尽量保持 pH 值平稳。

(3) **种龄和接种量**　一般在采用二级种子扩大培养时，接种量较少，约 2%，种龄为 8～12h。当采用三级种子扩大培养，接种量较大，约 10%，种龄一般为 6～8h。总之，以对数生长期的种子为好。

(4) **供氧**　当溶解氧的分压为 4～5kPa 时，磷酸烯醇式丙酮酸羧化酶、异柠檬酸脱氢酶活性最大，赖氨酸的生产量也最大。赖氨酸发酵的耗氧速率受菌种、发酵阶段、发酵工艺、培养基组成等不同而有很大影响。

(5) **生物素** $(NH_4)_2SO_4$ 及其他因子对赖氨酸产量也有一定的影响。

(三) 赖氨酸的提取工艺过程

1. 发酵液处理

发酵结束后，离心除菌体，滤液加热至80℃，滤除沉淀，收集滤液，经HCl酸化过滤后，取清液备用。

2. 离子交换

上述滤液以10L/min的流速进铵型732离子交换柱（ϕ60cm×200cm两根，不锈钢柱 ϕ40cm×190cm一根，三柱依次串接），至流出液pH值为5.0，表明L-赖氨酸已吸附至饱和。将三柱分开后分别以去离子水按正反两个方向冲洗至流出液澄清为止，然后用2mol/L氨水以6L/min流速洗脱，分步收集洗脱液。

3. 浓缩结晶

将含赖氨酸的pH 8.0~14.0的洗脱液减压浓缩至溶液达到12~14°Bé，用HCl调pH 4.9，再减压浓缩至溶液浓度为22~23°Bé，5℃放置结晶过夜，滤取结晶得L-赖氨酸盐酸盐。

4. 精制

将上述L-赖氨酸盐酸盐粗品加至1体积的（w/v）去离子水中，于50℃搅拌溶解，加适量活性炭于60℃保温脱色1h，趁热过滤，滤液冷却后于5℃结晶过夜，滤取结晶于80℃烘干，得L-赖氨酸盐酸盐精品。

5. 检验

应为白色或类白色结晶粉末，无臭，含量应在98.5%~101.5%之间。

(四) 结束工作

1. 填好所有操作记录单、任务单、各种评价表。
2. 检查设备仪表是否洁净完好。
3. 清理工作场地与环境卫生。
4. 进行任务总结（小组讨论与汇报、组间互评、教师点评与总结）。

四、任务探究

1. 探讨赖氨酸发酵工艺的优化。
2. 本实训根据接种量及发酵罐规模采用二级或三级种子培养哪个更适合？

实训四　胰岛素的发酵生产

一、任务目标

1. 了解胰岛素的理化性质和结构。
2. 掌握微生物发酵制备胰岛素的基本原理、方法和基本操作技能。

二、任务实施前准备

（一）查找资料，了解胰岛素基础知识

胰岛素（insulin）是Ⅰ型糖尿病的特效药物，可以促进血液中葡萄糖的利用而降低血糖，并调节糖、脂肪及蛋白质代谢。WHO 相关资料表明：糖尿病已成为继心血管疾病、肿瘤之后的第 3 位主要疾病，严重威胁全人类健康，全球共有糖尿病患者 1.75 亿人，中国糖尿病患者 9200 万人，已超越印度成为亚洲第一大国。全球胰岛素的销售额年复合增长率达 14.5%。2022 年全球胰岛素药物的销售额超过 160 亿美元，因此胰岛素药物的开发和生产具有重大的社会效益和经济效益。

胰岛素是由胰岛 β 细胞分泌的一种由 51 个氨基酸组成的蛋白质，分子量 5700，由 A、B 两条肽链通过二硫键连接而成。胰岛素能促进肝脏、肌肉和脂肪等组织摄取和利用葡萄糖，抑制肝糖原分解及糖异生作用，促进蛋白质和脂肪合成，抑制蛋白质、脂肪分解及酮体生成。调控循环血中胰岛素含量的主要因素为血糖浓度，临床上常采用葡萄糖耐量实验（OGTT）结合胰岛素释放实验来了解胰岛 β 细胞的功能。

（二）确定生产技术、生产原料和工艺路线

1. 确定生产技术：微生物发酵技术。
2. 确定生产原料：基因重组大肠杆菌。
3. 确定胰岛素的生产工艺流程，如图 2-4-1 所示。

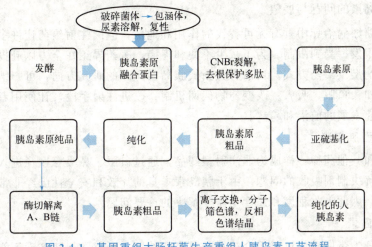

图 2-4-1　基因重组大肠杆菌生产重组人胰岛素工艺流程

（三）器材与试剂

1. 器材：试管、烧杯、冰箱、高压灭菌锅、恒温培养箱、离心机、小型发酵罐等。
2. 试剂：基因重组大肠杆菌 BL21、甘油、葡萄糖、蛋白胨、铵盐、$CaCO_3$、苯乙酸、天然油脂（如玉米油）、化学消泡剂等。

三、任务实施

（一）菌种制备

1. 目的基因的提取

胰岛素的发酵生产

从人的 DNA 中提取胰岛素基因，可使用限制性内切酶将目的基因从原 DNA 中分离。本实验采用鸟枪法提取目的基因：用限制性核酸内切酶对附近基因进行剪切，用 DNA 分子杂交，即 DNA 探针，提取所需要的目的基因。

2. 提取质粒

利用细胞工程，培养大肠杆菌，从大肠杆菌的细胞质中提取质粒，质粒为环状 DNA。本实验采用碱裂解法提取质粒：此方法适用于小量质粒 DNA 的提取，提取的质粒 DNA 可直接用于酶切、PCR 扩增、银染序列分析。

3. 基因重组

取出目的基因与质粒，先利用同种限制性内切酶将质粒切开，再使用 DNA 连接酶将目的基因与质粒"缝合"，形成一个能表达出胰岛素的 DNA 质粒。

4. 将质粒送回大肠杆菌

在大肠杆菌的培养液中加入含有 Ca^{2+} 的物质，如 $CaCl_2$，以增加大肠杆菌细胞壁的通透性，使含有目的基因的重组质粒能够进入受体细胞，此时的细胞处于感受态（理化方法诱导细胞，使其处于最适摄取和容纳外来 DNA 的生理状态）。

（二）胰岛素的发酵与提取工艺过程

重组人工胰岛素的工业生产制备和深加工技术日渐成熟。有近百年的发酵工程为基础，结合现在的基因工程技术的产物，菌种制备后的发酵培养过程更是可靠和安全的。发酵培养流程如图 2-4-2 所示。

（三）胰岛素的问题与展望

胰岛素在糖尿病治疗中具有无可替代的作用和地位，但因注射给药让许多患者产生畏惧心理，使其作用发挥受到限制。为了减少不便和疼痛，医药界正在全力以赴投入研究，开发更新的胰岛素剂型及给药方式。目前有关新式胰岛素产品的研究方向，可归纳为 3 类：新的给药方式，例如：口服、吸入；改变药物代谢机制；改进注射手段，让使用者无痛，这是胰岛素类药物研究发展的前沿和趋势。

1. 非注射型胰岛素

让胰岛素和其他药物一样成为非注射型药品，通过口服、鼻吸等途径进入人体而免除注射，需要研究解决制剂吸收的问题。由于胰岛素本身的疗效和安全性已经非常确定，而改变的是给药途径，因此吸收程度和速度是需要解决的首要问题。

2. 口服胰岛素

胰岛素本身为蛋白质，口服后会被胃肠道降解破坏，所以常规胰岛素不能口服。口服给

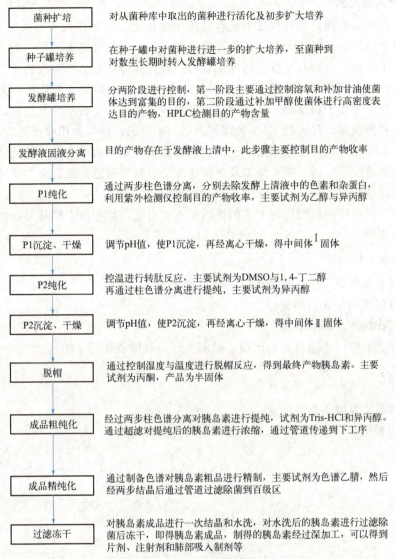

图 2-4-2 胰岛素发酵培养流程

药受到胃酸、蛋白酶、大分子吸收、肝脏首过效应等影响，因此，口服胰岛素的研究方向主要在以下几方面：

（1）选用惰性材料如高分子纤维素，制成微小包裹球。这种小球在胃中不溶，保护胰岛素不被破坏。现阶段的研究成果可保持其生物有效性达到皮下注射给药的一半。

（2）加入酶抑制剂，将蛋白酶抑制剂与胰岛素一起包裹在小球中，可有助于提高胰岛素的吸收。

（3）加入吸收促进剂，将胰岛素与吸收促进剂同时给药，能进一步促进口服胰岛素吸收，其中的螯合剂能与肠黏膜上活性离子结合，造成膜通道通透性增加而促进药物在肠道吸收。

国内外有关口服胰岛素研究报道虽然很多，但至今未见到实际应用于临床。其主要原因是口服生物利用度低、制剂的稳定性、质量标准等问题尚未解决。口服胰岛素的成功与否在于如何解决其在胃肠道的活性和稳定性，一旦成功将是胰岛素研究的重大突破。

3. 经肺吸入胰岛素

胰岛素经肺吸入给药,是替代注射最有希望的途径之一。肺部具有极大的肺泡表面积,此点优势可以使胰岛素这样的大分子药物吸收成为可能;药物可迅速到达;不必经过肝脏首过效应;提高了药物的生物利用度。另外重要的一点,胰岛素在肺部吸收的速度快,符合内源性胰岛素的释放特征和人体的需要,并且可以在进餐的同时应用,而使用药更加方便。

最新的进展是采用干粉剂型,其优于早先的液体气雾剂。干粉的稳定性好,保质期可达两年;干粉的载药量高,仅需吸 1～3 次即可满足剂量要求,而如果用喷雾则需深吸几十次。

胰岛素吸入制剂在国外已进入第二、三期临床试验,此项技术已经引起了广泛的关注,但药物吸收的稳定性不明确、成本高以及对肺功能的影响等问题尚待解决,通过临床试验和上市的时间尚属未知。

吸入胰岛素相对于传统的注射方式的优越性不言而喻,且理论上颇具可行性,医生和患者都在热切盼望中。

(四)结束工作

1. 填好所有操作记录单、任务单、各种评价表。
2. 检查设备仪表是否洁净完好。
3. 清理工作场地与环境卫生。
4. 进行任务总结(小组讨论与汇报、组间互评、教师点评与总结)。

四、任务探究

1. 探讨胰岛素发酵工艺的优化。
2. 本实训采用补料分批操作法制备胰岛素的优点有哪些?

实训五　甘露醇的发酵生产

一、任务目标

1. 了解甘露醇的结构和应用。
2. 掌握微生物发酵生产甘露醇的方法和基本操作技能。

二、任务实施前准备

（一）查找资料，了解甘露醇的基础知识

甘露醇（mannitol），学名己六醇，又称 D-甘露糖醇、木蜜醇，是一种六碳线型多元醇，分子式是 $C_6H_{14}O_6$，其结构式如图 2-5-1 所示。甘露醇在自然界中广泛存在，细菌、霉菌、酵母菌以及许多植物如海带、海藻、南瓜、蘑菇、芹菜等都含有甘露醇。由于甘露醇具有许多优良特性，已被广泛用于食品、药品、化工等领域，具有重要的经济价值。

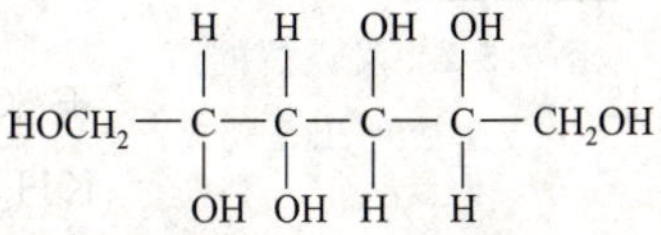

图 2-5-1　甘露醇的结构式

甘露醇的生产方法主要有以下三种：

(1) 植物提取法　甘露醇在海藻、海带中含量较高，干海带上附着的白色粉末，其主要成分就是甘露醇。海带洗涤液中甘露醇的含量可达 15g/L，是提取甘露醇的重要资源。从海带中提取甘露醇是我国甘露醇生产的传统方法。工业上常用的甘露醇提取方法是结晶法，以海带为原料，在生产海藻酸盐的同时，将提碘后的海带浸泡液经多次提取、浓缩、除杂、离子交换、蒸发浓缩后，再冷却结晶而得。随着科技发展，人们对甘露醇的提取方法也进行了优化探索，如利用超临界 CO_2 法从植物中提取甘露醇已被证明是一种可行手段，利用超声波辅助技术，可减少溶剂使用量、缩短提取时间。

虽然海带提取法具有简单易行的优点，但同样也存在着一些缺点，例如原料受地域和季节的限制、对环境造成一定的污染、提取收率较低等。

(2) 化学合成法　几种常见糖类如葡萄糖、果糖等都可作为甘露醇化学合成的原料。在高温（120～160℃）高压条件下，通过镍催化作用，对果糖、葡萄糖混合物进行加氢从而得到甘露醇。但由于将果糖作为原料成本较高，工业上一般选择价格低廉的果葡糖浆作为替代品。在整个化学反应中，果糖或者葡萄糖会先反应生成山梨醇，然后通过化学反应变成甘露醇。化学合成法效率相对较低，产物中甘露醇和山梨醇混杂，由于甘露醇和山梨醇的溶解度不相同，可以用结晶的方式从溶液中析出甘露醇。

化学合成法需要高纯度的氢气，价格昂贵的镍催化剂，以及纯化成本高，都导致最终生产甘露醇的成本也相对较高。但与植物提取法相比，化学合成法有较多优点，如原料价格较低、工艺过程较为简单且耗时较短，以及生产时间不受天气影响等，化学合成法仍是工业上生产甘露醇的常用方法。

(3) 微生物发酵法　发酵法是利用微生物发酵作用，把果糖、葡萄糖、蔗糖、甘油等转化为甘露醇，再对发酵液提纯，获得甘露醇成品。发酵菌株的选择、选育是发酵法的关键，

因此发酵法生产甘露醇首先需要找到一株能够高产甘露醇的菌株。自然界中很多微生物都能以碳水化合物为原料发酵生产甘露醇,同时不产生山梨醇。目前研究发现具有甘露醇生产能力的菌种包括乳酸菌、酵母菌和丝状真菌等,其中乳酸菌有明串珠菌属、乳杆菌属、酒酒球菌属等;酵母菌有接合酵母属、假丝酵母属和球拟酵母属等;丝状真菌有曲霉属、青霉属等。除此之外假单胞菌也能发酵生产甘露醇。

甘露醇微生物发酵法的优点包括反应条件温和、选择性高、不易产生副产物山梨醇等,因此具有巨大的发展潜力,应用于工业生产。

(二)确定生产技术、生产原料和工艺路线

1. 确定生产技术:微生物发酵技术。
2. 确定生产菌株:米曲霉菌 *Aspergillus oryaze* 3.409。
3. 确定甘露醇的发酵生产工艺流程,如图 2-5-2 所示。

(三)器材与试剂

1. 器材:试管、烧杯、冰箱、高压灭菌锅、恒温培养箱、离心机、小型发酵罐等。
2. 试剂:米曲霉菌 *Aspergillus oryaze* 3.409 菌种、麦芽、玉米浆、淀粉糖化液、豆油、活性炭、离子交换树脂、$NaNO_3$、KH_2PO_4、$MgSO_4$、KCl、$FeSO_4$、碘液、高碘酸钠溶液等。

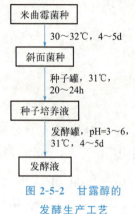

图 2-5-2 甘露醇的发酵生产工艺

三、任务实施

(一)菌种培养

1. 生产菌种活化

将经选育后的甘露醇高产菌株米曲霉菌 *Aspergillus oryaze* 3.409 接种于斜面培养基,30~32℃培养 4~5d。斜面可在 4℃冰箱保存,2~3 个月传代一次,使用前重新转接活化培养。

斜面培养基制备方法:取 1kg 麦芽,加 4.5L 水,于 55℃保温 1h,升温到 62℃,再保温 5~6h,煮沸后用碘液检查糖度为 12°以上,pH>5.1,即获得麦芽汁,冷却后加入 2% 琼脂,灭菌后制成斜面,可存于 4℃备用。

2. 种子液培养

取 2 支活化培养 4d 的斜面菌种,转种到 17.5L 种子培养基中,31℃搅拌通气培养 20~24h。通风比为 $1:5m^3/(m^3 \cdot min)$,搅拌速度 350r/min,罐压 0.1MPa。

种子培养基配方:$NaNO_3$ 0.3%,KH_2PO_4 0.1%,$MgSO_4$ 0.05%,KCl 0.05%,$FeSO_4$ 0.001%,玉米浆 0.3%,淀粉糖化液 2%,玉米粉 2%,pH 6~7。

(二)甘露醇的发酵过程控制

在 500L 发酵罐中加入 350L 发酵培养基,0.15MPa 蒸汽灭菌 30min 后,按照 5% 比例加入种子培养液,30~32℃发酵培养 4~5d(pH=3~6),通风比为 $1:0.3m^3/(m^3 \cdot min)$。发酵 20h 后通风比 $1:0.4m^3/(m^3 \cdot min)$,罐压 0.1MPa,搅拌速度 230r/min,配料时添加适量豆油,防止产生泡沫。

发酵培养基组成与种子培养基相同。

(三)甘露醇的提取工艺过程

发酵液在100℃加热5min凝固蛋白后,加入1%活性炭,并在80～85℃加热30min,离心后过滤上清获得澄清滤液,于55～60℃真空浓缩,室温结晶24h,离心后获得甘露醇粗品结晶。

将甘露醇粗品结晶溶于0.7倍体积的水中,加入2%活性炭,70℃加热30min后,过滤获得滤清液,并通过717强碱型阴离子树脂和732强酸型阳离子树脂,流出的精制液中应无氯离子存在(氯离子浓度＜0.007%)。进一步将获得的精制液于55～60℃真空浓缩,室温结晶24h,甩干结晶后置于105～110℃烘干,获得甘露醇纯品。甘露醇的提取纯化工艺如图2-5-3所示。

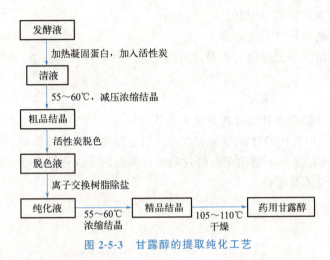

图 2-5-3　甘露醇的提取纯化工艺

(四)甘露醇的鉴别与含量测定

甘露醇的鉴别和含量测定可依据《中国药典》2020年版进行。

1. 甘露醇的鉴别

取1mL甘露醇饱和水溶液(20℃下约0.5g粗品,加入5～10mL水),加入1mol/L $FeCl_3$ 试液和1mol/L NaOH试液各0.5mL,生成棕黄色沉淀,振摇不消失;继续滴加过量NaOH试液,即溶解成棕色溶液。

2. 甘露醇的含量测定

(1) 精密称取沉淀(0.1～0.2g),置250mL容量瓶中,加蒸馏水,溶解并定容,摇匀后为待测液。

(2) 精密量取10mL待测液,置250mL碘量瓶中,准确加入50mL高碘酸钠溶液,置沸水浴上加热15min,放冷后加入10mL碘化钾溶液(16.5%),加塞后置暗处5min。

(3) 用0.05mol/L硫代硫酸钠滴定液滴定,临近终点时,加淀粉指示液1mL,继续滴定至蓝色消失,记录所消耗滴定液的量。

(4) 将滴定结果用空白试验校正。在第(2)步操作中用10mL蒸馏水代替10mL待测液,重复滴定操作,记录所消耗的滴定液的量。第(3)步与第(4)步结果相减,得实际的滴定液消耗量。

(5) 甘露醇含量计算

$$P = T \times \frac{V}{1000 \times M} \times 100\%$$

式中　P——甘露醇的百分含量,%;
　　　T——滴定度,0.9109mg/mL[每1mL硫代硫酸钠滴定液(0.05mol/L)相当于0.9109mg甘露醇];
　　　V——样品溶液消耗硫代硫酸钠滴定液(0.05mol/L)的体积,mL;
　　　M——称取甘露醇的质量,g;
　　1000——将 M 的单位 g 换算成 mg 的换算系数。

(五) 结束工作

1. 填好所有操作记录单、任务单、各种评价表。
2. 检查设备仪表是否洁净完好。
3. 清理工作场地与环境卫生。
4. 进行任务总结 (小组讨论与汇报、组间互评、教师点评与总结)。

四、任务探究

1. 探讨乳酸菌发酵产生甘露醇的方法和流程。
2. 《中国药典》中提供的甘露醇测定方法适用于较纯的甘露醇制剂,但发酵体系中葡萄糖、果糖等干扰检测结果,不适用于发酵过程中甘露醇测定。请结合学习内容,探讨甘露醇测定的HPLC法和分光光度法。

实训六 辅酶 Q_{10} 的发酵生产

一、任务目标

1. 了解辅酶 Q_{10} 的理化性质和结构。
2. 掌握微生物发酵制备辅酶 Q_{10} 基本原理、方法和基本操作技能。

二、任务实施前准备

（一）查找资料，了解辅酶 Q_{10} 基础知识

辅酶 Q_{10}（coenzyme Q_{10}）分子式：$C_{59}H_{90}O_4$，分子量：863.36，化学名称：2-(3,7,11,15,19,23,27,31,35,39-癸甲基-2,6,10,14,18,22,26,30,34,38-四十癸烯基)-5,6-二甲氧基-3-甲基-p-苯醌，其结构式如图 2-6-1 所示。

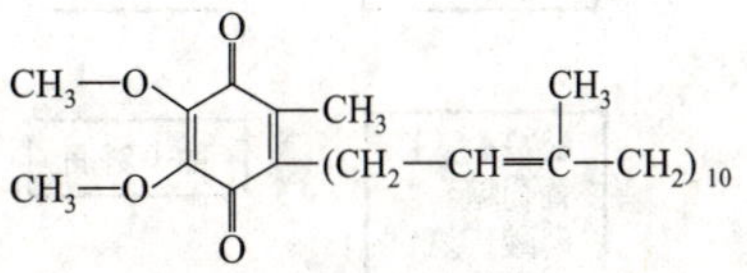

辅酶 Q_{10} 为黄色或淡黄色结晶性粉末，无臭无味，易溶于氯仿、苯、四氯化碳，溶于丙酮、石油醚和乙醚；微溶于乙醇，不溶于水和甲醇。遇光易分解成红色物质，对湿度和温度稳定，熔点为 49~50℃。

图 2-6-1 辅酶 Q_{10} 的结构式

目前辅酶 Q_{10} 的制备方法主要有三种：化学合成法，提取分离法，生物合成法。微生物发酵生产辅酶 Q_{10}，无论是产品质量，还是经济效益，均优于化学法与提取法。

能发酵生产辅酶 Q_{10} 的微生物见表 2-6-1。

表 2-6-1 能发酵生产辅酶 Q_{10} 的微生物及其细胞内含物量

辅酶 Q_{10} 产生菌	含量/(mg/g 干细胞)
沼泽红假单胞菌	5.3
荚膜红假单胞菌	3.9
嗜硫小红卵菌	3.6
类球红细菌	2.7
深红红螺菌	1.4
黑粉菌	0.2
铜绿假单胞菌	0.6
假丝酵母	0.4
新生隐球菌	0.2

从表 2-6-1 可以看出，上述高产菌种大都属红假单胞菌科，因此沼泽红假单胞菌是产辅酶 Q_{10} 菌种理想选择之一。

菌种生长的优劣，培养基的成分极其重要，辅酶 Q_{10} 发酵生产中可通过选择不同来源成分的碳源、氮源、生长因子、无机盐、微量元素等进行发酵优化实验，以确定培养基的组

成。实验得出，钙、镁、钾等金属离子的加入对发酵产生辅酶 Q_{10} 有促进作用，在发酵液中添加一定量的前体物质、生长因子（氨基酸、核酸、碱基、维生素、天然含氮化物），可以提高辅酶 Q_{10} 的产量；发酵培养模式分为流加、分批、补料、连续等，不同的培养模式各有其优缺点，培养模式可直接影响辅酶 Q_{10} 的生成量。目前，采用补料分批培养更具前景，分批补料可以避免代谢积累而得到较高的细胞密度，延长发酵过程，积累大量产物；通过辅酶 Q_{10} 生产菌的呼吸强度、糖代谢与辅酶 Q_{10} 生产的相关关系研究及氧供应量与葡萄糖供应的代谢动力学分析，发酵过程中葡萄糖维持在较低的浓度有利于产物的形成，为此发酵过程期间要对发酵液糖含量监测，以便进行补糖加入量控制。

（二）确定生产技术、生产原料和工艺路线

1. 确定生产技术：微生物发酵技术。
2. 确定生产菌种：沼泽红假单胞菌（*Rhodopseudomonas spheroids*）。
3. 确定辅酶 Q_{10} 的发酵生产工艺流程，如图 2-6-2 所示。

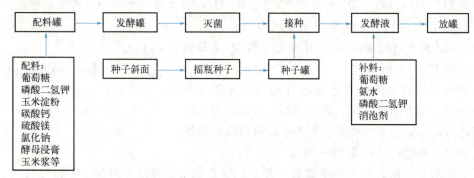

图 2-6-2　辅酶 Q_{10} 的发酵生产工艺流程

（三）器材与试剂

1. 器材：试管、烧杯、冰箱、高压灭菌锅、恒温培养箱、离心机、小型发酵罐等。
2. 试剂：硫酸铵、硫酸镁、葡萄糖、玉米淀粉、蛋白胨、酵母膏、玉米浆、氯化钠、碳酸钙、磷酸二氢钾、磷酸氢二钾、维生素 B_1、大豆油、琼脂、化学消泡剂等。

三、任务实施

（一）菌种培养

1. 生产种子的制备

(1) 斜面培养基（g/L）的制备　葡萄糖、蛋白胨、酵母膏、氯化钠、琼脂，pH 7.2，经过 120℃灭菌培养基，冷却摆斜面接种，无光照下 29～30℃培养 24h。至长出淡黄色的菌落，菌落长度为 1.2～1.6mm。

(2) 一级种子培养基（g/L）的制备　葡萄糖、酵母膏、硫酸铵、磷酸二氢钾、磷酸氢二钾、氯化钠，pH 7.0～7.2，经过 120℃灭菌。

(3) 二级种子培养基（g/L）的制备　硫酸铵、硫酸镁、磷酸二氢钾、葡萄糖、玉米淀粉、碳酸钙、维生素 B_1，pH 6.8～7.0，培养基灭菌温度为 120℃。

取一斜面菌株接种到 250mL 三角瓶中（内装 50mL 一级种子培养基）无光照下 29～

30℃、200r/min摇床培养27h,将一级种子接种量10%接种于500mL三角瓶中（内装100mL二级种子培养基），无光照下29～30℃、200r/min摇床培养24h。

2. 发酵罐培养工艺

发酵补料培养：葡萄糖、玉米淀粉、硫酸铵、玉米浆、磷酸二氢钾、碳酸钙、硫酸镁、维生素B_1，pH 6.8，培养基灭菌温度为118～121℃，灭菌时间为30min。

在无菌条件下，将二级培养出的种子液接入三级发酵罐中，在无光照的条件下，控制发酵温度30～32℃，搅拌速度100～300r/min，压力0.03～0.04MPa，培养时间90～110h，分别在发酵培养20h、46h、66h时取样检测糖、氮、磷含量，进行补入葡萄糖溶液、氨水和磷酸二氢钾溶液，补料体积分别为发酵罐计料体积的3%～8%，发酵过程中，通过检测发酵液中主要副产物5-脱甲氧基辅酶Q_{10}和目的产物辅酶Q_{10}的含量，补入葡萄糖溶液，使得发酵过程总糖和还原糖的含量控制在0.5%～1.5%之间，补入氨水使得发酵过程pH控制在6.8～7.2之间，氨基氮含量控制在1.5～4.0mg/mL之间，补入磷酸二氢钾溶液使得溶磷控制在25～250μg/mL之间，当发酵液中主要副产物5-脱甲氧基辅酶Q_{10}与目的产物辅酶Q_{10}的含量比值低于10%时确定放罐。

（二）辅酶Q_{10}的发酵过程控制

菌种生长的优劣，培养基的成分极其重要，不同菌种，培养基的成分也不同，在辅酶Q_{10}发酵中可通过碳源、氮源、生长因子、无机盐等进行发酵，培养基进行实罐灭菌，考虑到辅酶Q_{10}的产量较低，且其产量与菌体生长有一定正相关联，产物形成速率与菌量有关，与菌的生长速率无关，故采用补料分批发酵方式；在发酵过程中补充营养物料，以满足微生物的代谢活动和产酶的需要；在一定供氧范围内，其产物醌类含量随通气强度及搅拌转速的增大而增加；最佳补料时间为发酵开始36h后，最佳补料方式为少量多次，每4h一次，以低浓度的碳源、高浓度的氮源作为补料培养基。

1. 培养基

辅酶Q_{10}的生产中，让培养基中的主要营养物只够维持沼泽红假单胞菌在前20h生长，而在40h后，发酵过程需进行三次补入葡萄糖溶液、氨水和磷酸二氢钾溶液，以提高发酵产量。

(1) 碳源的选择 碳源主要为微生物细胞的生长繁殖提供能源、为合成菌体和产物提供所必需的碳成分。常用的碳源有糖类、油脂、有机酸和低碳酸。通过测定葡萄糖、蔗糖、麦芽糖、乳糖、玉米淀粉分别作为培养基碳源，其他成分不变时，沼泽红假单胞菌生产辅酶Q_{10}单位产量的高低，确定了最佳碳源为葡萄糖，其次为乳糖。

(2) 氮源 氮源主要用于构成菌体细胞物质和含氮代谢物，分为有机氮源和无机氮源。常用的有机氮源有花生饼粉、豆饼粉、蛋白胨、酵母粉等；常用的无机氮源有铵盐、硝酸盐、氨水，微生物对无机氮源的吸收较有机氮源快。沼泽红假单胞菌的发酵，选用酵母膏、蛋白胨为迟效有机氮源，硫酸铵作为速效氮源，按一定比例混合来保证辅酶Q_{10}的单位产量。

(3) 无机盐类及微量元素 微生物在生长和繁殖生长过程中，需要某些无机盐及微量元素如磷、钙、硫、钾、钠、镁、铁、锌、锰等，以其作为生理活性物质和调节物，这些物质一般在低浓度时有促进作用，在高浓度时起抑制作用。氯化钠、硫酸镁分别加入培养基后，辅酶Q_{10}产量的变化均有助于产物的合成。

(4) 水 水是所有培养基的主要成分，也是微生物机体的重要组成成分。水是良好的溶剂，又是活细胞中一切代谢反应的媒介物，还可以维持细胞中的渗透压，同时水又是热的良好导体，有利于散热，可调节细胞温度，降低发酵液的黏度，利于营养物质的传递。

(5) **生长因子** 生长因子是微生物生长不可缺少的微量有机物，它不是对于所有微生物都是必需的，有些微生物可以自己合成。有机氮源是生长因子的重要来源，最具代表性的是玉米浆。因此培养基中加入适量的玉米浆、酵母膏有助于产物产量的提高。

(6) **产物促进剂** 指那些非细胞生长所必需的营养物，又非前体，但可以提高产量的添加剂，而其自身没有太大变化。如在培养基中加入维生素 B_1 有利于产物辅酶 Q_{10} 合成。

2. 温度

温度对微生物的生长、产物的合成和代谢调节有重要作用。温度变化一方面影响各种酶反应的速率和蛋白质的性质，另一方面影响发酵液的物理性质。不同的菌种有着不同的最适温度，辅酶 Q_{10} 生产中最佳发酵温度为 30℃，此温度下产量最高。

3. pH

各种微生物需要在一定的 pH 环境中方能正常生长繁殖。培养基中 C/N 比值高，发酵液倾向于酸性，pH 偏低；C/N 比值低，发酵液倾向于中性或碱性，pH 偏高。初始 pH 为 7.0 时最有利于辅酶 Q_{10} 的产生。因此，在发酵过程中可通过添加适量的碳酸钙和硫酸铵等作为缓冲剂来稳定 pH。

4. 溶解氧

辅酶 Q_{10} 发酵生产是需氧发酵，辅酶 Q_{10} 的生长、合成与溶解氧密切相关，通气不足会使产生 NADPH 的 HMP 途径受阻而使 EMP 途径增强，不利于辅酶 Q_{10} 的积累。若发酵液中氧气不足，可通过加大通气量、适当降低温度、提高罐压、补水、提高搅拌速度来控制。

5. 最佳接种量

若接种量过小，会使发酵周期增长，同时会增大染菌的机会，若接种量过大，会使培养液黏度增加，导致溶氧不佳，影响产物合成。沼泽红假单胞菌最佳接种量为 8%，接种龄为对数生长期。

6. 消泡

由于通气搅拌、发酵产生的 CO_2 及发酵液中糖、蛋白质的存在，使发酵液含有一定量的泡沫。泡沫可以增加气液接触面积，有利于氧气的传递，但大量泡沫的存在会带来很多副作用，前期消泡使用大豆油，考虑到后期产品的提取分离及菌种生长繁殖对溶解氧的要求，后期采用化学消泡剂和机械消泡。

(三) 辅酶 Q_{10} 的提取工艺过程

发酵得到辅酶 Q_{10} 的是胞内产物，首先对发酵液要进行预处理过滤，然后进行萃取分离、纯化、精制。辅酶 Q_{10} 提取的一般工艺流程如图 2-6-3 所示。

1. 预处理

发酵液经过 30% 盐酸酸化预处理，采用高速匀浆机进行细胞破碎，加入助滤剂用板框过滤机进行固液分离。

2. 萃取

根据辅酶 Q_{10} 是脂溶性物质，选用有机溶剂萃取法，即用乙醇-正己烷混合液萃取法进行初步纯化，主要是乙醇、正己烷、新鲜水，体积比为 8∶6∶1，控温 25℃ 机械搅拌后静置

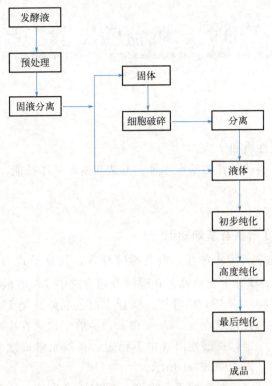

图 2-6-3　辅酶 Q_{10} 提取的一般工艺流程图

分层，上层为含有产品的正己烷，下层为含有菌渣的乙醇/水溶液，分离油水两相后，上层在 40℃下用旋转蒸发仪蒸发溶剂得到辅酶 Q_{10}，下层含有菌渣的乙醇/水溶液经过沉降、过滤进行固液分离，溶剂回收利用。

3. 纯化

经过初步处理后，需要进一步纯化，采用高速逆流色谱法，转速采用 800r/min，流动相流速为 2mL/min，经过高度纯化后，最后再将提取物用正己烷溶解后上预装的硅胶柱色谱，先用正己烷清洗，然后用正己烷-异丙醚（1∶1）混合液洗脱，流速 2mL/min，收集含有黄色的部分，经过高效液相检测分析后，将含有辅酶 Q_{10} 的部分浓缩，最后再在乙醇中进行结晶纯化得到成品。

（四）结束工作

1. 填好所有操作记录单、任务单、各种评价表。
2. 检查设备仪表是否洁净完好。
3. 清理工作场地与环境卫生。
4. 进行任务总结（小组讨论与汇报、组间互评、教师点评与总结）。

四、任务探究

1. 探讨影响辅酶 Q_{10} 产量的培养因素。
2. 本实训不同阶段发酵采用的培养基有哪些不同？

实训七 肌苷的发酵生产

一、任务目标

1. 了解肌苷的理化性质和结构。
2. 掌握微生物发酵制备肌苷的基本原理、方法和基本操作技能。

二、任务实施前准备

(一) 查找资料,了解肌苷基础知识

肌苷(inosine),化学名为次黄苷、次黄嘌呤核苷,其分子式为 $C_{10}H_{12}N_4O_5$,是由次黄嘌呤与核糖结合而成的核苷类化合物;在嘌呤开始合成中,肌苷酸(IMP)可以作为合成腺苷酸(AMP)和鸟苷酸(GMP)的前体。肌苷为白色晶体或呈无水粉末状,无臭,味微苦,熔点为212~213℃,易溶于水,在中性、碱性溶液中比较稳定,在酸性溶液中不稳定,易被水解成次黄嘌呤和核糖。其结构式如图2-7-1所示。

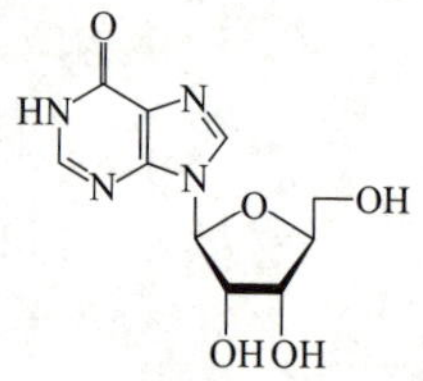

图 2-7-1 肌苷的结构式

肌苷的工业生产一般有三类方法:一是化学合成肌苷,二是酶解法,三是微生物发酵生成肌苷。其中化学法合成肌苷工艺比较复杂,设备条件要求也高,此外有机溶剂的大量使用,并且存在原料来源的问题,还会造成一定的环境污染方面的难题,因而限制其大规模使用;酶解法由于会产生大量的嘧啶核苷酸,造成一定资源浪费,而利用微生物发酵生产的显著特点是成本低、操作工艺简单、效益高,特别是以代谢控制发酵应用,使发酵成本大大降低。现在我国在肌苷高产菌的选育以及发酵条件优化方面展开诸多研究,并取得良好的成果,我国肌苷的产量目前已经居世界前列。产肌苷的菌种主要是细菌,如枯草芽孢杆菌、产氨芽孢杆菌、谷氨酸棒杆菌、谷氨酸小球菌、节杆菌、铜绿假单胞菌、大肠杆菌等,此外,一些酵母和霉菌也能产生肌苷。国内常用枯草杆菌发酵生成肌苷,然后分离提取、精制纯化得到肌苷成品。

(二) 确定生产技术、生产原料和工艺路线

1. 确定生产技术:微生物发酵技术。
2. 确定生产原料:肌苷、枯草芽孢杆菌。
3. 确定肌苷的发酵生产工艺流程,如图2-7-2所示。

(三) 器材与试剂

1. 器材:试管、烧杯、冰箱、高压灭菌锅、恒温培养箱、离心机、小型发酵罐等。

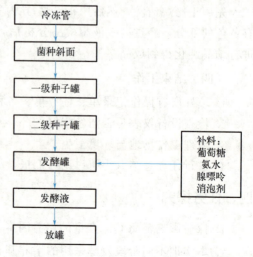

图 2-7-2 肌苷的发酵生产工艺流程

2. 试剂：葡萄糖、蛋白胨、硫酸铵、磷酸二氢钾、碳酸钙、腺嘌呤、尿素、天然油脂（大豆油）、玉米浆、酵母粉、化学消泡剂等。

三、任务实施

（一）菌种培养

1. 生产菌种的制备

将冻干管（-70℃）的枯草芽孢杆菌在葡萄糖、蛋白胨、酵母膏、氯化钠、琼脂、尿素组成的培养基进行斜面37℃活化18h。

2. 种子罐和发酵罐培养工艺

肌苷生产时采用三级发酵，一级发酵通常在种子罐中进行，将斜面上枯草芽孢杆菌刮入无菌水里，压差法接种入种子罐内34℃培养，通气量1:0.50，菌种全部形成芽孢，孢囊略微膨大，培养17~18h，这个阶段是扩大种子量。二级发酵主要是在一级发酵的基础上使种子继续大量繁殖，接种量3%，32℃培养，通气量1:0.25，pH 6.4~6.6；这个时期菌体镜检图可以清楚地看到细胞的增长情况，1h菌体很少还是刚处于分裂状态，5h的菌体已经大量分裂繁殖，细胞形态呈细长状并且首尾相连，呈典型的枯草状，但菌体还是分散状态，10h的菌体已经堆积，菌体量已达到一定，并且可以看到很多处于分裂状态，13~15h的菌体已经堆积，菌体量已达到一定，并且可以看到很多单个较大的菌体，说明已有很多成熟的细胞，但细胞还在继续分裂，此时是移种的最佳时间，细胞活力强。三级发酵扩大在发酵大罐中进行，接种量2.5%，32~34℃培养，通气量1:0.25，pH 6.4~6.6，培养80~83h放罐。肌苷发酵条件见表2-7-1。

表 2-7-1　肌苷发酵条件

发酵级别	主要培养条件	通气量	搅拌速度/(r/min)	培养时间/h	pH	培养温度/℃
一级	葡萄糖、玉米浆等	1:0.50	300~350	17~18	自然pH	34±1
二级	玉米浆、葡萄糖、酵母粉	1:0.25	250~280	13~15	6.4~6.6	32±1
三级	玉米浆、葡萄糖、酵母粉、硫酸镁、腺嘌呤、$CaCO_3$	1:0.25	150~200	80~83 残糖消耗0.1mg/mL 肌苷量达标停止发酵	6.4~6.6	35±1

（二）肌苷的发酵过程控制

肌苷是典型的代谢调控型产物，其产率的高低不仅和菌种活力有关，也与合成途径代谢强度有关，通过控制种子质量、选择合适有机氮源、添加前体物质和补加葡萄糖进行调控发酵。将发酵过程分为两个阶段，菌体生长期（0~24h）和肌苷合成期（24h~放罐）。移种后菌体生长旺盛，引起OUR（细胞摄氧水平）、CER（CO_2释放速率）迅速增长和溶解氧浓度下降，通过调节搅拌转速和通气流量维持溶解氧在临界浓度（20%~25%）以上，放罐指标是肌苷产量、OD值、残糖消耗情况确定。

1. 培养基

肌苷发酵中采用补料分批操作法，补料培养基进行缓慢流加，维持一定的最适浓度。培养基以外的发酵因素如pH、罐压、溶解氧或CO_2、通气搅拌、肌苷的积累量也很重要，要予以配合参考调节。

(1) 碳源的选择 生产菌能利用多种碳源，如乳糖、蔗糖、葡萄糖、阿拉伯糖、甘露糖、淀粉和天然油脂。葡萄糖是肌苷生产中最常使用的碳源，其浓度不同对发酵影响很大，葡萄糖浓度过高会产生底物反馈抑制作用，影响菌体的生长，进而影响发酵产苷，因此在生产中经常采用低糖流加工艺来减少这种负面作用。一般一定浓度的补糖使菌体生长良好，后期补糖主要维持一定菌浓强制其最大程度转化为目的代谢产物。

(2) 氮源 在肌苷发酵过程中，氨水的消耗量和合成具有明显正性关系，氨水除了用于控制过程的 pH 以外，更重要的作用是作为无机氮源为肌苷的合成提供氮元素；对于腺嘌呤缺陷型的肌苷生产菌株，酵母粉、玉米浆除了提供营养物质外，还提供菌体的生长因子——腺嘌呤，对于菌体生长和肌苷合成极为重要。

(3) 无机盐及前体 无机盐为硫酸盐、磷酸盐和硫、磷、镁、钾等化合物，需要量很少，但无机盐对菌体生长和代谢产物的合成影响较大；在培养基添加次黄嘌呤作为前体，使嘌呤碱通过补料途径来合成核苷，从而增加肌苷的生成量。

2. 温度

温度是影响肌苷积累的重要因素，因为微生物的生长和产物的合成均需要适宜的温度。温度升高，菌体胞内的酶促反应速率加快，生长繁殖加快，但温度过高，酶失活变快，菌体易于衰老，影响肌苷的合成，同时会使枯草芽孢杆菌细胞内的蛋白质发生变性或凝固，限制枯草芽孢杆菌的生长，而低温导致枯草芽孢杆菌生长代谢缓慢，肌苷的合成减慢。温度是保证酶活性的重要条件，故在发酵过程中必须保证最适宜的温度条件。枯草芽孢杆菌的最适生产温度为 32℃，为此发酵过程要进行温度调控。

3. pH

由于菌体的旺盛代谢，会持续产生有机酸等代谢产物，其分泌到发酵液中会导致 pH 的持续下降，通过流加氨水控制，肌苷本身分子结构中含氮较高，其合成过程需要较多的氮源。氨水除了作为 pH 调节剂外，也可以作为一种无机氮源利用。发酵过程中由于葡萄糖的分解代谢会产生一些有机酸类物质，通过氨水调节维持 pH 在设定范围内，肌苷发酵最初生长阶段 pH 为 6.4~6.5，肌苷积累的最适 pH 为 6.0~6.2。

4. 溶解氧

从肌苷的生物合成途径可知，枯草芽孢杆菌维持代谢和合成嘌呤类物质需要大量能量，即需要较高的溶解氧，以保证生物体通过糖酵解（EMP）途径和三羧酸（TCA）循环生成足够的能量，但是肌苷合成同时又经过磷酸戊糖（HMP）途径合成必需的前体物。因此必须控制合适的溶氧水平来维持 EMP 和 HMP 途径的适当比例以使肌苷产量尽量提高，维持适宜搅拌速度，保证气液混合，提高溶氧，根据肌苷的生长和耗氧量不同，调整搅拌转速为 (0~24h) 250r/min，(24h~放罐) 300r/min。

5. 菌体浓度

(1) 菌浓的测定 使用分光光度计，波长 650nm。

(2) 菌体干重测定 取 5mL 发酵液，3000r/min 下离心，沉淀物于 100℃下烘 24h 至恒重，称重。

$$干重与菌浓关系为：y = 0.0039x + 0.0192$$

6. 消泡

发酵过程会产生泡沫，需补加消泡剂进行消泡，常用天然油脂（如玉米油、大豆油）、化学消泡剂。加入方式少量多次，消泡剂不宜过多，以免影响呼吸代谢。前期宜加入天然消泡剂，可以作为碳源参与代谢，后期加入化学消泡剂，便于提取分离、精制纯化。

（三）肌苷的提取工艺过程

微生物发酵法生产肌苷，发酵液中所含成分较复杂，除肌苷外，还含有菌体、色素、残糖、无机盐和副产物嘌呤碱及嘌呤核苷等，为了从这组分复杂的发酵液中得到肌苷，要采取多种或多步分离技术才能获得高纯度的肌苷。现有工业上的提取分离方法均需经过离子交换树脂柱及活性炭柱进行分离，提取工艺流程如图 2-7-3 所示。

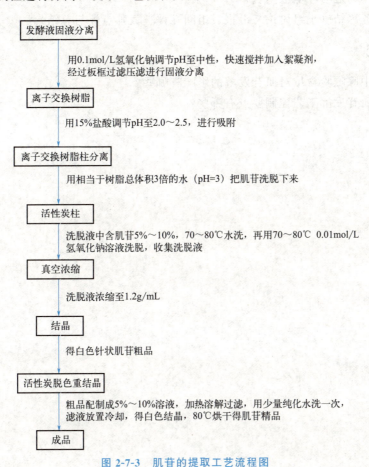

图 2-7-3　肌苷的提取工艺流程图

1. 预处理

发酵液在离子交换之前需预处理。发酵液加少量絮凝剂沉淀蛋白质，然后加入助滤剂进行板框过滤，除掉杂物及部分蛋白质。

2. 离子交换

将树脂处理过的肌苷溶液用氢氧化钠调至 pH＝9，然后经离子交换树脂柱用 pH＝3 的盐酸洗涤，再经过活性炭柱，溶液中的肌苷和次黄嘌呤吸附去除率可达 99.6％。

3. 浓缩结晶

将该炭柱上的吸附物质洗脱下来得到肌苷和次黄嘌呤的混合溶液，然后使用结晶技术将肌苷分离提取出来。

4. 重结晶

将粗品配制成5%～10%溶液,加热溶解过滤,用少量纯化水洗一次,滤液放置冷却,得白色结晶,80℃烘干得肌苷精品。

(四)结束工作

1. 填好所有操作记录单、任务单、各种评价表。
2. 检查设备仪表是否洁净完好。
3. 清理工作场地与环境卫生。
4. 进行任务总结(小组讨论与汇报、组间互评、教师点评与总结)。

四、任务探究

1. 培养基中腺嘌呤含量对肌苷发酵的影响有哪些?
2. 本实训肌苷发酵工艺控制要点有哪些?

实训八 维生素C的发酵生产

一、任务目标

1. 了解维生素C的结构、特点及理化性质。
2. 掌握发酵法生产维生素C的基本原理、生产分离过程及基本操作技能。

二、任务实施前准备

(一) 查找资料，了解维生素C生产的基础知识

维生素C（vitamin C）又称抗坏血酸，是一种机体必不可少的水溶性维生素，也是一种抗氧化剂，能保护机体免受氧化剂的威胁。维生素C的外观为白色或略带淡黄色的结晶性粉末，易溶于水，溶于水后显酸性，无臭、味酸，略溶于乙醇，不溶于氯仿或乙醚，熔点为190~192℃，最大紫外吸收波长为245nm。干燥空气中的维生素C结晶比较稳定，但在水溶液中易受空气、光等因素影响而氧化分解，因此在保存时应注意干燥、避光、密封。

目前主要采用莱氏法和两步发酵法来生产维生素C，其中莱氏法是由德国化学家Reichistein等人发明的，是最早应用于工业化的生产方法。目前国外生产维生素C主要采用莱氏法及其改进路线，该法是以D-葡萄糖作为起始材料，催化加氢生成D-山梨醇，然后用黑醋杆菌一步发酵获得L-山梨糖，再经丙酮酮醇缩合、次氯酸钠或高锰酸钾氧化、水解去丙酮、盐酸转化即可获得维生素C，工艺流程如图2-8-1所示。

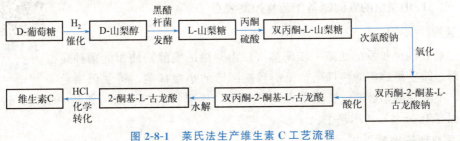

图2-8-1 莱氏法生产维生素C工艺流程

莱氏法的优点是自动化水平较高、生产能力较大且生产工艺成熟、收率高、产品质量好，但此法存在着工序繁多、劳动强度大、有毒易燃化学药品使用多及污染环境等缺点。国外在此基础上已作改进，尤其是在装备工程上的优势，多数国家仍采用此法，但国内已采用我国自己发明的两步发酵法代替莱氏法生产维生素C。

两步发酵法主要分为三个步骤：发酵、提取和转化。其中发酵过程是以经D-葡萄糖氢化获得的D-山梨醇作为原料，经黑醋杆菌发酵获得L-山梨糖，再经巨大芽孢杆菌（或假单胞杆菌）和氧化葡萄糖酸杆菌混合菌株第二次发酵获得2-酮基-L-古龙酸（2-KGA）。与莱氏法相比，两步发酵法缩短了工序，节约了大量有机溶剂，改善了劳动条件，减少了"三废"的排放。

（二）确定生产技术、生产原料和工艺路线

1. 确定生产技术：两步发酵法。
2. 确定生产菌种：黑醋杆菌、巨大芽孢杆菌和氧化葡萄糖酸杆菌。
3. 确定维生素 C 的两步发酵生产工艺流程，如图 2-8-2 所示。

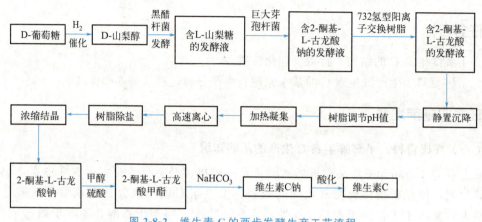

图 2-8-2　维生素 C 的两步发酵生产工艺流程

（三）器材与试剂

1. 器材：试管、三角瓶、玻璃棒、冰箱、高压蒸汽灭菌锅、恒温培养箱、离心机、种子罐、发酵罐等。
2. 试剂：黑醋杆菌、巨大芽孢杆菌和氧化葡萄糖酸杆菌、D-葡萄糖、玉米浆、酵母膏、蛋白胨、尿素、磷酸盐、硫酸盐、$CaCO_3$、苯乙酸、无机盐、复合维生素 B、泡敌等。

三、任务实施

（一）L-山梨糖的发酵制备工艺及控制要点

1. 菌种

维生素 C 的两步发酵法第一步发酵（L-山梨糖的发酵）使用的菌种是黑醋杆菌，即生黑葡萄糖酸杆菌，是一种椭圆形的小短杆菌，革兰氏染色为阴性，不生芽孢，最适生长温度为 30～33℃。黑醋杆菌于斜面培养基中保存，每月传代一次，保存于 0～5℃的冰箱中。

维生素 C 的发酵生产

2. 摇瓶种子培养

将斜面菌种转入三角瓶液体培养基中，在 30～33℃下振荡培养 48h 后，合并入血清瓶内。摇瓶种子合格的标准为：含糖量≥100mg/mL，显微镜镜检菌体形态正常，不含杂菌。

3. 种子罐种子培养

种子罐种子培养主要包括一级种子罐培养和二级种子罐培养。

（1）培养基成分及灭菌　玉米浆、酵母膏、泡敌、碳酸钙、复合维生素 B、磷酸盐、硫酸盐等；pH 5.4～5.6 下 120℃实罐灭菌 30min。

（2）接种　灭菌结束后当罐温冷却至 30～34℃时即可用微孔法接种。

（3）培养条件　30～34℃下，通入无菌空气，通气比为 1:1(VVM)，罐压为 0.03～

0.05MPa。

(4) **底物投料浓度** 16%～20%的D-山梨醇。

(5) **移种条件** 菌体正常，一级种子罐产糖量＞50mg/mL，二级种子罐产糖量＞70mg/mL。

4. 发酵罐发酵及发酵液处理

(1) **培养基成分及灭菌** 玉米浆、尿素；pH 5.4～5.6灭菌、冷却。

(2) **接种量** 10%的二级种子培养液。

(3) **培养条件** 31～34℃，通入无菌空气，通气比为1:0.7(VVM)，罐压维持在0.03～0.05MPa。

(4) **底物投料浓度** 10%左右的D-山梨醇。

(5) **发酵终点** 发酵率95%以上、温度31～33℃、pH 7.2左右、含糖量不再上升。

(6) **发酵液处理** 当达到发酵终点时，立即加热发酵产生的L-山梨糖醪液至80℃，杀死第一步发酵使用的黑醋杆菌菌体。待冷却至30℃时即可作为第二步发酵的原料。

（二） 2-酮基-L-古龙酸（2-KGA）的发酵制备工艺及控制要点

1. 菌种培养

维生素C两步发酵法的第二步发酵（2-KGA的发酵）使用的菌种是巨大芽孢杆菌和氧化葡萄糖酸杆菌混合菌株，其中巨大芽孢杆菌（或假单胞杆菌）工业上称为大菌，氧化葡萄糖酸杆菌称为小菌。整个发酵过程中保持一定数量的氧化葡萄糖酸杆菌即产酸菌是发酵的关键。氧化葡萄糖酸杆菌细胞椭圆至短杆状，革兰氏阴性菌，无芽孢。30℃培养2d后大小为(0.5～0.7)μm×(0.6～1.2)μm，单个或成对排列。

2. 摇瓶种子培养

将采用冷冻干燥法保存的巨大芽孢杆菌和氧化葡萄糖酸杆菌接种于斜面，活化、分离后进行混合培养，然后移入三角瓶液体培养基中，在29～33℃下振荡培养24h，然后合并入血清瓶内。摇瓶种子合格标准为：pH<7，显微镜镜检菌体形态正常，不含杂菌，产酸量为6～9mg/mL。

3. 种子罐种子培养

种子罐种子培养主要包括一级种子罐培养和二级种子罐培养。

(1) **一级种子罐培养** 培养基成分为玉米浆、尿素及无机盐，在一级种子罐中加入培养基和醪液（L-山梨糖约为1%），培养温度控制在29～30℃（初期温度较低），pH 6.7～7.0，向罐中通入无菌空气维持罐压为0.05MPa。一级种子培养的终点为：产酸量达合格浓度且不再增加。

(2) **二级种子罐培养** 将培养的一级种子接种到二级种子罐中进行培养，培养条件与一级种子相同。当作为伴生菌的巨大芽孢杆菌开始形成芽孢，氧化葡萄糖酸杆菌即开始产生2-酮基-L-古龙酸。二级种子培养的终点为：巨大芽孢杆菌完全形成芽孢且出现游离芽孢时，产酸量＞5mg/mL，产酸量达到高峰。

4. 发酵罐发酵

将经过灭菌、冷却后的发酵培养基加入含L-山梨糖的发酵液中，再将二级种子接种到发酵罐中，30℃通气发酵，pH值维持在7.0左右以保证产酸的顺利进行，最终可获得含2-酮基-L-古龙酸钠的发酵液。发酵终点为：温度达31～33℃，pH值约为7.2，二次检测酸量不再增加，残糖量＜0.5mg/mL。与此同时，巨大芽孢杆菌的游离芽孢及残存菌体发生自溶，显微镜观察已无法区分两种细菌。整个发酵过程可根据芽孢的形成时间进行控制，一般可分为三个时期：产酸前期、产酸中期和产酸后期，见表 2-8-1。

表 2-8-1　2-酮基-L-古龙酸发酵过程的三个时期

发酵时期	特点	时间长短
产酸前期	菌体适应环境生长，产酸量很少	时间长短与底物浓度、接种量、初始 pH 值及溶氧浓度等有关。产酸前期应尽量缩短，以提高发酵收率
产酸中期	菌体大量积累产物	时间长短取决于产酸前期菌体生长好坏、中期溶氧浓度控制、pH 值等。应尽力延长产酸中期，获得较大产酸率，提高发酵收率
产酸后期	菌体活性下降，产酸速率变小，部分酸分解，浓度下降	生产要求发酵液中残糖浓度<0.5mg/mL，不能提前终止发酵。应设法延长菌体活性，继续产酸

（三）2-酮基-L-古龙酸（2-KGA）的提取

两步发酵结束后，发酵液成为一个复杂的系统，含有产物 2-酮基-L-古龙酸（2-KGA）以及残留的菌体、蛋白质、多糖、悬浮微粒等杂质。其中 2-KGA 含量仅为 8% 左右，而杂质含量很高，因此 2-KGA 的分离纯化比较困难，费用较高。目前常用的 2-KGA 的提取方法主要有三种：加热沉淀法、化学凝聚法和超滤法。此外，离子交换法和溶剂萃取法也已有所报道。

1. 加热沉淀法

加热沉淀法是较为传统和落后的分离提纯工艺，该法是将发酵液静置沉降后通过 732 氢型阳离子交换树脂交换柱，将 2-KGA 的钠盐部分酸化。调节 pH 至蛋白质的等电点后加热使蛋白质凝固，除去杂蛋白。再用高速离心分离出凝聚的菌丝、蛋白和微粒，清液再次通过阳离子交换柱，转化为 2-KGA 的水溶液后浓缩结晶。该法缺点是会造成有效成分降解且耗能，树脂表面污染严重、交换容量降低。

2. 化学凝聚法

该法是通过选择合适的絮凝剂和条件来去除发酵液中的蛋白质、菌体和色素等杂质，有效避免了加热沉淀法的能耗和有效成分损失，但也存在可溶性蛋白影响树脂交换容量及 2-KGA 质量的缺点，且加入的化学凝聚剂增加了环境污染的可能性。

3. 超滤法

该法属于一种典型的膜分离技术，具有操作简便、无相变、节能、不造成环境污染等优点，目前已广泛使用。2-KGA 的钠型发酵液通过超滤膜，可使其与菌丝、蛋白及悬浮微粒等大分子杂质分离，收率（约 98%）高。与其他方法相比，超滤法能耗低、成本低、减少了环境污染，更为重要的是，该法对已经染菌的发酵液仍可保证最终产品的质量。

（四）转化制备粗品维生素 C

分离提纯得到的 2-酮基-L-古龙酸需通过化学转化法生成维生素 C，方法已经由酸转化法逐步发展到碱转化法，甚至是酶转化法，生产工艺日趋优化和完善。

1. 酸转化

该法是采用浓盐酸催化 2-KGA 产生维生素 C，自莱氏法建立以来就采用。其配料质量比为 2-KGA：浓盐酸（38%）：丙酮=1：0.4：0.3。具体操作：①将一半的 2-KGA 和丙酮加入转化罐,并不断搅拌,再加入另一半的 2-KGA 和盐酸。②待转化罐夹层满水后开启蒸汽阀,使罐温缓慢升至 30~38℃,关闭蒸汽阀门。③罐温自然升至 52~54℃,保温 5h 左右,反应剧烈,有晶体析出,这个过程严格控制温度低于 60℃。反应过程中会产生泡沫,可加入一定量泡敌作为消泡剂防止泡沫过多。④剧烈反应后罐温维持在 50~52℃,直至反应总保温时间达到 20h,打开冷却水降温 1h。⑤然后加入适量的乙醇降温至 -2℃,放料。经甩滤 0.5h 后,加冰乙醇洗涤,甩干,再洗涤,再甩干约 3h,干燥后即可获得粗品维生素 C。

2. 碱转化

我国的维生素 C 生产厂家多采用此法,主要包括酯化、转化和酸化三步反应。其中酯化是先将 2-KGA 与甲醇在浓硫酸催化下酯化生成 2-酮基-L-古龙酸甲酯,转化是在碳酸氢钠作用下,2-酮基-L-古龙酸甲酯发生内酯化转化为维生素 C 的钠盐,酸化则是将维生素 C 的钠盐经硫酸酸化得到粗品维生素 C。该法的优点是操作工艺简单、反应条件温和,适于大规模工业化生产,但也存在周期过长、甲醇单耗高的缺点。碱转化法的具体工艺为:①将经干燥的 2-KGA 和甲醇、浓硫酸加入罐内,搅拌并加热至 66~68℃,反应 4h 即达到酯化终点。②冷却加入碳酸氢钠,升温至约 66℃,回流 10h 即达到转化终点,离心分离得到维生素 C 的钠盐,回收母液。③将上步得到的维生素 C 的钠盐和一次母液的干品、甲醇加入罐中并进行搅拌,浓硫酸调节 pH 至 2.2~2.4,于 40℃ 保温 1.5h,冷却后离心分离,除去硫酸钠。④向滤液中加入少量活性炭,冷却压滤,经真空减压浓缩除去甲醇,然后冷却结晶,再经离心得粗品维生素 C。此外,经过回收的母液干品可继续投料套用。

(五)维生素 C 的精制

经过转化获得的粗品维生素 C 经蒸馏水溶解→活性炭过滤→乙醇降温→晶种结晶→甩滤→冰乙醇洗涤→再甩滤→干燥等工艺可获得精制维生素 C,配料质量比为粗品维生素 C:蒸馏水:活性炭:晶种=1:1.1:0.58:0.00023。

(六)结束工作

1. 填好所有操作记录单、任务单、各种评价表。
2. 检查设备仪表是否洁净完好。
3. 清理工作场地与环境卫生。
4. 进行任务总结(小组讨论与汇报、组间互评、教师点评与总结)。

四、任务探究

1. 探讨如何提高维生素 C 的转化生成率。
2. 目前维生素 C 的生产工艺有哪些新进展?

实训九 氢化可的松的发酵生产

一、任务目标

1. 了解氢化可的松的理化性质和结构。
2. 掌握微生物发酵制备氢化可的松的基本原理、方法和基本操作技能。

二、任务实施前准备

(一) 查找资料, 了解氢化可的松基础知识

氢化可的松 (hydrocortisone) 化学名 $11\beta,17\alpha,21$-三羟基孕甾-4-烯-3,20-二酮, 氢化可的松又称皮质醇。氢化可的松为白色或几乎白色的结晶性粉末, 无臭, 初无味, 随后有持续的苦味, 遇光渐变质。熔点 212~222℃, 熔融时同时分解, 不溶于水, 几乎不溶于乙醚, 微溶于氯仿, 能溶于乙醇 (1:40) 和丙酮 (1:80)。本品用无水乙醇溶解并定量稀释成每毫升中含 10mg 的溶液。氢化可的松能影响糖代谢, 并具有抗炎、抗病毒、抗休克及抗过敏作用, 临床用途广泛, 主要用于肾上腺皮质功能不足、自身免疫性疾病 (如肾病性慢性肾炎、系统性红斑狼疮、类风湿性关节炎)、变态反应性疾病 (如支气管哮喘、药物性皮炎), 以及急性白血病、眼炎和何金氏病, 也用于某些严重感染所致的高热综合治疗。但它也有副作用, 对充血性心力衰竭、糖尿病等患者慎用; 对重症高血压、精神病、消化道溃疡、骨质疏松症忌用。氢化可的松作为天然存在的糖皮质激素, 疗效确切, 在临床上具有重要作用。

(二) 确定生产技术、生产菌种和工艺路线

1. 确定生产技术: 微生物转化发酵法。
2. 确定生产原料: 犁头霉。
3. 确定生产工艺路线, 如图 2-9-1 所示。

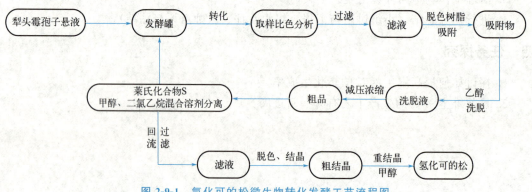

图 2-9-1 氢化可的松微生物转化发酵工艺流程图

(三) 器材与试剂

1. 器材: 发酵罐、培养皿、蒸馏瓶、反应瓶等。

2. 试剂：胰蛋白胨、氯化钠、酵母浸出物、甲醇、20%氢氧化钠液、过氧化氢、焦亚硫酸、甲苯萃取液、异丙醇铝、铬酸、乙酸钠和水、乙醇等。

三、任务实施

（一）菌种活化

1. 斜面培养

将犁头霉菌种接到葡萄糖、马铃薯斜面培养基上，28℃培养7～9d，孢子成熟后，用无菌生理盐水制成孢子悬液，供制备种子用。

氢化可的松的发酵生产

2. 种子培养

将孢子悬液按一定接种量接入葡萄糖、玉米浆和硫酸铵等组成的种子培养基（灭菌前pH为5.8～6.3），在通气搅拌下（28±1）℃培养28～32h。待培养液的pH达4.2～4.4，菌浓度达35%以上，无杂菌，即可接种发酵罐。

（二）微生物转化发酵

微生物转化发酵的常用工艺过程是先制备各种不同类型的生物催化剂（常用菌体培养物），然后加入需转化的甾类化合物进行培养。其过程与抗生素、氨基酸发酵相比，虽有相似之处，但两者并不完全相同。一般采用二级培养过程，其流程如下：

菌种→孢子制备→一级种子(即菌体培养物)制备→发酵(微生物转化)

1. 菌体培养物的制备

将选用的微生物在适当培养基和适宜培养条件（温度、供氧量、pH值等）下进行培养，细菌需12～24h，真菌需24～72h，使菌体生长良好，待转化酶活性达到高峰时，即可供甾类化合物转化。为了提高转化酶的产量，有时还要加入诱导剂或抑制剂，以诱导产生所需的酶或抑制不需要的酶。

2. 甾类物质的转化

将被转化的基质以结晶或有机溶液的形式加入培养物中，并通入大量空气，经12～72h，即可完成转化。其他条件取决于转化反应种类和微生物的生理特性。

甾类药物生产中的转化反应类型很多，常用的有11α-羟化、11β-羟化、16α-羟化和导入$\triangle^1$及C-3位的氧化反应等。现以我国用犁头霉将莱氏化合物S(22)培养基羟化，获得氢化可的松（23）的11β-羟化反应为例，说明用菌体培养液进行发酵转化的工艺过程。

莱氏化合物S(22)羟化转化制备氢化可的松（23）的工艺流程如图2-9-2所示。

（1）将犁头霉菌种接到葡萄糖、马铃薯斜面培养基上，28℃培养7～9d，孢子成熟后，用无菌生理盐水制成孢子悬浮液，供制备种子用。

（2）将孢子悬浮液按一定接种量接入葡萄糖、玉米浆和硫酸铵等组成的种子培养基（灭菌前pH 5.8～6.3），在通气搅拌下，(28±1)℃培养28～32h。待培养液的pH值达4.2～4.4，菌含量达35%以上，无杂菌，即可接种发酵罐。

（3）发酵培养基同种子培养基，种子液接入后，(28±1)℃继续搅拌通气培养至菌体转化酶活性最强的时间（约10h），pH值下降至3.5～3.8，菌含量达17%～35%，无杂菌，可投入甾类基质（投入前，先将pH值调至5.5～6.0），经约10h转化后，再第二次投料，继续氧化。在转化过程中，pH值应控制在5.5～6.0，定期取样检查，反应接近终点时，即可放料，如不合格，继续氧化。

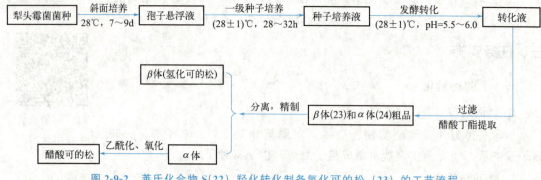

图 2-9-2　莱氏化合物 S(22) 羟化转化制备氢化可的松 (23) 的工艺流程

（4）转化产物的提取。转化所得的反应液经过滤或离心，得滤液，用醋酸丁酯提取，再经浓缩、冷却、过滤、干燥，就得到氢化可的松粗品，再用溶剂分离处理，得 β 体（23）和 α 体（24）。β 体经精制，得氢化可的松精品；α 体经乙酰化、氧化，可制得醋酸可的松。

大部分甾类基质实际上不溶或微溶于水，因此常以有机溶剂的基质溶液加入发酵液，以提高基质浓度。常用溶剂有丙酮、乙醇及二甲基甲酰胺等。也可用表面活性剂（如吐温 80）来提高基质浓度。在复合培养基中，提高蛋白质含量有助于基质悬浮在培养基中，如黑根霉转化高浓度黄体酮，即应用含 1%～4% 黄豆饼粉和 3.8% 葡萄糖的培养基。加入固体基质的悬浮液，也能改进羟化效果，如用赭曲霉转化黄体酮，加入在 0.01% 吐温 80 水中含有黄体酮细粉的悬浮液，得到收率达 90% 的 11α-羟基黄体酮，副产物很少。

许多甾类基质对某些微生物具有毒性，影响转化反应，可用流加基质法，以防产生毒性。易溶的甾类或甾类衍生物进行转化时，可使用半合成培养基，以有利于产物分离。有些培养基成分对转化反应具有微妙的影响，如玫瑰产色链霉菌羟化 9α-氟氢化可的松，铁能促使形成不需要的高 D 环甾类，一旦加入 K_2HPO_3，去除了铁，就形成所需产物。总之，培养基组成和培养条件对甾类转化有明显影响，需要根据菌种特性、转化类型、基质性质进行认真考查和研究，以获得最佳培养基组成和培养条件，提高产物产量和质量。

（三）结束工作

1. 填好所有操作记录单、任务单、各种评价表。
2. 检查设备仪表是否洁净完好。
3. 清理工作场地与环境卫生。
4. 进行任务总结（小组讨论与汇报、组间互评、教师点评与总结）。

四、任务探究

1. 探讨氢化可的松的发酵工艺的优化。
2. 本实训采用补料分批操作法制备氢化可的松的优点有哪些？

实训十　白细胞介素-2 的发酵生产

白细胞介素-2 的
发酵生产

一、任务目标

1. 了解白细胞介素-2 的理化性质和结构。
2. 掌握微生物发酵制备白细胞介素-2 的基本原理、方法和基本操作技能。

二、任务实施前准备

（一）查找资料，了解白细胞介素-2 基础知识

细胞因子是由多种细胞分泌的小分子蛋白的总称，具有调节细胞生长、免疫应答和参与炎症反应等多种生物学功能，白细胞介素-2（IL-2）即是其中一种。

IL-2 具有刺激 T 系细胞并产生细胞因子、诱导杀伤细胞产生细胞因子并增强相关基因表达、刺激和调节 B 淋巴细胞、活化巨噬细胞的功能。因此，IL-2 在临床上具有调整免疫功能的重要作用，常用于感染性疾病、免疫功能不全以及癌症等疾病的综合治疗，对创伤修复也有一定疗效。

传统的生产方法是从白细胞中提取制备 IL-2。随着人类对 IL-2 认识不断深入以及现代生物技术的不断发展，IL-2 已在基因工程技术基础上大规模生产。通常采用大肠杆菌来表达 IL-2，工程菌经发酵、分离和高度纯化后获得重组人 IL-2，最后制成冻干制剂。生产和检定用设施、原料及辅料、水、器具、动物等必须符合国家有关规定和要求。

（二）确定生产技术、生产菌种和工艺路线

1. 确定生产技术：发酵法生产 IL-2 技术。
2. 确定生产菌种：重组 IL-2 工程菌株（人 IL-2 基因的重组质粒转化的大肠杆菌菌株）。
3. 确定工艺路线，如图 2-10-1 所示。

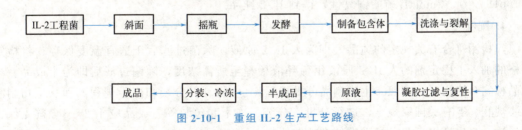

图 2-10-1　重组 IL-2 生产工艺路线

（三）器材与试剂

1. 器材：试管、烧杯、冰箱、高压灭菌锅、恒温培养箱、离心机、小型发酵罐等。
2. 试剂：基因重组大肠杆菌 BL21、甘油、葡萄糖、蛋白胨、铵盐、$CaCO_3$、硫酸铵、化学消泡剂等。

三、任务实施

（一）种子批的制备

重组 IL-2 工程菌株为带有人 IL-2 基因的重组质粒转化的大肠杆菌菌株。

按照《生物制品生产检定用菌毒种管理及质量控制》的规定建立生产用种子批。种子采用 LB 培养基以摇瓶制备，30℃培养 10h，供发酵罐接种用。

生产用的主种子批和工作种子批应以划种 LB 琼脂平板的方法确定大肠杆菌的集落形态以及是否有其他杂菌；应对菌种进行染色镜检以确定生产菌种为典型的革兰氏阴性杆菌；抗生素的抗性检测要与原始菌种一致；电镜观察（工作种子批可免做）应为典型的大肠杆菌形态，无支原体、病毒样颗粒及其他微生物污染；质粒的酶切图谱应与原始重组质粒的一致；目的基因核苷酸序列应与批准序列相符。

（二）发酵生产

采用不含任何抗生素的 M9CA 培养基于发酵罐中灭菌后接入摇瓶种子，30℃发酵 10h。培养液中的细胞浓度达到要求后，升高培养温度至 42℃，诱导 3h 左右，完成发酵。

（三）制备

1. 包含体制备

离心收集菌体，悬浮于含 1mmol/L EDTA 的 50mmol/L Tris-HCl 溶液（pH 8.0）中。超声波破碎菌体 3 次，并用显微镜观察细胞破碎情况。待细胞破碎良好后，8000r/min 离心 15min，收集沉淀。

2. 包含体洗涤及裂解

收集的包含体沉淀先用 10mmol/L Tris-HCl（pH 8.0）洗涤 3 次，分别 8000r/min 离心 15min。沉淀再用 4mol/L 尿素溶液洗涤 2 次，收集沉淀，最后用含 1mmol/L EDTA 的 50mmol/L Tris-HCl（pH 6.8）悬浮沉淀，并加入盐酸胍至终浓度 6mol/L，水浴加热至 60℃维持 15min，不断搅拌，然后 12000r/min 离心 10min 收集上清液。

3. 凝胶过滤及复性

上清液用 0.1mL/L 乙酸铵、1% SDS（十二烷基硫酸钠）和 2mmol/L 巯基乙醇（pH 7.0）平衡过夜的 Sephacryl S-200 柱吸附后，用平衡液洗脱，收集 IL-2 活性组分。用乙酸铵缓冲液（pH 7.0）、2mol/L 硫酸铜复性，得到 IL-2 纯品。

4. 配制

经检测符合有关规定的纯品，即为人 IL-2 原液，除菌过滤后于适宜温度保存。将检定合格的加入了稳定剂的人 IL-2 原液用稀释液稀释至所需浓度，除菌过滤后即为半成品。半成品检定合格之后，按照《生物制品分批规程》《生物制品分装和冻干规程》和《生物制品包装规程》等有关国家规定，进行分批、分装、冻干和包装等。成品应于 2～8℃避光保存和运输，自生产之日起，按批准的有效期执行。

（四）质量检定

1. 原液检定

原液须按照规定进行生物活性、蛋白质含量检测。原液的比活力为生物活性与蛋白质含量之比，1mg 蛋白质应不低于 1.0×10^7 IU。原液的纯度可用电泳和高效液相色谱法进行检测，人 IL-2 纯度应不低于 95.0%。原液中人 IL-2 的分子量采用还原型 SDS-聚丙烯酰胺凝胶电泳法［《中国药典》(2020 年版) 四部 (下同) 通则 0541 第五法］检测，应为 $1.55\times10^4\pm16\times10^3$。原液中外源性 DNA 残留量每支应不高于 10ng (通则 3407)，宿主菌蛋白质残留量应低于总蛋白质的 0.10%。原液中不应含有残余氨苄西林或者其他抗生素活性。每 10^6IU 原液中细菌内毒素的量应小于 10EU。原液等电点检测产品的主区带应为 6.5~7.5，且供试品的等电点与对照品的等电点图谱一致 (通则 0541 第六法)。用水或生理盐水将供试品稀释至 100~500μg/mL，在 1cm 光径、230~360nm 波长下进行扫描，最大吸收峰波长应为 (277 ± 3)nm (通则 0401)。肽图检测，应与对照品图形一致。

2. 半成品检定

半成品检定项目包括细菌内毒素检查和无菌检查，结果应符合规定。

3. 成品检定

成品首先应进行鉴别试验，采用免疫印迹法 (通则 3401) 或免疫斑点法 (通则 3402)，结果应为阳性。成品外观应为白色或微黄色疏松体，按标示量加入灭菌注射用水后应迅速复溶为澄清、透明液体。异物检查和装量差异检测均应符合规定。

成品水分含量应不高于 3.0% (通则 0832)，pH 应为 6.5~7.5 (通则 0631)，如制品中不含 SDS，则应为 3.5~7.0。渗透压、浓度应符合标准的要求。成品检定除水分、装量差异测定外，应按标示量加入灭菌注射用水，复溶后进行其余各项检定。

成品的生物活性应为标示量的 80%~150% (通则 3524)。成品中不应有残余氨苄西林或其他抗生素活性，无菌检查应符合规定。每支成品中细菌内毒素的量应小于 10EU，异常毒性检查应符合规定。成品中乙腈残留量应不高于 0.0004%。

（五）结束工作

1. 填好所有操作记录单、任务单、各种评价表。
2. 检查设备仪表是否洁净完好。
3. 清理工作场地与环境卫生。
4. 进行任务总结（小组讨论与汇报、组间互评、教师点评与总结）。

四、任务探究

1. 探讨白细胞介素-2 发酵工艺的优化。
2. 本实训采用补料分批操作法制备白细胞介素-2 优点有哪些？

实训十一 卡介苗的发酵生产

一、任务目标

1. 了解结核病和卡介苗的相关基础知识。
2. 掌握发酵法生产卡介苗的生产工艺及基本操作技能。

二、任务实施前准备

（一）查找资料，了解卡介苗生产的基础知识

卡介苗（bacillus calmette guerin，BCG）是一种用来预防儿童结核病的预防接种疫苗，是牛型结核分枝杆菌的减毒活疫苗，其预防结核性脑膜炎及播散性结核病效率较高。自1920年首次应用于人类以来，迄今已满百年。1902年，诺卡德（Nocard）从患结核病的牛所产的奶中分离到一株牛型结核杆菌，其天然生于牛体，并对人有一定的致病力。

目前卡介苗生产包括表面培养和深层培养，其中表面培养是卡介苗生产的经典方法，世界上大多数国家采用此法，而英国、瑞士和荷兰三个实验室用含吐温80的液体培养基进行深层培养。

1. 表面培养

启开种子批菌种，采用改良的苏通培养基在37～39℃下培养2～3周，进行活化。再采用苏通马铃薯培养基传1代或直接挑取生长良好的菌膜，移种至改良苏通培养基（或其他培养基）表面，37℃下静置培养1～2周进行扩培，生长的菌膜可作为生产接种材料。挑取发育良好的菌膜移种至改良苏通培养基（或其他培养基）表面，37℃下静置培养8～10周，收获菌膜。将收集的菌膜压平，转入盛有不锈钢珠的瓶内，加适量稀释液，低温研磨，将研磨好的原液稀释成各种浓度，冻干制成成品。

注意事项：①用改良的苏通培养基生产的卡介苗活力高；②用培养6～8d的幼龄苗，有利于制备冻干制品；③用对数生长期的幼龄培养菌代替稳定期的培养菌生产，活菌率可由10%左右提高至30%～50%；④培养期间或终止培养时，出现菌膜下沉、发育异常或污染杂菌，必须废弃。

2. 深层培养

深层培养时菌体在液体培养基中呈均匀、分散生长。采用的培养基成分为：葡萄糖10g，磷酸二氢钾5.0g，柠檬酸镁1.5g，天冬酰胺0.5g，硫酸钾0.5g，吐温80 0.5mL，1L无热原蒸馏水。种子培养过程是将原代种子（保存于苏通培养基上）接入上述培养基中传代2次，37℃培养7d后移种。深层培养过程是将培养好的种子移至8L双臂瓶（内装6L培养基）中，37℃通气搅拌培养7～9d。超滤浓缩为10～15倍的菌苗，再加入等量的25%乳糖水溶液混匀。用1mL安瓿瓶分装冻干，真空封口，贮存于-70℃备用。

（二）确定生产技术、生产原料和工艺路线

1. 确定生产技术：发酵法表面培养结核杆菌。

2. 确定生产菌种：丹麦 823 株种子批 $D_2PB302S_2$ 甲 10 株。
3. 确定卡介苗的发酵生产工艺流程，如图 2-11-1 所示。

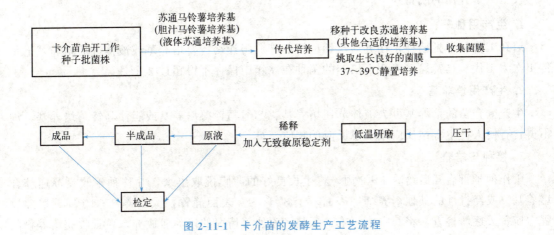

图 2-11-1　卡介苗的发酵生产工艺流程

（三）器材与试剂

1. 器材：试管、三角瓶、冰箱、高压蒸汽灭菌锅、恒温培养箱、研磨机、冻干机等。
2. 试剂：丹麦 823 株种子批 $D_2PB302S_2$ 甲 10 株、苏通马铃薯培养基（胆汁马铃薯培养基或液体苏通培养）、稳定剂等。

三、任务实施

（一）卡介苗生产的基本要求

《中国药典》（2020 年版）第三部中皮内注射用卡介苗中规定了生产卡介苗的基本要求：①生产和检定用设施、原材料及辅料、水、器具、动物等应符合"凡例"的有关要求。②卡介苗生产车间必须与其他生物制品生产车间及实验室分开，所需设备及器具均须单独设置并专用。③卡介苗制造、包装及保存过程均须避光。④从事卡介苗制造的工作人员及经常进入卡介苗制造室的人员，必须身体健康，经 X 射线检查无结核病，且每年经 X 射线检查 1~2 次，可疑者应暂离卡介苗的制造。

（二）种子批的制备

生产卡介苗采用的是卡介菌 D_2PB302 菌株，严禁使用通过动物传代的菌种。菌种和建立种子批均应符合《中国药典》（2020 年版）中"生物制品生产检定用菌毒种管理及质量控制"的规定。种子批应冻干保存于 8℃ 及以下，工作种子批启开至菌体收集传代应不超过 12 代。

种子批菌种应满足以下要求：①符合药典规定的鉴别试验。a. 培养特性：37~39℃ 在苏通培养基上生长良好，抗酸染色为阳性。在苏通马铃薯培养基上为干皱成团、略呈浅黄色；苏通培养基上应浮于表面，为多皱、微带黄色的菌膜；鸡蛋培养基上则有突起的皱型和扩散型两类菌落，带浅黄色。b. 采用多重 PCR 法检测卡介菌基因组特异的缺失区 RD1，应无 RD1 序列存在，供试品 PCR 扩增产物大小应与参考品一致。②应通过纯菌检查。③应通过毒力试验检测。④应进行无有毒分枝杆菌试验。⑤须经过免疫力试验。

（三）卡介苗的制备

1. 生产用种子

启开工作种子批菌种，在苏通马铃薯培养基、胆汁马铃薯培养基或液体苏通培养基上每传 1 次为 1 代。马铃薯培养基上培养的菌种在冰箱中保存不得超过 2 个月。

2. 生产用培养基

生产卡介苗的培养基可为液体苏通培养基、苏通马铃薯培养基或胆汁马铃薯培养基，均不得含有使人产生毒性反应或变态反应的物质。

3. 接种与培养

工作种子批启开后培养 1~2 周，将生长良好的菌膜挑取出来，并移种于改良苏通综合培养基（或经批准的其他培养基）表面，于 37~39℃ 表面静置扩大培养 8~10 周。培养过程中应每天逐瓶检查，将其中有污染、湿膜、浑浊等情况的培养瓶放弃，单批收获培养物的总代数不得超过 12 代。

4. 原液的收获和合并

培养结束后逐瓶检查，弃去有污染、湿膜、浑浊等情况的培养瓶。收集的菌膜应压干，移入盛有不锈钢珠的瓶内，加适量稀释液，尽量在低温下研磨。钢珠与菌体的比例应根据研磨机转速控制在适宜范围，转速高，钢珠比例低；转速低，钢珠比例高。最后加入适量无致敏原稳定剂稀释，制成卡介苗原液。

5. 半成品的配制

用稳定剂将卡介苗原液稀释成 1.0mg/mL 或 0.5mg/mL，即为半成品。

6. 成品

成品的分批、分装与冻干、包装均应符合"生物制品分包装及贮运管理"规定。分装过程中应使疫苗液混合均匀，分装后立即冻干并封口。成品的规格要求是：按标示量复溶后每瓶 1mL（10 次人用剂量），含卡介菌 0.5mg；按标示量复溶后每瓶 0.5mL（5 次人用剂量），含卡介菌 0.25mg。每 1mg 卡介菌含活菌数应不低于 1.0×10^6 CFU。

7. 保存、运输及有效期

成品应于 2~8℃ 避光保存和运输。自生产之日起，按批准的有效期执行。

（四）质量检定

卡介苗的原液、半成品及成品均按《中国药典》（2020 年版）要求进行质量检定，符合要求。

1. 原液的质量检定

原液的质量检定包括纯菌检查和浓度测定。

(1) 纯菌检查　按通则 1101 的方法进行纯菌检查，生长物做涂片镜检，不得有杂菌。

(2) 浓度测定　采用国家药品检定机构分发的卡介苗参考比浊标准，以分光光度法测定原液浓度。

2. 半成品的质量检定

半成品的质量检定包括纯菌检查、浓度测定、沉降率测定、活菌数测定和活力测定，其中纯菌检查方法和要求与原液检定要求一致。

(1) 浓度测定 采用国家药品检定机构分发的卡介苗参考比浊标准，以分光光度法测定，半成品的浓度应不超过配制浓度的110%。

(2) 沉降率测定 将半成品在室温下静置2h，采用分光光度法测定其放置前后的吸光度值（A_{580}），计算沉降率，应小于等于20%。

(3) 活菌数测定 卡介苗原液的活菌数应不低于$1.0 \times 10^7 CFU/mg$。

(4) 活力测定 采用XTT法测定，将供试品和参照品稀释至0.5mg/mL，取100μL分别加到培养孔中，于37~39℃避光培养24h，检测吸光度（A_{450}），供试品吸光度应大于参照品吸光度。

3. 成品的质量检定

成品的质量检定包括鉴别试验、物理检查、水分、纯菌、效力测定、活菌数测定、无有毒分枝杆菌试验和热稳定性试验。除装量差异、水分测定、活菌数测定和热稳定性试验外，按标示量加入灭菌注射用水，复溶后进行其余各项检定。稀释剂使用的灭菌注射用水生产应符合批准的要求和《中国药典》（2020年版）的相关规定。

(1) 鉴别试验 包括抗酸染色法和多重PCR法。其中多重PCR法与种子批鉴别试验相同。抗酸染色涂片检查，细菌形态与特性应符合卡介菌特征。

(2) 物理检查 包括外观、装量差异和渗透压物质的量浓度。

① 外观。成品的外观应为白色疏松体或粉末状，按标示量加入注射用水，应在3min内复溶至均匀悬液。

② 装量差异。依据通则0102中的方法进行测定，应符合规定。

③ 渗透压物质的量浓度。依据通则0632中的方法进行测定，应符合批准的要求。

(3) 水分 依据通则0832中的方法进行测定，水分含量应不高于3.0%。

(4) 效力测定 采用结核菌素皮肤试验（皮内注射0.2mL，含10IU）阴性、体重300~400g的同性豚鼠4只，每只皮下注射0.5mg供试品，注射5周后皮内注射TB-PPD或BCG-PPD 10IU/0.2mL，并于24h后观察结果，局部硬结反应直径应不小于5mm。

(5) 活菌数测定 每亚批疫苗均应做活菌数测定，方法是抽取5支疫苗稀释并混合后进行测定，培养4周后含活菌数应不低于$1.0 \times 10^6 CFU/mg$。活菌数测定可与热稳定性试验同时进行。

(6) 无有毒分枝杆菌试验 选用结核菌素纯蛋白衍生物皮肤试验（皮内注射0.2mL，含10IU）阴性、体重300~400g的同性豚鼠6只，每只皮下注射相当于50次人用剂量的供试品，每2周称体重一次，观察6周，动物体重不应减轻；同时解剖检查每只动物，若肝、脾、肺等脏器无结核病变，即为合格。若动物死亡或有可疑病灶时，应按种子批鉴别试验要求进行有无毒分枝杆菌的试验。

(7) 热稳定性试验 每亚批疫苗于37℃放置28d后，测定活菌数，并与2~8℃保存的同批疫苗进行比较，计算活菌率；放置于37℃的本品活菌数应不低于置2~8℃本品的25%，且不低于$2.5 \times 10^5 CFU/mg$。

（五）结束工作

1. 填好所有操作记录单、任务单、各种评价表。

2. 检查设备仪表是否洁净完好。

3. 清理工作场地与环境卫生。
4. 进行任务总结（小组讨论与汇报、组间互评、教师点评与总结）。

四、任务探究

1. 探讨如何对卡介苗的发酵工艺进行优化。
2. 卡介苗发酵生产中有哪些注意事项？

附录

实训评价单参考格式

实训题目		青霉素的发酵生产				
序号	评价项目	评价内容	参考分值	个人评价	组内互评	教师评价
1	资讯 15%	任务认知程度	5			
		资源利用与获取知识情况	6			
		整理、分析、归纳信息资料	4			
2	决策计划 15%	实训计划的设计与制订	5			
		实训计划实施的可行性	5			
		解决问题的方法	5			
3	实施 40%	青霉素生产的工艺路线设计	10			
		青霉素生产的操作过程	20			
		完成任务训练单和记录单全面	5			
		团队分工与协作的合理性	5			
4	检查评估 30%	任务完成步骤的规范性	5			
		任务完成的熟练程度和准确性	5			
		教学资源运用情况	5			
		与团队成员的协作情况	5			
		表述的全面、流畅与条理性	5			
		学习纪律与敬业精神	5			
评价评语	班级		姓名		学号	总评
	教师签字		第 组	组长签字		日期
	评语：					

参 考 文 献

[1] 胡斌杰，胡莉娟，公维庶. 发酵技术 [M]. 武汉：华东科技大学出版社，2012.
[2] 吴梧桐. 生物制药工艺学 [M]. 2版. 北京：中国医药科技出版社，2004.
[3] 辛秀兰. 现代生物制药工艺学 [M]. 2版. 北京：化学工业出版社，2020.
[4] 于文国，张铎. 发酵生产技术 [M]. 北京：化学工业出版社，2020.
[5] 高大响. 发酵工艺 [M]. 北京：中国轻工业出版社，2019.
[6] 陶兴无. 发酵工艺与设备 [M]. 2版. 北京：化学工业出版社，2015.
[7] 徐锐. 发酵技术 [M]. 2版. 重庆：重庆大学出版社，2022.
[8] 余龙江. 发酵工程原理与技术 [M]. 2版. 北京：高等教育出版社，2021.
[9] 徐岩. 发酵工程 [M]. 2版. 北京：高等教育出版社，2022.
[10] 黄晓梅，周桃英，何敏. 发酵技术 [M]. 2版. 北京：化学工业出版社，2021.
[11] 吴根福. 发酵工程实验指导 [M]. 2版. 北京：高等教育出版社，2021.
[12] 蒋心龙. 发酵工程 [M]. 杭州：浙江大学出版社，2011.
[13] 王磊. 大国工匠——新时期知识型产业工人孔祥瑞 [J]. 津门红色记忆，2021.
[14] 陈芬，胡莉娟. 生物分离与纯化技术 [M]. 2版. 武汉：华中科技大学出版社，2017.
[15] 徐瑞东，曾青兰. 生物分离与纯化技术 [M]. 北京：中国轻工业出版社，2021.
[16] 傅强. 现代药物分离与分析技术 [M]. 2版. 西安：西安交通大学出版社，2017.
[17] 陈晗. 生化制药技术 [M]. 2版. 北京：化学工业出版社，2018.
[18] 于文国. 生化分离技术 [M]. 3版. 北京：化学工业出版社，2015.
[19] 张爱华，王云庆. 生化分离技术 [M]. 2版. 北京：化学工业出版社，2020.
[20] 巩健. 发酵制药技术 [M]. 2版. 北京：化学工业出版社，2021.
[21] 宋航. 制药工程技术概论 [M]. 3版. 北京：化学工业出版社，2018.
[22] 医药化工企业安全管理规范（DB5101/T 117—2021）. 成都：成都市市场监督管理局，2021.
[23] 党建章. 发酵工艺教程 [M]. 2版. 北京：中国轻工业出版社，2010.
[24] 中国制药工业 EHS 指南（2016版）. 北京：中国医药企业管理协会，2016.
[25] 中国制药工业 EHS 指南（2020版）. 北京：中国医药企业管理协会，2020.
[26] 药厂 SOP 汇总.
[27] UASB 运行操作手册.
[28] CASS 池运行操作手册.
[29] 藏学丽，李宁. 实用发酵工程技术 [M]. 北京：中国医药科技出版社，2021.
[30] 刘冬，黄志立. 发酵工程 [M]. 2版. 北京：高等教育出版社，2015.
[31] 杨俊慧，马恒，满德恩. 乳酸菌发酵过程参数的研究. 山东科学 [J]，2018，31（5）：38-42.
[32] 刘文龙，刘胜利，王兴吉. 枯草芽孢杆菌产中性蛋白酶发酵条件的优化 [J]. 化学与生物工程，2019，36（1）：47-52.
[33] 国家药典委员会. 中华人民共和国药典 [M]. 北京：中国医药科技出版社，2020.
[34] 曾青兰，张虎成. 生物制药工艺 [M]. 武汉：华中科技大学出版社，2021.
[35] 李家洲. 生物制药工艺学 [M]. 北京：中国轻工业出版社，2013.
[36] 盛贻林. 微生物发酵制药技术 [M]. 北京：中国农业大学出版社，2008.
[37] 齐香君. 现代生物制药工艺学 [M]. 2版. 北京：化学工业出版社，2020.
[38] 俞俊棠. 生物工艺学 [M]. 北京：化学工业出版社，2003.
[39] 马静媛，李凌燕，肖海峻. 以根霉为基础的生物发酵法生产富马酸的进展 [J]. 北京农业职业学院学报，2019，3：17-22.
[40] 牛红军，陈立波. 生物制药工艺技术 [M]. 北京：中国轻工业出版社，2021.
[41] 李榆梅. 药学微生物基础技术 [M]. 2版. 北京：化学工业出版社，2017.
[42] 杨森，隗茂春，王进. 带电作业横空穿超特高压 [J]. 班组天地，2019，3.
[43] 荣楠，李备. 微生物筛选技术方法研究进展 [J]. 土壤，2021，53（2）：236-242.

[44] 张幸子,王晓惠,王泽建,等. 等离子体作用结合氧限制模型选育辅酶 Q_{10} 高产菌株[J]. 华东理工大学学报(自然科学版), 2021.

[45] 丁亚莲,李春玲,牛春,等. 类球红细菌辅酶 Q_{10} 高产菌株选育及发酵工艺研究[J]. 中国抗生素杂志, 2020, 45(2): 5.

[46] 姚汝华,周世水. 微生物工程工艺原理[M]. 广州: 华南理工大学出版社, 2013.